高等职业教育生物技术类专业教材

中国轻工业“十四五”规划立项教材

微生物学基础与实训指导

主 编

吕晓晶 李金宝

中国轻工业出版社

图书在版编目(CIP)数据

微生物学基础与实训指导 / 吕晓晶,李金宝主编
.—北京:中国轻工业出版社,2025.8
ISBN 978-7-5184-4761-9

Ⅰ.①微… Ⅱ.①吕… ②李… Ⅲ.①微生物学—高等学校—教学参考资料 Ⅳ.①Q93

中国国家版本馆 CIP 数据核字(2024)第 053692 号

责任编辑:贺 娜　　责任终审:许春英　　封面设计:锋尚设计
版式设计:砚祥志远　　责任校对:朱燕春　　责任监印:张 可

出版发行:中国轻工业出版社(北京鲁谷东街 5 号,邮编:100040)
印　　刷:三河市万龙印装有限公司
经　　销:各地新华书店
版　　次:2025 年 8 月第 1 版第 2 次印刷
开　　本:710×1000　1/16　印张:18
字　　数:400 千字
书　　号:ISBN 978-7-5184-4761-9　定价:45.00 元
邮购电话:010-85119873
发行电话:010-85119832　010-85119912
网　　址:http://www.chlip.com.cn
Email:club@chlip.com.cn

251316J2C102ZBQ

本书编写人员

主　　编　吕晓晶（黑龙江林业职业技术学院）

李金宝（黑龙江农业工程职业学院）

副 主 编　王　涛（黑龙江农业职业技术学院）

曹梦梅（牡丹江市爱民绿化养护所）

参　　编　王　杨（黑龙江林业职业技术学院）

鲍宇宏（黑龙江林业职业技术学院）

马芝慧（哈尔滨铁路疾病预防控制中心）

于　冰（黑龙江林业职业技术学院）

那　娜（黑龙江林业职业技术学院）

审　　稿　王海霞（黑龙江林业职业技术学院）

前言

“微生物学基础与实训指导”是一门重要的专业基础课。随着微生物学的不断发展，特别是与生物学、医药学、生物化学、分子生物学等学科的渗透交融，微生物学科的发展必将对人类的生活、生产做出巨大贡献。作为农林牧业、食品加工、环境保护、医药类等专业的基础课程，掌握微生物相关的理论知识与基本实训技能对于学好专业知识尤其重要。根据职业教育“够用、必需”的原则和农林职业教育专业门类广的特点，以《高等职业学校专业教学标准》为依据，参考国内各类微生物学优秀教材，我们编写了这本《微生物学基础与实训指导》。

本教材共分九个学习单元，编写时着重介绍微生物学的基本概念、基本知识、基本原理与技能，并且附有实训指导。同时增加了微生物在生产应用上的有关内容。根据目前高等职业院校专业门类广的特点，本教材试图满足农林、食品、环保、医药等专业的教学需求，为这些专业的教学奠定良好的微生物学基础，使学生掌握必要的实践操作技能，教师在教学过程中可以根据各自的专业特点，有选择地加以介绍。

本教材由吕晓晶、李金宝等人共同编写完成，具体编写分工如下：吕晓晶编写学习单元二；李金宝编写学习单元一、学习单元三、学习单元八的项目二和项目三；王涛编写学习单元四；曹梦梅编写学习单元五和学习单元六；王杨编写学习单元七、学习单元九的实训一和实训二；鲍宇宏编写学习单元八的项目一、学习单元九的实训三到实训十。马芝慧、于冰、那娜对本书的数字资源提供支持和帮助。王海霞负责本书全部内容的审核工作。

本教材是新形态教材，充分利用现代化的教学手段和教学资源辅助教学，图文声像等多媒体并用；重点开发了微课资源，以短小精悍的微视频渗透教材中的重难点，使学生能够随时、主动、反复学习相关内容。除微课外，本教材还有传统配套资源供学生使用。

本教材在编写过程中得到主编单位黑龙江林业职业技术学院及各参编单位的大力支持，中国轻工业出版社给予了热情指导。本教材引用了国内诸多教材中的相关资料，在此一并表示感谢！我们尽可能根据高职高专的教学要求努力编写本教材，但限于编者的知识、水平，本教材若有缺点和错误之处，敬请广大同行、师生批评指正。

编　者

2024 年 1 月

目 录

学习单元一

绪论

【知识目标】

1. 了解微生物的分类、命名及生物学地位。
2. 理解微生物学的概念、研究内容及发展概况。
3. 掌握微生物的概念、类群及特点。

【能力目标】

1. 能陈述微生物的概念、类群。
2. 能利用微生物的特点指导生产实践。

知识讲解

在自然环境中，到处生存着种类繁多、数量庞大的微生物群体。目前已经确定的微生物种类有 10 多万种。其实，人类时刻与微生物进行着密切的接触，微生物与人类的关系十分重要。一方面，微生物为我们生活提供了无穷的便利，人类充分享受着微生物带给我们的恩惠；另一方面，人类与有害微生物的斗争也是一刻未曾停止。微生物是一把十分锋利的双刃剑。在我们日常生活中，可口的酸乳、美味的面包、甘醇的美酒、疗效显著的抗生素、生物农药等都是微生物对人类的贡献。但是各类传染病给人类的伤害却是触目惊心的。无论是日常的感冒不适，还是突发性的瘟疫；无论是历史上的鼠疫、霍乱，还是目前正在威胁着人类健康的肺结核、艾滋病（AIDS），对人类生产、生活的影响十分巨大。我们要从了解微生物、认识微生物开始，进而更好地研究和利用微生物，正确地用好这把双刃剑，为人类造福，这是我们学习和应用微生物学的目的。

微生物一直存在于我们左右，它促成了有机物和无机物之间的不断转化，积极地推动了自然界的物质循环，对自然环境和人类的生存产生了巨大的影响。一个完整的生态系统主要包括生产者、消费者、分解者和非生物组分四个方面。大部分微生物是重要的分解者，离开了微生物将无法维持生态系统的平衡。

一、微生物的基本概念

人们把那些形体微小（<0.1mm），结构简单，在适宜环境下能生长繁殖及发生遗传变异，用肉眼难以看到，必须借助于光学显微镜或电子显微镜才能看清的低等微小生物统称为微生物（microorganism）。微生物的类群十分庞杂，它们形态各异，大小不同，生物特性差异极大。它们大多为单细胞，少数为多细胞，还包括一些没有细胞结构的生物。

二、微生物的特点

微生物和其他生物一样，具有一切生命活动的共同特点，如新陈代谢、生长繁殖、遗传变异等，此外，还具有其他特点。

（一）个体微小，比表面积大

微生物的个体极其微小，要通过显微镜放大才能看清，微生物的大小通常以微米（μm）为单位表示。真菌中霉菌菌丝的直径为3~10μm。细菌的直径一般为0.5~1μm。而病毒则更小，直径大多在10~300nm，必须借助于电子显微镜才能看清。微生物的个体虽小，但比表面积（单位体积占有的表面积）很大。大肠杆菌单位体积占有的表面积是人的30万倍。微生物这种小体积、大面积的体系，特别有利于它们与周围环境进行物质、能量及信息的交换。

（二）分布广，种类多

高等生物的分布区域常有明显的分布界限，它们分布范围的扩大常靠人类或其他大型生物的散播。而微生物则因其体积小、质量轻、可以到处传播以致达到“无孔不入”的地步，从高山到平原，从沙漠到绿洲，从江、河、湖、海到大气层都有微生物的群体。只要生长条件适宜，它们就可迅速繁殖起来。地球上除了火山的中心区域外，从土壤圈、水圈、大气圈直至岩石圈，到处都有微生物的踪迹。可以认为，微生物将永远是生物圈上下限的开拓者和各种纪录的创造者和保持者。

由于微生物的发现比动物、植物迟得多，加上鉴定种的工作及划分种的标准等较为困难，所以着重研究的是对人类关系最密切的那些种。目前比较确定的微生物种类有10多万种。随着分离、培养方法的改进和研究工作的深入，微生物的新种将不断被发现。

从微生物的分布广、种类多这一特点可以看出，微生物的资源是极其丰富的。可是，有人估计目前人类仅开发利用了已发现微生物的1%。因此，在生产实践和生物学基本理论问题的研究中，微生物的利用前景将是十分广阔的。

（三）吸收快，转化能力强

微生物吸收营养的速度很快，转化物质的能力非常强。大肠杆菌每小时要消耗其自身质量2000倍的糖。一个细菌在1h内消耗的糖按质量比相当于一个人在500年时间内所消耗的粮食，约为人的几百万倍。

微生物吸收营养快、转化物质能力强的特点可以被人类所利用，如迅速将环境中的污染物分解转化为无害物质的能力，使它们在治理环境污染的工程中担当主要角色。同时这一特性为它们的高速生长、繁殖和产生大量代谢产物提供了充分的物质基础，从而使微生物有可能更好地发挥“活的化工厂”的作用。人类对微生物的利用充分体现在它们的生物化学转化能力方面。

（四）代谢旺，繁殖速度快

微生物具有极快的生长和繁殖速度。在生长旺盛时，大肠杆菌每20min就可繁殖一代，24h可增殖72代，如果没有其他条件的限制，经过24h 1个细菌就能增殖至4.7×10^{23}个。事实上由于客观条件的限制，细菌的指数分裂速度只能维持数小时，因而在液体培养基中，细菌细胞的浓度只能达到每毫升$10^8\sim10^9$个。

微生物的这一特性在发酵工业上具有重要的实践意义，主要体现在它的生产效率高、发酵周期短。如500kg重的食用公牛，每24h只能从食物中“浓缩”0.5kg的蛋白质，而同样重的酵母菌以质量较次的糖液和氨水为主要养料，在24h内即可合成50000kg的优质蛋白质。当然，对于危害人、畜和植物等的病原微生物来说，它们的这一特性也会给人类带来极大的麻烦甚至是极大的危害。

（五）易变异，适应能力强

微生物的个体通常为单细胞、简单多细胞或非细胞结构，它们通常都是单倍体，加上具有繁殖快、数量多和与外界环境直接接触等因素，即使自然变异率很低，也可在短时间内获得大量变异后代。常见的变异形式是基因突变，涉及形态构造、生理类型，各种抗性、抗原性，以及代谢产物的质和量的变异等。微生物的这种变异性，从对微生物的利用来看有两面性，既有利又不利。有利的方面是可以利用微生物容易变异的特点使我们不断提高生产用菌种的生产能力和适应能力。例如，由于青霉素生产菌产黄青霉（*Penicillium chrysogenum*）的产量变异，使发酵水平从每毫升发酵液中提取5万单位提升到现在的10万多单位。不利的方面是有些优良菌种若保存不当或人工培养上经多次传代后，菌种的优良特性极易退化。由于滥用抗生素类药物，导致病原菌发生变异，从而使抗生素失去抗菌功效。

微生物对环境条件尤其是恶劣的“极端环境”所具有的惊人适应力，堪称生物界之最。例如，在海洋深处的某些硫细菌可在250℃甚至300℃的高温条件下正常生长；大多数细菌能耐-196~0℃的低温；一些嗜盐菌甚至能在32%的饱和盐水中正常生活；许多微生物尤其是产芽孢的细菌可在干燥条件下保藏几十年、几百年甚至几千年。正是微生物较强的适应能力使得它们分布极广。

三、微生物在生物分类系统中的地位

早在19世纪70年代，就有人主张把微生物独立成一界，因为在历史上，人们只把生物界分为植物界和动物界，并把一些具有细胞壁的类群如藻类、真菌、细菌等归属于植物界，另一些不具有细胞壁而能运动的类群如原生动物归属于动物界。但真菌不能进行光合作用，而许多细菌既能运动又可进行光合作用，它们与动、植物不同。在自然界中的许多生物，归属于植物界和动物界都不合适，因此1969年魏塔克（Whittaker）首先提出了五界系统，把自然界中具有细胞结构的生物分为五界。根据我国学者的提议，无细胞结构的病毒应另为一界，这样便构成了生物的六界系统。微生物在其中的位置如下。

- 生物分类系统
  - 微生物
    - 病毒界——病毒
    - 原核生物界
      - 蓝色光合细菌门——蓝细菌
      - 细菌门
        - 细菌
        - 放线菌
    - 原生生物界
      - 微（单）细胞藻类
      - 原生动物
    - 真菌界
      - 黏菌门——黏菌
      - 真菌门
        - 霉菌
        - 酵母菌
  - 植物界
  - 动物界

四、微生物的分类和学名

微生物基本的分类单位和动植物一样，为种，相近的种归为属，相近的属归为科。种以下还可分为变种、菌株。

微生物的命名，国际上通用“双名法”（病毒除外）。微生物的名称（学名）和动植物一样，也是由两个拉丁字——即一个属名（在前）和一个种的定名形容词组成，属名的第一个字母必须大写，而种名一般小写。一般印刷时，学名用斜体字。实际上完整的学名还要在种名后面加上这个种命名人的姓，命名人的姓一律用正体字。如黄曲霉（*Aspergillus flavus* Link），第一个单词是曲霉的属名，第二个单词是种名（黄色的意思），第三个单词是命名人的姓。微生物的中文名称，有的是按学名译出的，有的则是按我国习惯重新命名的，一般也由一个定名的形容词和一个属名简化名词构成，如黑曲霉、米曲霉、枯草杆菌等。在生产实践中，当一个菌株未进行鉴定以前，往往用微生物菌株的名称，有的采用编号，有的采用代称，也有的代称和编号合在一起，如“5406”“鲁保1号”。

五、微生物学的发展

（一）微生物学的研究内容和任务

微生物学是研究微生物在一定条件下的形态结构、生长繁殖、生理代谢、遗传变异以及其进化、分类、生态等生命活动规律及其应用的一门科学。微生物学作为一门学科来研究，比植物学、动物学要晚得多，至今不过100多年的历史。随着微生物学的不断发展，已形成了基础微生物学和应用微生物学，其又可分为许多不同的分支学科，并且还在不断地形成新的学科和研究领域，其主要的分支学科见图1-1。

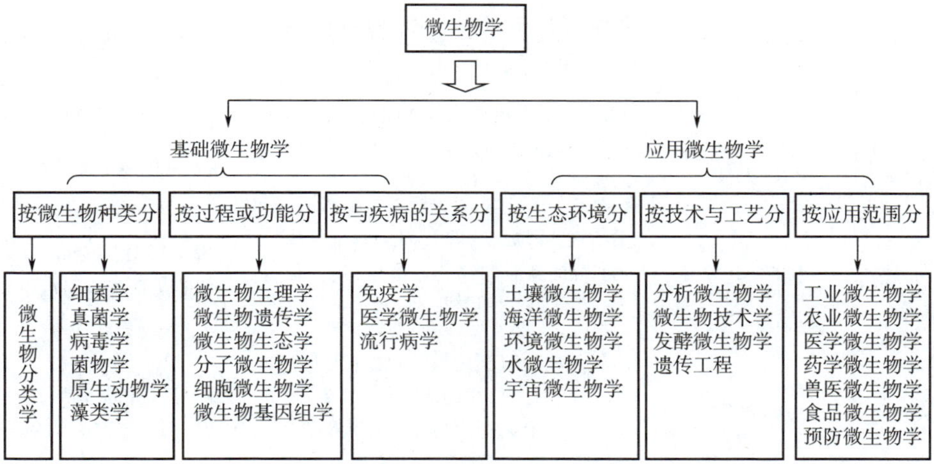

图1-1 微生物学的主要分支学科

在分子水平上研究微生物生命活动规律的分子微生物学，重点研究微生物与寄主细胞相互关系的细胞微生物学（cellular microbiology），以及伴随人类基因组计划兴起的微生物基因组学等分支学科和新型领域的兴起，标志着微生物学的发展又迈上了一个新的台阶，为在21世纪更好地利用、控制、改造微生物，造福人类开创了广阔的前景。

（二）微生物学的发展史

我国劳动人民很早就认识到微生物的存在和作用，也是最早应用微生物的少数国家之一。周朝著作《尚书·说命》中有“若作酒醴，尔惟曲糵”，说的就是利用微生物酿酒的事情。公元9~10世纪，我国已发明用鼻苗法种痘，用细菌浸出液采铜。到了16世纪，古罗马医生G. Fracastoro才明确提出疾病是由肉眼看不见的生物引起的。我国明末（1641年）医学家吴又可提出“戾气”学说，认为传染病的病因是一种看不见的“戾气”，其传播途径以口、鼻为主。但真正看见并描述微生物的第一人是荷兰商人安东尼·范·列文虎克（Antony van Leeuwenhoek，简称列文虎克）。他利用自制显微镜清楚地观察到细菌和原生动物，首次揭示了一个崭新的生物世界——微生物界。

回顾微生物学的发展历史，可分为五个时期，即史前期、初创期、奠基期、发展期和成熟期（表1-1）。

表1-1　微生物的发展简史

发展时间	经历时间	特点和标记	代表人物
史前期	8000年前—1676年	人类已在应用微生物，如发酵、酿造等，但未发现微生物的存在	各国劳动人民
初创期	1676—1860年	世界上第一次发现微生物的存在（当时称“微动体”）	列文虎克
奠基期	1861—1896年	开创了寻找病原微生物的“黄金时期”，并从形态描述前进到生理学研究的新水平	巴斯德（微生物学奠基人） 科赫（细菌学奠基人）
发展期	1897—1952年	无细胞发酵成功，并开创了微生物生化研究的新时期；“普通微生物学”作为一门学科开始形成	毕希纳（E. Buchner） 伊万诺夫斯基（Ivanovski）
成熟期	1953年及以后	DNA结构的双螺旋模式建立；微生物成为分子生物学中的重要研究对象；20世纪70年代后微生物成为生物工程学科的主角	沃森和克里克 （DNA双螺旋结构模型的创立）

1. 史前期

17世纪下半叶，在荷兰学者列文虎克用自制的简易显微镜观察到细菌之前，微生物学科尚未形成。

在这个时期，实际上人们已在生产与日常生活中积累了不少关于微生物作用的经验规律，并且应用这些规律创造财富，减少和消灭病害。民间早已广泛应用的有酿酒、制醋、发面、腌制酸菜和泡菜等，古埃及人也早已掌握制作面包和配制果酒的技术。这些都是人类在食品制作工艺中控制和应用微生物活动规律的典型例子。积肥、沤粪、翻土压青、豆类作物与其他作物的间作、轮作，是人类在农业生产实践中控制和应用微生物生命活动规律的生产技术。种痘预防天花是人类控制和应用微生物生命活动规律在预防疾病、保护健康方面的宝贵经验。尽管这些还没有上升为微生物学理论，但都是控制和应用微生物生命活动规律的实践活动。

2. 初创期

17 世纪 80 年代，列文虎克用他自己制造的，可放大 160 倍的显微镜观察牙垢、雨水、井水以及各种有机物质的浸出液，发现了许多“活的小动物”，并发表了这一“自然界的秘密”。这是首次对微生物形态和个体的观察和记载。随后，其他研究者凭借显微镜对于其他微生物类群进行的观察和记载，充实和扩大了人类对微生物类群形态观察和研究的视野。但是在其后相当长的时间内，人类对于微生物作用的规律仍一无所知。这个时期也成为微生物的形态学发展阶段。

3. 奠基期

19 世纪 60 年代初，法国的巴斯德和德国的科赫等一批杰出的科学家建立了一套独特的微生物研究方法，对微生物的生命活动及其对人类和自然界的作用做出了初步研究，同时还建立起许多微生物学分支学科，尤其是建立了解决当时实际问题的几门重要的微生物应用学科，如医学细菌学、植物病理学、酿造学、土壤微生物学等。

在这个时期，巴斯德研究了酒变质的微生物原理，探索了蚕病、牛羊炭疽病、鸡霍乱和狂犬病等传染病的原因以及有机物质腐败和酿酒失败的原因，否定了生命起源的“自然发生说”，建立了巴斯德消毒法等一系列微生物学实验技术。科赫在继巴斯德之后，改进了固体培养基的配方，发明了倾皿法进行纯种分离，建立了细菌细胞的染色技术、显微镜摄影技术和悬滴培养法，寻找并确证了炭疽病、结核病和霍乱病等一系列严重传染疾病的病原体等。这些成就奠定了微生物学成为一门科学的基础。巴斯德和科赫是微生物学的奠基人。

4. 发展期

德国学者毕希纳（Edward Buchner）在 1897 年研究了磨碎酵母菌的发酵作用，把酵母菌的生命活动和酶化学联系起来，推动了微生物生理学的发展。同时，其他如俄国学者伊万诺夫斯基（Ivanovski）首次发现了烟草花叶病毒（tobacco mosaic virus，TMV），从而扩大了微生物的类群范围。

20 世纪初至 20 世纪 40 年代末，微生物学开始进入酶学和生物化学研究时期，许多酶、辅酶、抗生素以及许多反应的生物化学和生物遗传学都是这一时期发现和创立的，并在 20 世纪 40 年代末形成了一门研究微生物基本生命活动规律的学科——普通微生物学。

5. 成熟期

20 世纪 50 年代初，随着电子显微镜技术和其他科学技术的出现，对微生物的研究进入到分子生物学水平。1953 年沃森（J. D. Watson）和克里克（H. F. C. Crick）发现了细菌基因体脱氧核糖核酸（DNA）长链的双螺旋结构。1961 年加古勃（F. Jacab）和莫诺德（J. Monod）提出了操纵子学说，指出了基因表达的调节机制和其局部变化与基因突变之间的关系，即阐明了遗传信息的传递与表达的关系。1977 年，卡尔·乌斯（Carl Woese）等在分析原核微生物 16S rRNA 和真核微生物 18S rRNA 序列的基础上，提出可将生物界分为细菌、古细菌和真核生物三域，揭示了各生物之间的系统发育关系，使生物学进入成熟时期。在这个成熟时期，基础研究从三方面深入到分子水平来研究微生物的生命活动规律：①研究微生物大分子的结构和功能，即研究核酸、蛋白质、生物合成、信息传递、膜结构与功能等。②在基因和分子水平上研究不同生理类型微生物的各种代谢途径和调控，能量产生和转换，以及严格厌氧和其他极端条件下的代谢活动等。③在分子水平上研究微生物的形态构建和分化，病毒的装配，以及微生物的进化、分类和鉴定等，在基因和分子水平上揭示微生物的系统发育关系。尤其是近年来，可应用现代分子生物技术手段，将具有某种特殊功能的基因做出开拓性研究。在应用方面，开发菌种资源、发酵原料和代谢产物，利用代谢调控机制和固定化细胞、固定化酶发展发酵生产和提高发酵经济的效益，应用遗传工程组建具有特殊功能的“工程菌”，把研究微生物的各种方法和手段应用于动、植物和人类研究的某些领域。这些研究使微生物学研究进入一个崭新的时期。

（三）21 世纪的微生物学展望

20 世纪的微生物学走过了辉煌的历程，面对新的世纪，展望其未来，将是一幅更加绚丽多彩的立体画卷，在这幅画卷上可能会出现我们目前预想不到的闪光点。

1. 生物基因组学研究将全面展开

所谓“基因组学”是 1986 年由汤马斯·罗德里克（Thomas Roderick）首创，至今已发展成为一个专门的学科领域，包括全基因组的序列分析、功能分析和比较分析，是结构、功能和进化基因组学交织的学科。

微生物基因组学除将继续作为“人类基因组计划”的主要模式生物，在后基因组研究（认识基因与基因组功能）中发挥不可取代的作用外，会进一步扩大到其他微生物，特别是与工业、农业及与环境、资源、疾病有关的重要微生物。目前已经完成基因组测序的微生物主要是模式微生物、特殊微生物及医用微生物。而随着基因组作图测序方法的不断进步与完善，基因组研究将成为一种常规的研究方法，使从本质上认识微生物以及利用和改造微生物产生质的飞跃，并将进一步带动分子微生物学等基础研究学科的发展。

2. 微生物的研究将全面深入

以了解微生物之间、微生物与其他生物、微生物与环境的相互作用为研究内容的微生物生态学、环境微生物学、细胞微生物学等，将在基因组信息的基础上获得长足发展，为人类的生存和健康发挥积极的作用。

3. 微生物生命现象的特征和共性将更加受到重视

微生物具有其他生物不具备的生物学特性，具有其他生物不具备的代谢途径和功能，例如可在其他生物无法生存的极端环境下生存和繁殖，化能营养、厌氧生活、生物固氮和不释放氧的光合作用等，反映了微生物极其丰富的多样性。微生物生长、繁殖、代谢、共用一套遗传密码等具有其他生物共有的基本生物学特性，反映了生物高度的统一性。微生物个体微小、结构简单、生长周期短、易培养和变异，便于研究。微生物这些生命现象的特性和共性，将是 21 世纪进一步解决生物学重大理论问题和实际应用问题最理想的材料，如生命起源与进化，物质运动的基本规律等的研究，新的微生物资源、能源、粮食的开发利用等。

4. 与其他学科实现更广泛的交叉，获得新的发展

20 世纪微生物学、生物化学和遗传学的交叉形成了分子生物学；而 21 世纪的微生物基因组学则是数学、物理、化学、信息、计算机等多种学科交叉的结果；随着各学科的迅速发展和人类社会的实际需要，各学科之间的交叉和渗透将是必然的发展趋势。21 世纪的微生物学将进一步向地质、海洋、大气、太空渗透，使更多的边缘学科得到发展，如微生物地球化学、海洋微生物学、大气微生物学、太空（或宇宙）微生物学以及极端环境微生物学等。微生物在与能源、信息、材料、计算机先进技术结合的基础上，将向自动化、定向化和定量化方向发展。

5. 微生物产业将呈现全新的局面

微生物从被发现到现在短短的 300 年间，特别是 20 世纪中期以后，已在人类的生活和生产实践中得到广泛的应用，并形成了继动物、植物两大生物产业后的第三大产业。这是以微生物的代谢产物和菌体本身为生产对象的生物产业，所用的微生物主要是从自然界选育的自然菌种。21 世纪，微生物产业除了更广泛地利用和挖掘不同生境（包括极端环境）的自然资源微生物外，基因工程菌将形成一批强大的工业生产菌，生产外源基因表达的产物，特别是药物的生产将出现前所未有的新局面。结合基因组学在药物设计上的新策略，将出现以核酸（DNA 或 RNA）为靶标的新药物（如反义寡核苷酸、肽核酸、DNA 疫苗等）的大量生产，人类将可能征服癌症、艾滋病以及其他疾病。

6. 微生物工业将生产各种各样的新产品

随着生物技术革命的深入，微生物工业将生产各种各样的新产品，如降解性塑料、生物芯片、生物能源等，在 21 世纪将出现一批崭新的微生物工业，为全世界的经济和社会发展做出更大贡献。特别是生物芯片技术，它的出现仅仅几年，却已引起了无数人的注意。目前普遍认为生物芯片的应用具有十分巨大的潜力，在后基因组研究、新药研究、生物物种改良、疑难疾病（包括癌症、阿尔茨海默病等）的病因研究和医学诊断等方面，它已经提供或正在提供有价值的信息。随着生物芯片制作工艺和检测分析手段的飞速发展，相信在21世纪许多生物化学反应，尤其是目前在凝胶、膜和酶标板上进行的生化反应都将在生物芯片上完成。有人预计生物芯片技术将会和聚合酶链式反应（PCR）和DNA重组技术一样，给分子生物学和相关学科带来突飞猛进的飞跃。

【同步练习】

1. 什么是微生物？微生物有哪些主要类群？
2. 举例说明微生物有哪些特点，这些特点对生产实践有什么影响？
3. 简述生物六界分类系统。
4. 微生物学发展史分为哪几个时期？各个时期的代表人物和特点是什么？
5. 我国人民在微生物学发展史上占有什么地位？

学习单元二

微生物的形态结构与基本类群

【知识目标】

1. 了解常见的细菌、酵母菌、霉菌、病毒、放线菌及其他微生物。
2. 了解细菌、酵母菌、霉菌、病毒、放线菌的形态与结构；掌握细菌、酵母菌、霉菌和放线菌的形态观察方法。

【能力目标】

1. 培养学生观察微生物形态结构的能力。
2. 能对微生物进行染色观察和鉴别。

知识讲解

在有细胞结构的微生物中，按其细胞结构，尤其是细胞核的构造和进化上的差异，可把它们分成原核微生物（具有原核细胞结构）和真核微生物（具有真核细胞结构）两大类。原核细胞和真核细胞的区别是三十多年来现代生物学研究的新发展。以电子显微镜为主要工具研究细胞的微细构造和功能，发现原核细胞和真核细胞（图 2-1）主要有三项区别：

（1）原核细胞中有明显的核区，核区内含有一个只由双螺旋脱氧核糖核酸构成的基因体。真核细胞含有由多个染色体构成的基因体群。染色体由 DNA 和蛋白质组成，包含了生物体的遗传信息。真核细胞有一个明显的核，染色体位于核内，核由一层核膜包围，这样的核称为真核。原核细胞的核区没有核膜包围，称为原核。

（2）原核细胞有一个连续不断的细胞膜，它包围细胞质，并且大量褶皱陷入到细胞质里面去，称为细胞中间体。细胞中间体形成一些管状和囊状的形体，它们是能量代谢和许多合成代谢的场所。真核细胞的细胞膜包围细胞质，细胞核由核膜包围，核膜延伸形成内质网，本身是一独立的细胞器。线粒体是能量代谢的细胞器，叶绿体是光合作用的细胞器，它们都各由两层膜包围。这些细胞器的膜都和细胞膜没有直接联系。

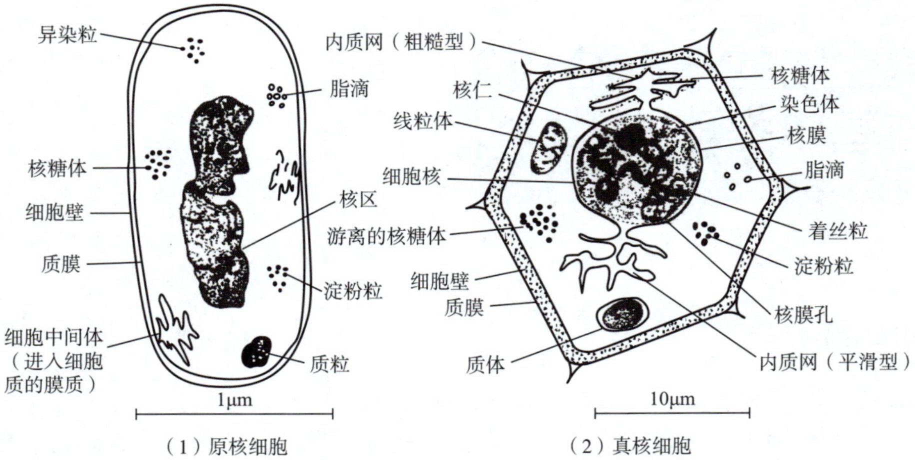

图 2-1　原核细胞和真核细胞

（3）核糖体位于细胞质内，它们是蛋白质合成的场所。原核细胞的核糖体小些，是 70S 粒子；真核细胞的核糖体大些，是 80S 粒子。

表 2-1 列举原核细胞和真核细胞的区别。

表 2-1　原核细胞和真核细胞的区别

	原核细胞	真核细胞
核膜和内质网	-	+
染色体	-	+
有丝分裂	-	+
线粒体	-	+
叶绿体	-	-或+
核糖体	70S	80S

注："-"表示无，"+"表示有。

尽管有上述区别，一切细胞生物的物质组成成分、遗传变异、物质代谢和生长繁殖的共同性仍然是主要的，因而人们认为一切细胞生物都是同源的。细胞生物的多种多样是生物进化过程中的发展和分化。原核生物（prokaryote）和真核生物（eukaryote）

是进化过程中的两个发展阶段或两个发展方向。

至于病毒和噬菌体，它们的物质成分与细胞生物的物质成分有共同性，但它们没有细胞构造，必须寄生在活着的细胞生物体内，依靠寄主细胞的代谢作用才能够完成遗传变异、物质代谢和生长繁殖的全部生命活动过程。它们是比细胞生物更原始的生物的代表？还是细胞生物退化（丧失了自己的代谢构造和功能）的表现？现在还没有论证的根据。

项目一 原核微生物

原核微生物是微生物中的一个重要类群，绝大多数为单细胞生物，有些种类可形成多核细胞或多细胞丝状体，是目前已知的结构最简单并能独立生活的一类细胞生物。近年来正在深入研究的古细菌（archaebacteria）或古生菌（archaea），尽管在进化谱系上与真细菌（eubacteria）和真核生物相互并列，但其在细胞构造上却与真细菌较为接近，故同属于原核生物。

一、细菌

细菌（bacteria）是一类结构简单、种类繁多，主要以二分裂方式繁殖和水生性较强的单细胞原核微生物。尽管不少细菌对人是有害的，如使食品和物品腐烂变质等，但也有很多细菌是有益的，细菌与人类生产及生活有着非常密切的关系。

（一）细菌的形态和大小

细菌的形态主要以球状、杆状和螺旋状 3 种最为典型（图 2-2），其中以杆状最为常见，球状次之，螺旋状较为少见。

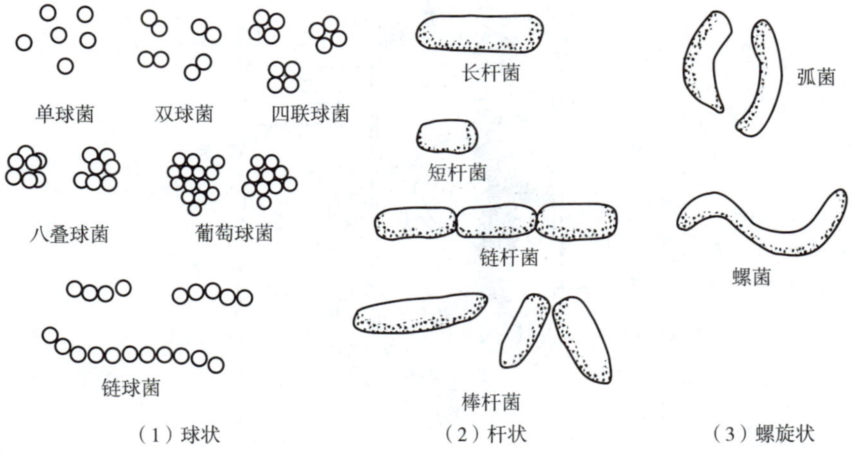

图 2-2　细菌的各种形态

大多数细菌是杆状的。杆状的细菌称杆菌(bacillus)。杆菌长 1~8μm,宽 0.5~1μm。根据分裂后是否相连或排列方式,分为单杆菌、双杆菌和链杆菌。杆菌形态多样,有短杆或球杆状(长宽非常接近),如甲烷短杆菌属;有长杆、棒杆状(长宽相差较大),如枯草杆菌(*Bacillus subtilis*);有的两端平截,如炭疽芽孢杆菌(*B. anthracis*);有的两端稍尖,如松菌属;有的在一端分支,呈"丫"或叉状,如双歧杆菌属;有的有一柄,如柄细菌属。杆菌的细胞排列状态有"八"字状、栅状、链状以及有菌鞘丝状等。

球状的细菌称球菌。直径 0.5~2μm,根据其细胞的分裂面和子细胞分离与否,有不同的排列状态:单球菌(即球菌)、双球菌、链球菌、四联球菌、八叠球菌和葡萄球菌等。

螺旋状的细菌称螺菌。长为 5~50μm,宽 0.5~5μm。螺旋不到一周的称弧菌,其菌体呈弧形或逗号状,如霍乱弧菌;有一周或多周(6 周)螺旋,外形坚挺的称螺菌;螺旋在 6 周以上,柔软易曲的称螺旋体。

除了上述 3 种基本的细菌形态外,还有罕见的其他形态,如丝状、梨状、叶球状、盘碟状、方形、星形及三角形等。

(二)细菌的细胞结构

图 2-3 是细菌的细胞结构模式图,其中的细胞膜、核区和细胞质[合称为原生质体以及细胞壁是一般细菌细胞共有的结构,被称之为基本结构或不变结构,其余的结构只是某些细菌所有,故称特殊结构或可变结构,包括未在图中表示的菌鞘、伴孢晶体(parasporal crystal)和气泡等]。

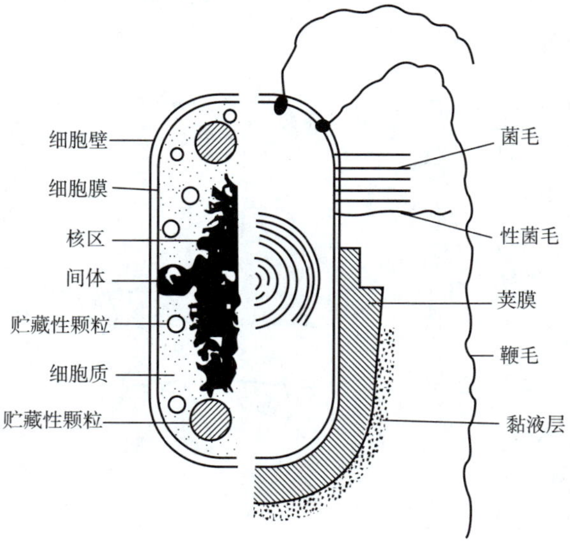

图 2-3 细菌的细胞结构模式图

1. 细菌细胞的基本结构

(1)细胞壁(cell wall)　除支原体外,几乎所有细菌都有细胞壁。它是细菌的细胞最外一层,坚韧并富有弹性的外被,主要成分为肽聚糖,它赋予细菌的细胞以强度和形状,主要起着保护细胞与维持细胞形态的作用。正常情况下,细菌细胞内的盐类、糖类、氨基酸和其他小分子物质的浓度要比外界环境中的高得多,由此产生的胞内渗透压也比外界高得多(有时可高达20倍),正是细胞壁保护了细胞,故细胞不会因吸水过度而胀破。有些具有多层结构细胞壁的细菌如革兰氏阴性细菌,其细胞壁还可通过阻止化学物质(抗生素、染料等)进入细胞而起到更好的保护作用。细胞壁还有保护细菌免受机械性或其他破坏的作用。失去细胞壁后,各种形状的细菌将变成球形,而且对渗透压特别敏感。

①细胞壁的构造与化学组成:经革兰氏染色可把细菌分为革兰氏阳性(G^+)细菌和革兰氏阴性(G^-)细菌。革兰氏阳性细菌的细胞壁较厚(20~25nm),但只有肽聚糖层;革兰氏阴性细菌的细胞壁虽然较薄(10~15nm),却有多层构造(肽聚糖和胞壁外层)。此外,两者在表面结构上也有显著不同(图2-4)。

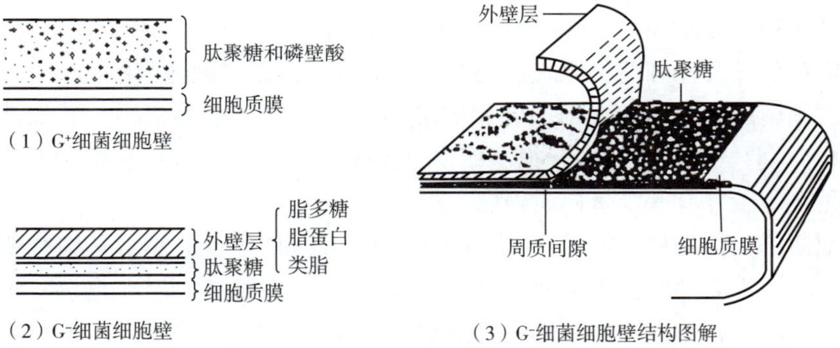

图2-4　细菌细胞壁的结构

表2-2　G^+和G^-细菌细胞壁化学组成及结构比较

细菌	壁厚度/nm	肽聚糖/%	磷壁酸/%	蛋白质/%	脂多糖	脂肪/%
G^+	20~80	40~90	含量(<50)	约20	无	1~4
G^-	10	5~10	0	约60	有	11~22

革兰氏阳性细菌与革兰氏阴性细菌细胞壁的主要化学成分(表2-2)是肽聚糖(pepti-doglycan),有时也称胞壁质(murein)。肽聚糖是由两种糖衍生物:*N*-乙酰葡萄糖胺(*N*-acetylglucosamine)和*N*-乙酰胞壁酸(*N*-acetylmuramic acid),以及短肽(通常为L-丙氨酸、D-谷氨酸、L-赖氨酸或二氨基庚二酸和D-丙氨酸)所组成。*N*-乙酰葡萄糖胺与*N*-乙酰胞壁酸通过β-1,4糖苷键重复交替连接成聚糖(glycan)骨架,短肽借其肽键连接在聚糖骨架链的*N*-乙酰胞壁酸的乳酰基上;相

邻短肽互相交联形成高强度的网状结构。

②革兰氏阳性细菌细胞壁：在革兰氏阳性细菌的细胞壁中，肽聚糖含量为40%~90%，肽聚糖层厚，约由40层组成。细胞壁中还含磷壁酸、分支菌酸、M蛋白和葡萄球菌A蛋白等特殊成分，它们有特殊的作用，如磷壁酸可协助肽聚糖加固细胞壁；增强细胞膜稳定性；提高膜结合酶的活性；调节细胞壁的增长；形成表面抗原；构成噬菌体吸附的受体位点。

③革兰氏阴性细菌细胞壁：没有G^+细菌的细胞壁厚，其肽聚糖含量仅5%~10%，不含赖氨酸，而有二氨基庚二酸。在大多数革兰氏阴性细菌中，肽聚糖为单层，其四肽只有25%交联，但细胞壁结构较G^+细菌的复杂，在肽聚糖层外面还有一个膜样（由磷脂双分子层、脂蛋白与脂多糖组成）的外壁层，此外壁层因含脂多糖，故常称为脂多糖层（lipoplysaccharide layer，LPS layer）。磷脂双分子层与细胞膜的脂双层非常相似，只是其中插有跨膜的孔蛋白（porin），孔蛋白位于外壁层内侧，连接着磷脂双分子层与肽聚糖层，似乎起着将肽聚糖层与脂多糖层连在一起的“铆钉”的作用。磷脂与多糖紧密结合而形成革兰氏阴性细菌特有的脂多糖。它可以阻止溶菌酶、抗生素、染料等侵入菌体，也可以阻止周质空间中的酶外漏，起到保护作用；吸附Mg^{2+}、Ca^{2+}等离子而提高细胞壁的稳定性；可作为重要的抗原因子决定革兰氏阴性细菌抗原表位的多样性；也是许多噬菌体吸附的受体。

④古细菌的细胞壁：古细菌细胞的结构与化学成分极为多样。其细菌壁不含胞壁质和D-型氨基酸，有些含拟胞壁质（pseudomurein），有些连拟胞壁质层都没有，只是在胞壁外有一个蛋白质表层。

⑤细菌革兰氏染色的原理：细菌对革兰氏染色的反应主要与其细胞壁的通透性有关。革兰氏阳性细菌肽聚糖的含量与交联程度均较高，层次也多，细胞壁较厚，壁上的间隙较小，媒染后形成的结晶紫-碘复合物就不易脱出细胞壁，加上它基本上不含脂类，经乙醇洗脱后，细胞壁非但没有出现缝隙，反而因肽聚糖层的网孔脱水而变得通透性更小，结果使结晶紫-碘复合物就留在细胞内而呈蓝紫色。而革兰氏阴性细菌的肽聚糖含量与交联程度较低，层次也少（大多数仅一层，最多也是两层），细胞壁较薄，壁上的孔隙较大，再加上细胞壁的脂质含量高，乙醇洗脱后，细胞壁因脂质被溶解而孔隙更大，所以结晶紫-碘复合物极易脱出细胞，乙醇脱色后呈无色，经过沙黄复染，结果又呈现沙黄的红色。

（2）细胞膜（cell membrane）

①细胞膜的结构和成分：与其他生物一样，细菌细胞膜也是“单位膜”，是紧贴在细胞壁内侧，包围着细胞质的一层柔软、脆弱、富有弹性的半透性薄膜，厚7~8nm，由磷脂（占20%~30%）和蛋白质（占50%~70%）组成（图2-5），细胞膜在电子显微镜下呈3层：上下两暗色层之间夹着一浅色中间层。这是因为细胞膜主要成分的磷脂，是由两层磷脂分子按一定规律整齐地排列而成的。其中每一个磷脂分子由一个带正电荷且能溶于水的极性头（磷酸端）和一个不带电荷、不

溶于水的非极性尾（烃端）所构成。极性头朝向内、外两表面，呈亲水性，而非极性端的疏水尾则埋入膜的内层，于是形成了一个磷脂双分子层。细菌细胞膜的成分除了脂质和蛋白质外，还有少量糖类（如已糖，表 2-3）。细菌细胞膜的蛋白质种类较多（达 200 种）。紧密结合于膜上的蛋白质称为整合蛋白（integral protein，IP），它们插入或贯穿磷脂双分子层，后一种称跨膜蛋白；疏松地附着于膜上的称为周缘蛋白（peripheral protein，PP），主要分布于磷脂双分子层的内外表面。细菌的膜蛋白已不单纯起结构的作用，很多膜蛋白在物质转运和代谢（尤其是能量代谢）中起着重要作用，如转运蛋白、电子传递以及 ATP 合成酶等，有的还是合成膜脂和细胞壁各种组分以及合成荚膜的酶。

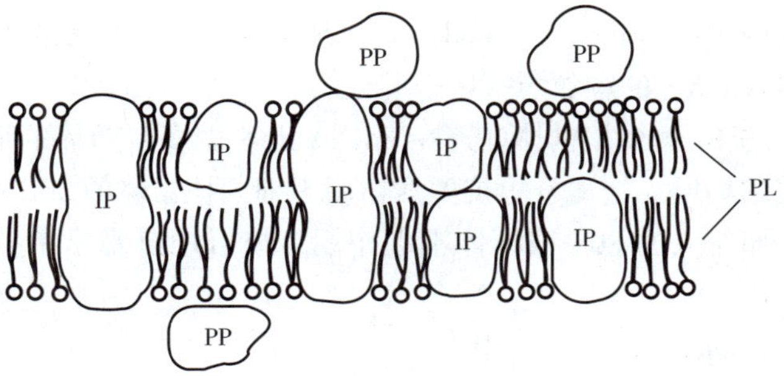

图 2-5　细胞膜的结构模式图

PL—磷脂双分子层（其中的小圆圈表示亲水部分，双线表示疏水部分）　IP—整合蛋白　PP—周缘蛋白

表 2-3　溶壁微球菌和紫色细菌（一种光合细菌）的细胞膜成分

成分	膜干重的百分比/%	
	溶壁微球菌	紫色细菌
类脂	28~37	40~50
中性脂肪	9	10~20
磷脂	28	30
蛋白质	50	50
己糖	15~20	5~30

②细胞膜的功能：虽然无细胞壁的支原体照样生活，但如果它的细胞膜受损，就会导致死亡。细胞膜的功能可以归纳为：

a. 选择性地控制细胞内、外营养物质和代谢产物的运送；

b. 维持细胞内正常的渗透压的屏障；

c. 合成细胞壁和糖被的各种组分（肽聚糖、磷壁酸、LPS、荚膜多糖等）的重要场所；

d. 膜上含有氧化磷酸化或光合磷酸化等能量代谢的酶系，是细胞的产能场所；

e. 鞭毛基体的着生部位和鞭毛旋转的供能部位。

③内膜系统：细菌不含线粒体与叶绿体之类的细胞器，但许多革兰氏阳性细菌、光合细菌、硝化细菌、甲烷氧化细菌以及固氮菌等的细胞膜内凹延伸或折叠成为形式多样的内膜系统，以提供为某种功能所需的更大面积。有些细菌的内膜系统已有专门名称，如间体（mesosome）、载色体（chromatophore）和羧酶体（carboxysome）。

（3）细胞质及其内含物　细胞质是细胞膜包围的除核区之外的一切半透明、胶状、颗粒状物质的总称，含水量约 80%。原核微生物的细胞质是不流动的，这一点与真核微生物明显不同。细胞质的主要成分为核糖体（由 50S 大亚基和 30S 小亚基组成）、贮藏物、多种酶类和中间代谢物、质粒、各种营养物和大分子的单体等，少数细菌还有类囊体、羧酶体、气泡、伴孢晶体等。细胞质内形状较大的颗粒状构造称为内含物（inclusion body），包括各种贮藏物和羧酶体、气泡等。质粒作为细胞质中含 DNA 的颗粒与核区一并介绍。

在细菌中，80%~90%核糖体串连在 mRNA 上，以多聚糖体的形式存在。核糖体是合成蛋白质的场所。链霉素等抗生素作用于细菌核糖体的 30S 亚基而抑制细菌蛋白质的合成，而对人的 80S 核糖体不起作用，故可用链霉素治疗细菌引起的疾病，而对人体无害。

（4）核区（nuclear region）与质粒

①核区：细菌无真正的细胞核，只是在菌体中央有一个大量遗传物质（DNA）所在的核区。其功能与细胞核相当，故有“类核”（unceoid）、核当体（uncler equivalent）、染色质体（chromatinic body）、核质体（nuclear body），甚至细菌染色体（bacterial chromosome）等之称。核区很原始，无核膜和核仁，由一个环状 DNA 分子高度缠绕而成，其中央部分还有 RNA 与支架蛋白。细菌无典型的染色体结构，但通常都称核区中的 DNA 为染色体 DNA。细菌 DNA 是一个很长的共价闭合环状双链，只有反复折叠形成高度环绕的致密结构——超螺旋，才能存在于长度仅为 DNA 几百万之一的菌体中。例如大肠杆菌染色体 DNA 长度约 1mm，但其菌体长仅 2~3μm。细菌染色体 DNA 也与一些碱性蛋白相结合，但不是真正的组蛋白。此外，细菌染色体 DNA 中有一定比例（约 1%）的碱基被甲基化，其中以腺嘌呤居多，胞嘧啶次之。甲基化可保护 DNA 不受自身的限制性核酸内切酶的作用。

②质粒：除染色体 DNA 外，很多细菌还含有一种染色体遗传成分——质粒。这是一些小型环状 DNA，上面携带着决定细菌某些遗传特性的基因，如接合或致育、抗药、产毒、致病、降解樟脑和二甲苯等毒物、固氮、产生抗生素和色素等次生代谢产物或形成芽孢等。质粒能独立于染色体并复制，有的质粒还能整合到染色体中，在染色体的控制下与染色体一起复制。很多质粒还能在细胞间传递。多数质粒会自行或经某种理化因子处理而消失。质粒是很好的基因载体，已广泛用于基因工程研究。

③贮藏性颗粒：贮藏性颗粒通常较大，并为单层膜所包围，经过适当染色可

在光学显微镜下清晰地观察到。它们在营养物质过剩时积累，在营养物质缺乏时动用，故称为贮藏性颗粒。贮藏性颗粒的物质种类如下：

- 贮藏性颗粒
  - 碳源及能源类
    - 糖原：大肠杆菌、克雷伯氏菌、芽孢杆菌和蓝细菌等
    - 聚β-羟丁酸（PHB）：固氮菌、产碱菌等
    - 硫粒：紫硫细菌、丝硫细菌、贝氏硫杆菌等
  - 氮源类
    - 藻青素：蓝细菌
    - 藻青蛋白：蓝细菌
  - 异染粒：迂回螺菌、白喉杆菌、结核分枝杆菌

2. 细菌细胞的特殊结构

有许多细菌除了含有上述一般结构外，还含有特殊的结构，如鞭毛、荚膜和芽孢等特殊结构。这些都是鉴别细菌的重要依据。

（1）鞭毛（flagellum） 细菌鞭毛是由特殊的蛋白质（鞭毛蛋白）构成的，一端连于细胞膜，一端为游离的、细长的波形纤细丝状物，其数目一般为一至数十条。在各类细菌中，弧菌、螺菌类普遍都有鞭毛；杆菌中假单胞菌类都长有极生鞭毛，其他的有周生鞭毛，有的没有；球菌中，仅个别的属例如动球菌属（*Planococcus*）的种才长鞭毛。鞭毛的长度一般为 15~20μm，直径为 0. 01~0. 02μm。观察鞭毛最直接的方法是用电子显微镜，用特殊的鞭毛染色法使染料沉积在鞭毛上，加粗后的鞭毛也可用光学显微镜观察。细菌鞭毛的数目和着生位置在不同种类细菌中是不一样的，因而有分类学上的意义。鞭毛按照着生情况，可以分为以下三类（图 2-6）：

①单生：只在细菌细胞的一端或两端单生一根鞭毛。

②丛生：在细菌细胞的一端或两端生一丛鞭毛。

③周生：在细菌细胞的周围着生几根或很多根鞭毛。

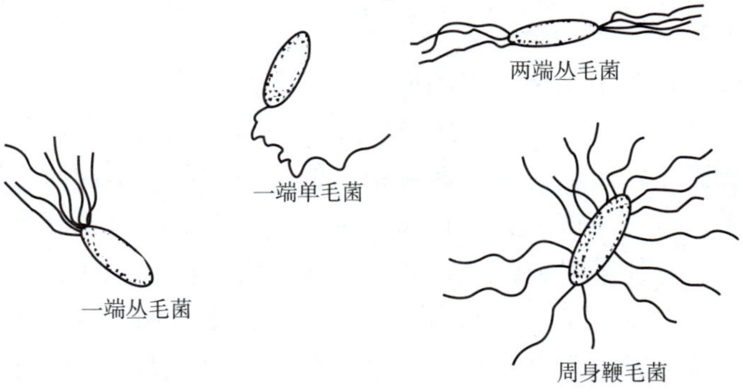

图 2-6 细菌鞭毛的类型

鞭毛的功能是运动，这是原核生物实现其趋性（taxis，趋向性）的最有效方式。鞭毛菌的运动速度极快，例如螺菌鞭毛转速可达每秒 40 周（超过一般电动机的转速）。极生鞭毛菌的转速明显高于周生鞭毛菌。生鞭毛的细菌很容易因失去鞭毛而停止游动。在培养基中培养细菌时常常只是在培养的初期（12～24h 内）有鞭毛，培养稍久细菌失去鞭毛，便不能游动。

（2）菌毛（fimbria）与性菌毛（sex pilus）

①菌毛：是一种长在细菌体表的纤细、中空、短直、数量较多的蛋白质类附属物。某些革兰氏阴性细菌（如大肠杆菌、伤寒沙门氏菌、铜绿假单胞菌和霍乱弧菌等）与革兰氏阳性细菌（链球菌属和棒杆菌属）的个别菌体表面有非鞭毛的细毛状物——菌毛。菌毛为中空柱状，较鞭毛细且短、直，长 0.2～2μm，宽 3～14nm。菌毛数目较鞭毛多，周身分布（图 2-7）。每个细菌有 250～300 条菌毛。菌毛不参与运动，所以运动细菌和不运动细菌都有菌毛，产生菌毛的能力由其染色体基因所决定。

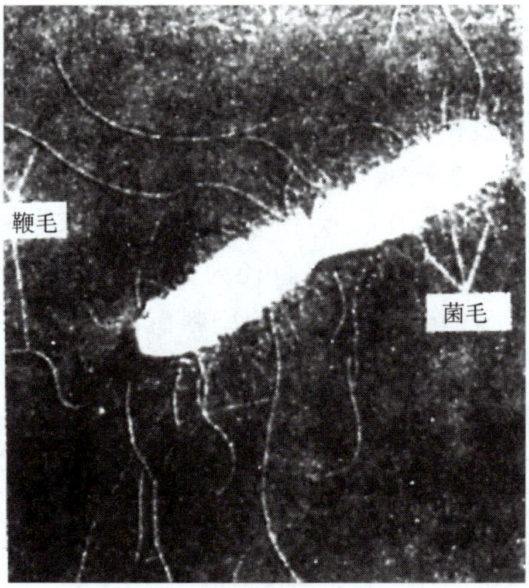

图 2-7　多短菌毛和几条鞭毛的伤寒沙门氏菌的电子显微镜照片

菌毛的功能一是赋予细菌黏附的能力，尤其是对致病菌。例如，霍乱弧菌靠其菌毛黏附于肠上皮而致病，淋病的病原菌——奈氏球菌（*Neisseria gonorhoeae*）的菌毛使菌体黏附于尿道而感染。而无菌毛的上述细菌不引起感染。菌毛可因突变丧失。致病菌一旦丧失菌毛，其致病性也随之消失。菌毛也可黏附在甲壳类表面而传播疾病。二是使某些细菌（好氧菌或兼性厌氧菌）缠集在一起而在液体表面形成菌膜（醭）以获取充分的氧气。三是作为菌毛抗原，其是细菌表面的一种丝状结构，能使细菌黏附于动物细胞，故也称黏着素。如：大肠杆菌的菌毛抗原有 K88、K99、9879 和 F41 等多个血清型。

②性菌毛：构造和成分与菌毛相同，但比菌毛长，数量仅一至少数几根。性菌毛一般见于革兰氏阴性细菌的雄性菌株（即供体菌）中，其功能是向雌性菌株（即受体株）传递遗传物质。有的性菌毛还是 RNA 噬菌体的特异性黏附受体。

（3）荚膜（capsule） 或称糖被（glycocalyx）。有些细菌在细胞壁外具有富含水分的黏胶状物质——荚膜。这类物质不易着色，但用负染法在光学显微镜下可见（图 2-8）。用冷冻蚀刻（freeze-etch）技术，可在电子显微镜下看到荚膜为许多纤丝状物质组成的网状物。荚膜的有无、厚薄除与菌种的遗传性相关外，还与环境（尤其是营养）条件密切相关。按其有无固定层次、层次厚薄又可细分为（大）荚膜（macrocapsule）、微荚膜（microcapsule）、黏液层（slime layer）和菌胶团（zoogloea）。

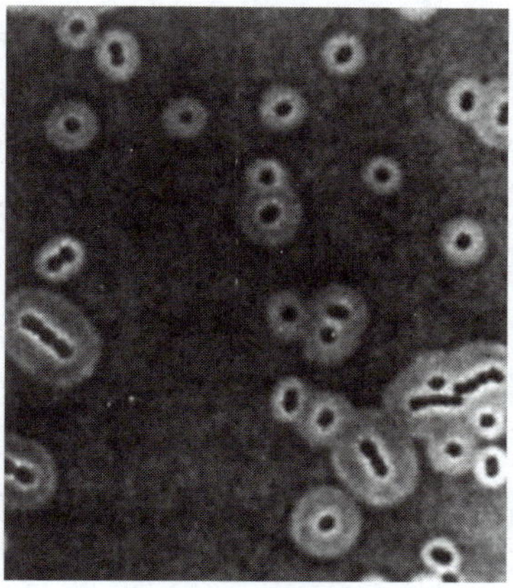

图 2-8　细菌荚膜

①荚膜：较厚（约 200nm），有明显的外缘和一定的形状，较紧密地结合于单个细胞的细胞壁外。将墨汁或苯胺黑负染的标本置于光学显微镜下观察，墨黑背景与菌体细胞壁之间的透明区即是荚膜（图 2-8）。

②微荚膜：较薄（<200nm），与单个细胞表面的结合也较紧密，不能用光学显微镜观察到，但可用血清学方法显示。微荚膜易被胰蛋白酶消化。酿脓链球菌（*Streptococcus pyogenes*）的 M 蛋白和大肠杆菌的 K 抗原皆是。

③黏液层和菌胶团：黏液层，量大，而且与细胞表面的结合比较松散，没有明显的边界，常扩散到培养基中，在液体培养基中会使培养基的黏度增加。有的细菌如生枝动胶菌（*Zoogloea ramigera*）分泌的黏液能将许多菌体黏合在一起形成分枝状的大形黏物，称为菌胶团，它是细菌体的共同荚膜。污水处理中常用的活性污泥凝絮物主要就是其中的生枝动胶菌的胶团与附着在它上面的原生动物及其他微生物所形成的。

产荚膜细菌在固体培养基上形成表面湿润、有光泽、黏液状的光滑型（smooth），即 S 型菌落。不产荚膜细菌形成表面干燥、粗糙的粗糙型（rough），即 R 型菌落。

荚膜的有机组分依种而异。细菌荚膜由多糖、多肽和蛋白质组成，尤以多糖居多。虽然用生化方法（如用特异性水解荚膜物质的酶处理）除去荚膜，细菌的生命活动不受影响。但荚膜具有致病和自身保护的功能：①荚膜富含水分，可保护细菌免于干燥。②能抵御吞噬细胞的吞噬。菌体表面越疏水越易被吞噬，荚膜亲水且带电，故能抵御吞噬。③能保护菌体免受噬菌体和其他物质（如溶菌酶和补体等）的侵害。④荚膜为主要表面抗原，它是有些病原菌的毒力因子，如 S 型肺炎链球菌靠其荚膜致病，而无荚膜的 R 型为非致病菌。⑤是某些病原菌必需的黏附因子，如变异链球菌依靠其荚膜黏附在牙齿表面，引起龋齿；又如肠致病大肠杆菌的毒力因子是肠毒素，但仅有肠毒素产生并不足以引起腹泻，还必须依靠其酸性多糖荚膜（K 抗原）黏附于小肠黏膜上皮才能引起腹泻。此外，荚膜是聚合物，所以也是细菌的一种贮藏性物质，可以在营养缺乏时动用。

产荚膜的细菌给人类带来一定的危害，除了上述的致病性外，还常常给食品工业和制糖工业等带来一定的损失。但也可使它转化为有益的物质，例如，肠膜状明串珠菌的葡聚糖荚膜已用于代血浆主要成分——右旋糖酐和葡聚糖（sephadex）的生产。

（4）菌鞘（sheath） 生活在淡水和海水中的有些细菌，如浮游球衣菌（sphaerotilus natans）的细胞常排列成丝状体，外套有长的管状物——菌鞘（图 2-9），这样的细菌称鞘细菌（sheathed bacteria）。菌鞘由菌体分泌，薄而透明，紧包在菌链的外面，所以平时难以观察到，但当菌鞘内细胞游去而变空时，用相差显微镜和染色就很容易看到。

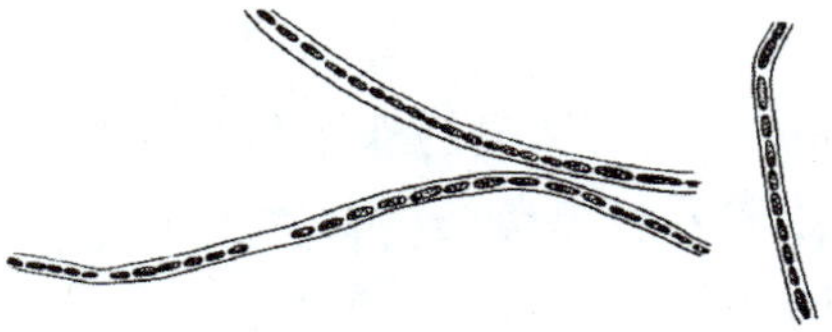

1

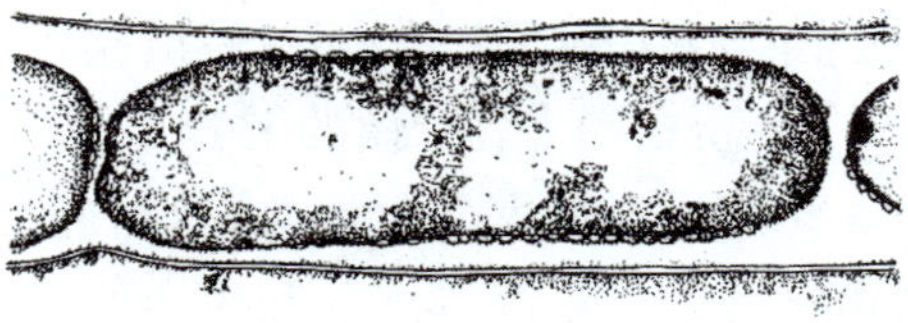

2

图 2-9 浮游球衣菌

1—丝状体的菌鞘 2—丝状体的细胞

菌鞘是由蛋白质-多糖-脂质组成的管状复合体，多糖（葡萄糖、葡萄糖醛酸、半乳糖和岩藻糖组成的异聚糖）和蛋白质构成网状纤维体，脂质填充于间隙中，构成内胎样的套管，菌鞘不含胞壁酸。

菌鞘在细菌的营养和生态上具有重要意义，它有助于菌体吸收营养。菌鞘是胶体状物，上有固着器（holdfast），故能使菌体附着于固体基质上吸取养分，尤其是在低营养的水中，菌鞘可使鞘细菌附着在固体物质上随水漂浮富集营养；菌鞘还有保护作用，能抵御原生动物等捕食者的捕食或者蛭弧菌等寄生者的攻击。

鞘细菌常见于污染河流、滴滤池（trickling filter）、活性污泥等富有机质的流动淡水中。秋天，大量落叶使河流与小溪中有机物增加，球衣菌便大量生长繁殖。在受污水污染的河流岩石上常见的所谓污水霉菌（sewage fungus）主要就是球衣菌丝状体。在活性污泥中，球衣菌生长，丝状体缠结成团块，这就是所谓的活性污泥膨胀（bulking）。它给污水处理中污泥的澄清带来了困难，所以对球衣菌等鞘细菌的研究越来越受到人们的重视。

（5）芽孢（endospore，spore） 为数不多的产芽孢细菌（spore-forming bacteria）生长到后期，在其菌体细胞内形成一个椭圆形、厚壁、折光性强、含水量低、抗逆性强的休眠体——芽孢。每个细菌一般只产生一个芽孢，所以芽孢不是细菌的繁殖体。绝大多数产芽孢细菌为革兰氏阳性菌，其中主要为好氧的芽孢杆菌属（*Bacillus*）和厌氧的梭菌属（*Clostridium*），还有芽孢乳杆菌属（*Sporolactobacillus*）、芽孢八叠球菌属（*Sporosarcina*）和颤螺菌属（*Oscillospira*）等，只有脱硫肠状菌属（*Desul fotomaculum*）和椎柱杆菌属（*Metabacterium*）是革兰氏阴性细菌。

芽孢的有无、形状、位置和大小因菌种而异，故是细菌分类的形态特征之一。一般而言，芽孢以卵圆柱形的居多，圆球形的较少。芽孢杆菌的芽孢多数位于菌体中央，通常小于菌体宽度。梭菌的芽孢则多数近端生或端生，通常大于菌体宽度。芽孢和菌体形态的几种类型如图 2-10 所示。

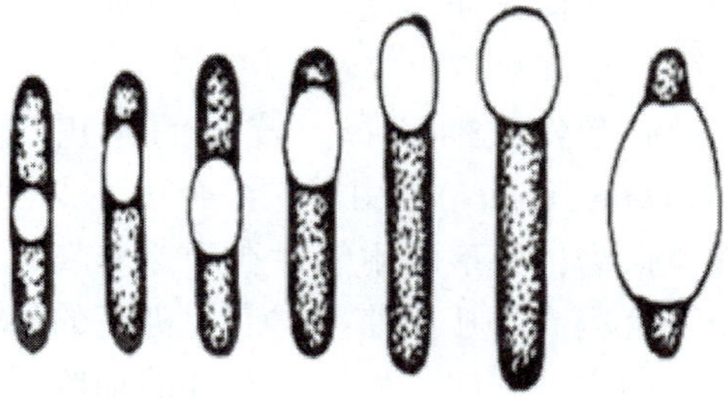

图 2-10　细菌芽孢和菌体形态的几种类型

成熟芽孢具有多层结构（图 2-11），由外到内依次为：①芽孢外壁（exosporium）：这是一个保护层，主要由蛋白质、脂质和糖类组成，透性差。②一层或几层芽孢衣（spore coat）：主要成分为蛋白质，大多数为角蛋白，其中半胱氨酸与疏水氨基酸的含量很高。芽孢衣结构非常致密，通透性差，能抗酶和化学物质的透入。

③皮层（cortex）：很厚，约占芽孢总体积的一半，主要由一种为芽孢所特有的肽聚糖组成，此种肽聚糖由丙氨酸亚单位、四肽亚单位、胞壁酸内酯亚单位重复组成。此外它还含有一种芽孢特有的化学物质——吡啶二羧酸（dipicolinic acid，DPA），以及大量的 Ca^{2+} 结合成吡啶二羧酸钙（DPA-Ca），它们赋予芽孢异常的抗热性。皮层的渗透压很高。④芽孢核心（core）：通常由核心的壁、核糖体与 DNA 组成，含水量极低，可分为芽孢壁、芽孢膜、芽孢质和芽孢核区几个部分。

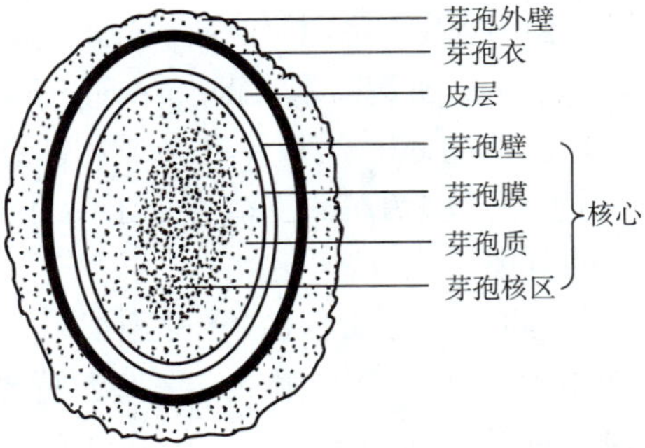

图 2-11　细菌芽孢构造模式图

芽孢是代谢活性很低，对干燥、热、化学药物（酸类和染料）和辐射等具有高度抗性的休眠体，是整个生物界中抗逆性最强的生命体。一般细菌的营养细胞不能经受 70℃以上的高温，可是，它们的芽孢却有惊人的耐高温能力。例如，在很难寻觅到生物的沙漠中就有大量枯草杆菌和巨大芽孢杆菌的芽孢，肉毒梭菌（*Clostridium botulinum*）的芽孢能在沸水中存活数小时，而其营养细胞在 80℃ 仅需 5~10min 即死亡。芽孢的抗紫外线能力一般是其营养细胞的一倍。巨大芽孢杆菌芽孢的抗辐射能力要比大肠杆菌的营养细胞强 36 倍。芽孢的休眠能力更是突出。在其休眠期间，不能检查出任何代谢活动。一般的芽孢在普通条件下可保持几年或几十年的生活力。

芽孢的抗热性至今尚无公认的解释。较新的是皮层膨胀渗透调节学说（osmoregulatory expanded cortex theory），由于它综合了不少较新的研究成果，因此有一定的说服力。该学说认为，芽孢的耐热性在于芽孢衣对多价阳离子和水分的透性很差和皮层的离子强度很高，从而使皮层产生极高的渗透压去夺取芽孢核心的水分，其结果造成皮层的充分膨胀，而核心部分的细胞质却变得高度失水，因此，具极强的耐热性。除皮层膨胀渗透调节学说外，还有别的学说来解释芽孢的高度耐热机制，主要与其高浓度的 DPA-Ca 有关。芽孢中的 DPA 与 Ca^{2+} 螯合形成一种耐热的凝胶样结构的物质。芽孢的抗热性也与其所含的一些酶有关。其实，这些酶本身并不具有抗热性，只是在芽孢中与一些物质结合之后才有抗热性。例如，蜡状芽孢杆菌中的丙氨酸消旋酶附着在芽孢衣上时具有抗热性，而与芽孢衣分离后就不具有抗热性。再如，其葡萄糖脱氢酶在高盐浓度时抗热性增高 100 倍。

芽孢中的 Ca^{2+}、Mg^{2+} 等二价阳离子含量颇高，也增加了酶的抗热性和稳定性。

芽孢的化学抗性主要系其芽孢衣的不通透性与其原生质的高度脱水状态所致，芽孢的抗辐射性与其芽孢衣中富含二硫键的氨基酸（如半胱氨酸）有关。

芽孢的抗逆性和休眠能力有助于产芽孢细菌走出困境，故芽孢对产芽孢细菌的生存具有重要意义。

了解芽孢还有重要的实践意义。芽孢是细菌分类鉴定中一项重要的形态特征；杀灭芽孢是制定灭菌标准的主要依据，主要是以杀灭肉毒梭菌、破伤风梭菌、产气荚膜梭菌和嗜热脂肪芽孢杆菌等强致病性和高耐热性细菌的芽孢为标准。许多产芽孢细菌是强致病菌，例如炭疽芽孢杆菌、肉毒梭菌和破伤风梭菌等；有些产芽孢细菌可伴随产生有用的产物，如抗生素短杆菌肽（gramicidin）、杆菌肽（bacitracin）等。

芽孢的形成和萌发：产芽孢细菌通常在必要的养料［碳源和（或）氮源］耗尽而停止生长（即过了对数期转入稳定期）时形成芽孢。各种细菌有其形成芽孢的最适条件，包括 pH、供氧情况、温度、营养、培养基中的离子浓度和种类等。芽孢的形成可分为 7 个阶段（图 2-12）：①DNA 浓缩，束状染色质形成；②细胞膜内凹，细胞发生不对称分裂，其中小体积部分即为前芽孢（forespore）；③前芽孢的双层隔膜形成，此时芽孢的抗辐射性提高；④在上述两层隔膜间充填芽孢肽聚糖后，合成 DPA，累积钙离子，开始形成皮层，再经脱水，使折光率提高；⑤芽孢合成结束；⑥皮层合成完成，芽孢成熟，抗热性出现；⑦芽孢囊裂解，芽孢游离外出。

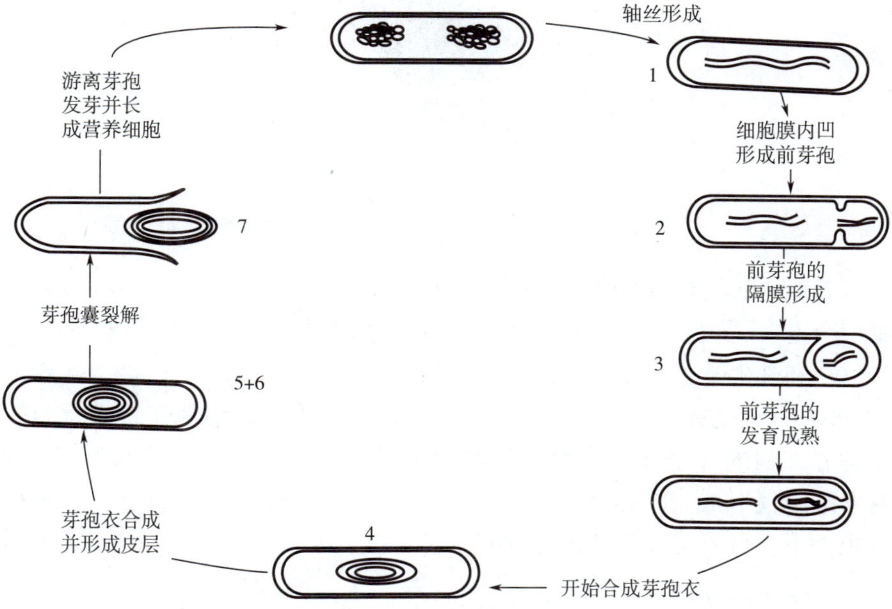

图 2-12　芽孢的形成过程

由休眠状态的芽孢变成营养状态的细菌的过程，称为芽孢的萌发，它包括活化（activation）、出芽（germination）和生长（outgrowth）三个阶段。在人为条件下，活化作用可由短期热处理或用低 pH、强氧化剂的处理而引起。发芽的速度很快，一般仅需几分钟，之后进入生长阶段。

（6）伴孢晶体　少数芽孢杆菌，例如苏云金芽孢杆菌（*Bacillus thuringiensis*）在其形成芽孢的同时，会在芽孢旁形成一颗菱形或双锥形的碱溶性蛋白晶体——δ-内毒素，称为伴孢晶体（图 2-13），质量可达芽孢囊质量的 30%左右，由 18 种氨基酸组成。伴孢晶体能杀死多种昆虫（尤其是鳞翅目）的幼虫，所以可用苏云金芽孢杆菌制细菌杀虫剂。苏云金芽孢杆菌伴孢晶体进入昆虫体内后，先由昆虫肠液溶解成晶体蛋白片段，然后在肠液蛋白酶的作用下激活成毒素核心片段而杀死昆虫。

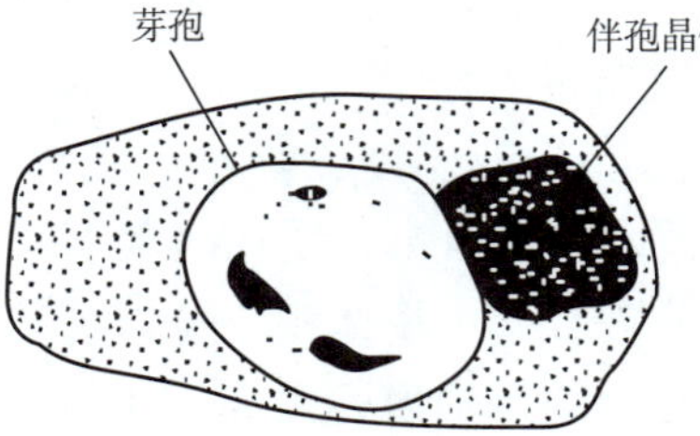

（1）菌体

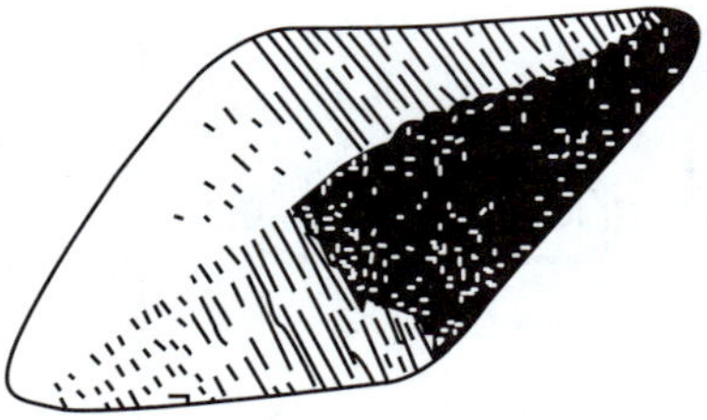

（2）伴孢晶体

图 2-13　苏云金芽孢杆菌的菌体和伴孢晶体

细菌其他休眠状态的结构：细菌的休眠结构除了上述芽孢外，还有孢囊（cyst，由固氮菌产生）、黏液孢子（myxospore，由黏球菌产生）、蛭孢囊（bdellocyst，由蛭弧菌产生）和外生孢子（exospore，由嗜甲基细菌和红微菌产生）等。孢囊是固氮菌（azotobacter）尤其是棕色固氮菌（*A. vinelandii*）等少数细菌在缺乏营养的条件下，由营养细胞的外壁加厚、细胞失水而形成的一种抗干旱但不抗热的休眠体，一个营养细胞仅形成一个孢囊，因此与芽孢一样，也没有繁殖功能。孢囊在适宜的外界条件下，可发芽和重新进行营养生长。

（三）细菌的繁殖

在自然环境或培养基中生活的细菌，从环境中获取能量和营养物质，经代谢转化后形成新的物质，菌体也随之长大，最后从一个母细胞产生二个或多个子细胞的过程称为繁殖。

1. 二分裂

细菌最普遍和最主要的繁殖方式是二分裂（裂殖），即从一个母细胞分裂产生两个子细胞的过程。分子生物学研究表明，细菌二分裂时，细菌DNA先复制，接着形成横隔膜，最后子细胞分裂。电子显微镜观察表明，大肠杆菌与枯草杆菌等细菌的DNA与细胞膜向内凹陷的部分——间体是相连的。DNA复制前，由于细胞膜生长，在原间体邻近形成一新间体，一股DNA断裂并以其一端附着在新的间体上，两股DNA分别复制，形成两分子DNA，此时，由于细胞膜物质的增加，使得两分子分离。随之，在中央部位形成横隔膜，将菌体一分为二成为两个细菌，每个细菌得到一个DNA分子（图2-14）。

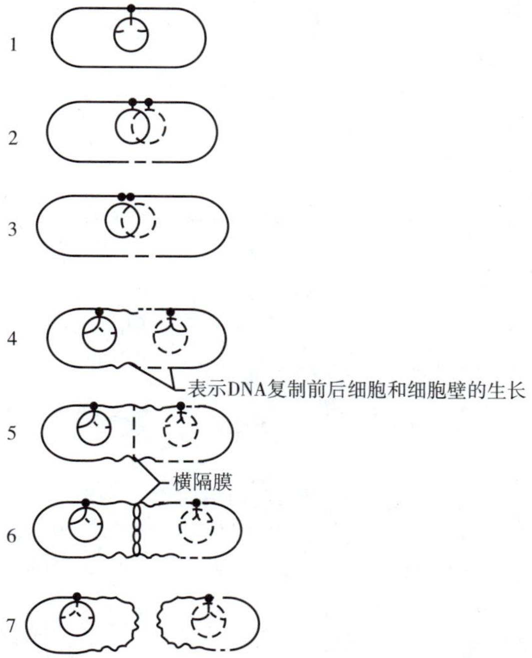

图2-14 大肠杆菌二分裂的模式图

●：代表间体 ○：代表DNA

2. 其他繁殖方式

绝大多数细菌类群在分裂时产生大小相等和形态相似的两个子细胞，故称为同型分裂。少数细菌以其他方式进行繁殖，主要有：

（1）不等二分裂（unequal binary fission） 又称为异形分裂。柄细菌为一端单毛菌，繁殖前先在其生鞭毛端长出一个柄，此时，鞭毛消失，变成带柄的无鞭毛细胞。继而，此细胞伸长，接着二分裂，形成一个有柄细胞和一个在柄的相对端极生一根鞭毛的细胞。有鞭毛的细胞脱离母体游走而去，定居在新的固体基质上后，进行下一个不等二分裂周期。

（2）出芽繁殖　以出芽方式来繁殖，是少数芽殖细菌特有的繁殖方式，有些为直接出芽，如巴斯德细菌（*Pasteuria*）和出芽杆菌（*Blastobacter*）在母细胞上直接长出芽细胞；另一些为间接出芽，如生丝微菌属（*Hyphomicrobium*），先由母细胞长出细丝，然后在细丝端形成芽细胞（图 2-15）。

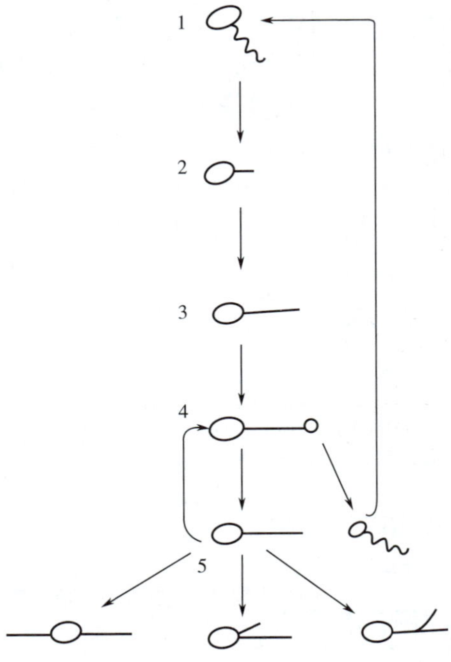

图 2-15　生丝微菌属的芽殖和生活周期

1—偏极生鞭毛的芽细胞　2，3—芽细胞失去游动力并产生附属物

4—附属物顶端生成芽细胞　5—芽细胞游动同母细胞分开

（3）三分裂　暗网菌是一种形成三维网状结构的绿色硫细菌，它先是二分裂，但子细胞不分离，而是形成菌链。链中相邻两个细胞以三分法分裂，形成两个相对的“Y”形结构。恢复二分裂形成环状结构。许多这样的菌链交织构成三维网状结构。

（4）多分裂　寄生在革兰氏阴性细菌中的蛭弧菌以多分裂方式在宿主体内形成多个子细胞。

（四）细菌的菌落

单个微小的细菌是肉眼看不到的，但当其在固体培养基上生长、繁殖时，产生大量细胞便以母细胞为中心而聚集在一起，形成一个可见的、具有一定形态结构的子细胞群，称为菌落（colony）。当一个固体培养基表面有许多菌落连成一片时，便称为菌苔（lawn）。某一细菌在一定条件下形成的菌落具有自己的特征，并有一定的稳定性，故菌落可作为菌种鉴定和判断纯度的重要依据。细菌菌落特征包括大小、形状、颜色、光泽、透明度、硬度、隆起状况、表面和边缘特征等（图2-16）。细菌的菌落形态是细菌排列方式、表面状况、代谢产物运动性和需氧性等特征的综合表现，同时也受到培养基成分、培养条件和时间等因素的影响。菌苔特征的描述方法与菌落相似。此外，细菌研究中还常用穿刺法在半固体明胶或琼脂培养基上培养，然后从培养特征上观察并分析判断细菌的运动性、需氧性和液化明胶的能力。如果细菌在培养基的表面及穿刺线的上部生长者为好氧性；沿整条穿刺线生长者为兼性厌氧菌；在穿刺线底部生长的为厌氧菌。如果只在穿刺线上生长的为无鞭毛、不运动的细菌；在穿刺线上及穿刺线周围扩散生长的为有鞭毛、能运动的细菌（图2-17）。

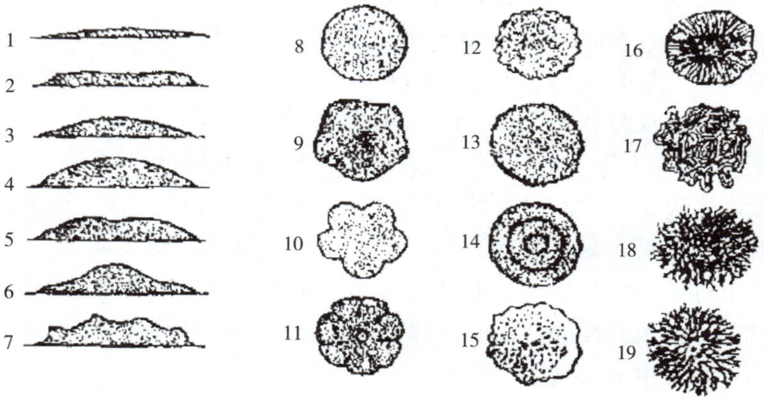

（1）侧面　　（2）正面——表面结构、形态和边缘

图2-16　几种细菌菌落的特征

1—扁平　2—隆起　3—低凸起　4—高凸起　5—脐状　6—乳头状　7—草帽状　8—圆形，边缘完整　9—不规则，边缘波浪　10—不规则，颗粒状，边缘呈叶状　11—规则，放射状，边缘呈叶状　12—规则，边缘呈扇状　13—规则，边缘呈齿状　14—规则，有同心圆环，外缘完整　15—不规则，似毛毡状　16—规则，似菌丝状　17—不规则，卷发状，边缘波状　18—不规则，丝状　19—不规则，根状

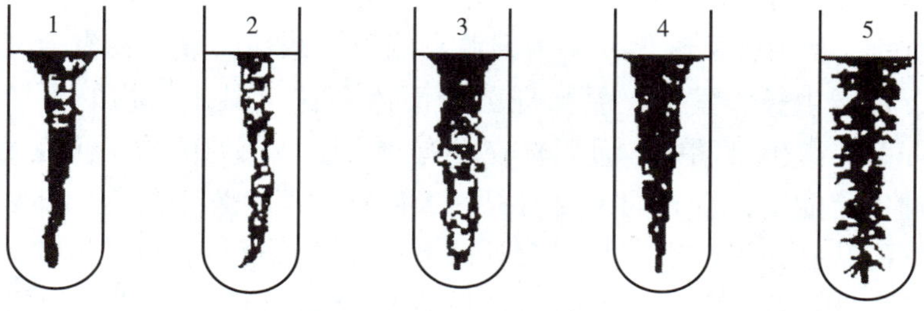

图2-17　细菌在半固体培养基中的生长特征

1，2—不运动性好氧菌　3—不运动性兼性厌氧菌　4—运动性好氧菌　5—运动性兼性厌氧菌

（五）常见的细菌

1. 球菌

绝大多数球状细菌都是 G^+，没有鞭毛，不能运动。球状细菌按其多次分裂的相互关系而形成不同的群体形态，这种群体形态的区别是种类区别的属性之一。

（1）小球菌属（*Micrococcus*） 它是直径为0.5～1.5μm的球菌，多次分裂的分裂面没有一定的相互关系。一次分裂后立即分开表现为单生球菌；一次分裂后暂不分开表现为双球菌；多次分裂都暂不分开表现为各种形状的菌体群。小球菌属化能有机营养型，能利用多种有机碳化物作为碳源和能源，它们都是严格好氧的。小球菌属广泛生活于土壤和水体中，在人体和动物的皮肤上也常存在，没有致病性。

（2）葡萄球菌属（*Staphylococcus*） 它是和小球菌属在形态上很相似的球菌，直径为0.5～1.5μm，通常表现为葡萄串状的群体。它和小球菌属的主要区别在于其是兼性厌氧的，在有氧条件和缺氧条件下都能生长、繁殖。该属大多数生活在温血动物的皮屑、皮腺和黏膜上，有些菌体是有致病性的。

（3）链球菌属（*Streptococcus*） 它和小球菌属或葡萄球菌属的群体形态不同，它的多次分裂面总是平行的。链球菌呈圆形或椭圆形，直径0.5～2μm、链球菌属也是化能有机营养型，是兼性厌氧的，不需要氧气作为最终受氢体，在有氧气或无氧气条件下都能生长、繁殖。有些链球菌生活于人体和温血动物的肠道和粪便中，其中有些是有致病性的。乳酸链球菌（*Streptococcus lactis*）是乳和乳制品中常见污染杂菌，在乳中分解乳糖，产酸，使乳酪凝结。

2. G^-的无芽孢杆菌

G^-的无芽孢杆菌种类繁多，这里介绍大肠杆菌属、黄杆菌属和一些化能无机营养型的种类为代表。

（1）大肠杆菌属（*Escherichia*） 它只有一种，即大肠杆菌（*E. coli*），在个体形态上大肠杆菌可以作为很多种 G^-的、周生鞭毛的、无芽孢杆菌的代表。大肠杆菌的活细胞宽1.1～1.5μm，长2～6μm［干制片缩小为（0.4～0.7μm）×（1～3μm）］。单生或成对，周生鞭毛或不生鞭毛。有些菌株有荚膜。大肠杆菌是化能有机营养型的，利用有机碳化物作为碳源和能源；兼性厌氧，在有氧气条件和无氧气条件下都能生长、繁殖。大肠杆菌的菌体存在于温血动物的下肠道和粪便中。大肠杆菌在微生物学中的重要性在于有些大肠杆菌的菌株是研究细菌的细胞形态、生理生化的遗传变异的重要材料。人们对细菌生物学的基础知识，以至于对生命科学的基础知识，很多是用大肠杆菌作为试验材料获得的。和大肠杆菌近似的一群 G^-、周生鞭毛的无芽孢的杆菌统称为肠道杆菌，其中沙门氏杆菌属（*Salmonella*）包含许多种人畜疾病的病原。鼠痢疾杆菌（*Shigella dysenteriae*）是细菌性痢疾的病原菌；克氏杆菌属（*Klebsiella*）广泛分布于土壤、水体和谷物中；肺炎克氏杆菌（*K. pneumoniae*）的毒株是肺炎的病原菌；有些菌株具有固氮酶，能固定空气中的氮气；欧氏杆菌属（*Erwinia*）是一些细菌性植物病害，如大白菜软腐病等的病原菌。

（2）黄杆菌属（*Flavobacteriun*）　G^-的无芽孢杆菌，端生鞭毛，能运动，好氧或兼性厌氧，中温或嗜冷，并能产生黄、橙、红等脂溶性色素。该属菌大多来源于水及土壤，有很强的分解蛋白质的能力，常引起乳、蛋、禽、鱼等多种食品的变色腐败。

（3）有些G^-的小杆菌　它在形态上和前面介绍的大肠杆菌或假单胞菌很相似，但在营养类型上不相同，它们是化能无机营养型的。例如，亚硝酸细菌属（*Nitrosomonas*）氧化铵盐为亚硝酸盐取得能量，还原CO_2，合成有机成分；硝酸细菌属（*Nitrobacter*）氧化亚硝酸盐为硝酸盐取得能量，还原CO_2，合成有机成分；硫化杆菌属（*Thiobacillus*）氧化H_2S为硫黄以至硫酸，取得能量，还原CO_2，合成有机成分。

（4）固氮菌属（*Azotobacter*）　细胞为大的杆状，短粗，直径可达2μm。单生、对生或不规则集团生。可产生荚膜性黏液，一根或几根周生鞭毛或不游动，不产芽孢但老龄细胞壁变厚，形成孢囊，并沉淀黑色素。G^-细菌，但变异。它们是好氧的，能利用有机碳源固定空气中的氮，起提高土壤肥力的作用。固氮菌是自由生的，而不像根瘤菌那样与豆科植物共生。

（5）根瘤菌属（*Rhizobiaceae*）　细胞呈杆状，2～6根周生鞭毛；G^-细菌，好氧，菌落半透明或黏质。根瘤菌通过与豆科植物共生，固定大量大气中的氮。全世界根瘤菌固定氮的量可超过人们施加的氮肥总量。

3. 刚螺菌

刚螺菌属（*Spirillum*）可以作为弯杆菌的代表，它是G^-的无芽孢螺旋状细菌，一端或两端单生或丛生鞭毛，细胞宽0.25～1.7μm，长2～60μm，形成螺旋状。固氮螺菌属（*Azospirillum*）是生活在根际的固氮微生物。

4. G^+的无芽孢杆菌属

（1）乳酸杆菌属（*Lactobacillus*）　它是成串的小杆菌，有时形成长条，但从不分枝，没有鞭毛，不能运动。乳酸杆菌是化能有机营养型的，它的生理特点是，不论有无氧气都进行无氧呼吸，多数在无氧气条件下比有氧气条件下生长得好。有些乳酸杆菌种类是青贮饲料制品中起主要作用的微生物。以德氏乳杆菌（*L. dellrüeckii*）为代表种在乳酸发酵工业中应用甚广。

（2）分枝杆菌属（*Mycobacterium*）　它通常是小杆菌，但有时发育成分枝的丝状体，不生鞭毛，不能运动。分枝杆菌的一个特点是它的细胞的含脂量比其他细菌高，尤其是细胞壁的含脂量更高。由于这个原因，染色时常表现为不均匀，含脂高的部位不着色。分枝杆菌的另一特点是染色的酸稳定性，染色以后加酸处理不像别的细菌那样容易脱色。

5. 芽孢杆菌

产芽孢的细菌除了芽孢八叠球菌属外，均系杆状菌。共同特点是产生芽孢，细胞直杆状、梭状或鼓槌状。大多为 G^+，但也有一些 G^-。芽孢杆菌主要有芽孢杆菌属与梭状芽孢杆菌属。

（1）芽孢杆菌属（*Bacillus*） 它的不同种类大小差别很大，宽 0.3～2.2μm，长 2～7.0μm，多数是 G^+的，也有革兰氏染色不定的。多数生鞭毛，鞭毛生在菌体两侧。芽孢的位置不同种类不一样，但绝大多数不超过菌体的宽度。芽孢杆菌属是化能有机营养型的，严格好氧或微好氧，广泛生活在土壤、水体、植物表面以及其他自然环境中。例如，枯草芽孢杆菌（*B. subtilis*）和蜡质芽孢杆菌（*B. cereus*）是广泛分布的代表。

枯草芽孢杆菌 G^+，周生鞭毛，芽孢呈椭圆到圆筒形，生在细胞中央或近中央；生芽孢的细胞膨大不明显；在琼脂培养基上的菌落粗糙、厚、不透明、圆或不规则，随后可能起皱和变奶酪色或褐色，但菌落形态变化较大；在水分多的培养基上的菌落可能光滑、透明和黏质状；好氧呼吸但能微弱发酵。枯草芽孢杆菌是非常重要的菌种，它是细胞形态学、生理学、生物化学、酶学和遗传工程学研究的重要材料，因此对这个菌种的研究较为深入。它的一些变异菌株也被用于生产蛋白酶和淀粉酶。

（2）苏云金杆菌（*B. thuringiensis*） 它是寄生在昆虫幼虫虫体中的芽孢杆菌。苏云金杆菌的菌体除生芽孢以外，还有伴孢晶体。

（3）梭菌属（*Clostridiums*） 它菌体宽 0.6～1.2μm，长 3.0～7.0μm，芽孢的形状大小和在菌体上的位置，不同种类不一样，但大多数比菌体的宽度大，因此使得生有芽孢的菌体呈鼓槌状或梭状。多数种类是 G^+的，也有革兰氏染色不定的。梭菌属多数生鞭毛，鞭毛周生，广泛生活在土壤、水体、动物以及排泄物中。梭菌属是化能有机营养型的，绝大多数种类严格厌氧，有些种类分解糖类产酸产气的能力强，有些种类水解蛋白质的能力很强。

6. 衣细菌

衣细菌的共性：成串的杆菌包围在共同的鞘套中，形成不分枝的菌丝体。有些种类的鞘套中有铁锈氧化物沉淀，如铁锈菌属（*Crenothrix*）。衣细菌的菌丝或漂浮在水中，或者形成黏性的附着器（holdfast）附着在固体物上。

7. 黏细菌

黏细菌的外形和大小与普通的单细胞细菌相似，特征是：黏细菌不生鞭毛，但能以“滑行”形式运动；黏细菌的细胞壁很薄，不完全限制原生质形状变动，因而细胞有“弹力”，“滑行”运动就是细胞“弹力”的表现。食纤维菌属（*Cytophaga*）是形态最简单的黏细菌，广泛生活于土壤中，在旱地里，它是分解纤维素的主要微生物种类。有些黏细菌形成特殊形状的群体，例如粒杆黏细菌属（*Chondromyces*）的群体可以分为营养体和子实体两个发育阶段。在营养发育阶段，大量的杆状细菌浸润于它们自己分泌的黏液物质中成为无定形的菌胶团。经过一定时期后，无定形的菌胶团进入另一发育阶段，形成特殊形态的子实体。子实体失水干燥，干燥后被风吹散，在适宜的条件下再大量分裂繁殖，形成新的菌胶团。

8. 厌氧的光合细菌

（1）绿细菌属（*Chlorobium*） 它是不能运动的杆菌，它含有绿色光合色素（菌绿素 c 或 d）进行光合作用。它是严格厌氧的光能无机营养细菌，从光得到能源，以 H_2S 为还原剂，还原 CO_2，合成有机成分。

（2）硫螺菌属（*Thiospirillum*） 它是严格厌氧的光能无机营养细菌，是螺旋状的，含有光合色素（菌绿素 a）进行光合作用，在还原 H_2S 的过程中，产生硫黄沉积在菌体内。

二、放线菌

放线菌（actinomycetes）是一类介于细菌和真菌之间的单细胞微生物，细胞构造与细菌相似，形状与霉菌相似，是唯一的一种以丝状体存在的原核生物。放线菌菌落中的菌丝常从中心向四周辐射状生长，并因此得名。因此放线菌是一大类形态极为多样、高含量（G+C）mol%（60%～70%）、多数呈菌丝状生长和以孢子繁殖的、陆生性强的革兰氏阳性原核微生物。放线菌在自然界分布极广，它存在于土壤、河流、湖泊、海洋、空气、食品、动植物的体表和体内，以土壤中为最多。放线菌特别适宜生长在含水量低、有机物丰富和呈微碱性的土壤中。土壤特有的泥腥味主要是放线菌产生的代谢物引起的。

（一）放线菌与人类生活及生产的关系

大多数放线菌生活方式为腐生，少数寄生。腐生型放线菌在自然界物质循环中起着相当重要的作用。而寄生型的可引起人和动植物的疾病，这些疾病可分为两类，一类是放线菌病，由一些放线菌所引起，如马铃薯疮痂病、动物皮肤病、肺部感染、脑膜炎等；另一类为诺卡氏菌病，由诺卡氏菌引起，如皮肤病、肺部感染等。此外，放线菌具有特殊的土霉味，易使水和食品变味，有的能破坏棉毛织品、纸张等，给人类造成经济损失。

放线菌对人类最大的贡献是它能产生大量的、种类繁多的抗生素。到目前为止，在医药、农业上使用的大多数抗生素是由放线菌生产的，如：链霉素、土霉素、金霉素、卡那霉素、庆大霉素、庆丰霉素、井岗霉素等。已经分离得到的放线菌产生的抗生素种类已达 4000 种以上。有的放线菌还用来生产维生素和酶制剂。在有固氮能力的非豆科植物根瘤中，共生的固氮菌就是属于弗兰克菌属的放线菌。由于放线菌有很强的分解纤维素、石蜡、琼脂、角蛋白和橡胶等复杂有机物的能力，故它们在自然界物质循环和提高土壤肥力等方面有着重要的作用。微生物肥料“5406”就是由泾阳链霉菌生产的；放线菌在甾体转化、烃类发酵和污水处理等方面也有应用。

（二）形态结构

放线菌的形态极为多样，从简单的杆状偶尔有菌丝生长到严格以菌丝生长的各种类型都有。它们的共同特征是：革兰氏阳性，营养期通常不运动和（G+C）mol%比较高。现以典型的丝状放线菌——链霉菌属来说明放线菌的一般形态结构。

链霉菌属（*Streptomyces*）是放线菌中的一个大属，是最高等的放线菌，现已认识到的有500多种，主要分布在土壤中。泥土散发的“泥腥味”大多数情况下是链霉菌产生的土腥味素所导致的。在放线菌产生的抗生素中，链霉菌属产生的占了绝大多数。链霉菌属以其产生化学结构多样、应用范围广泛的抗生素而著名。

链霉菌是以菌丝状态生长的原核微生物，细胞壁的主要成分是肽聚糖；其菌体由分枝的菌丝组成；由于菌丝的连续生长和分枝，所以形成网络状菌丝体结构；菌丝直径通常为0.5~1μm，与细菌相仿，但长度不定；营养阶段的菌丝常无横隔，内含许多核质体，所以一般认为是单细胞的；向基质表面和内部伸展的菌丝较细，颜色较淡，称基内菌丝，这种菌丝产生黄、橙、红、紫、蓝、绿、黑、褐等不同色素，其主要功能是吸收营养物与排泄代谢产物；由基内菌丝伸向空间的、较粗和颜色较深的菌丝称气生菌丝，有的气生菌丝也产生色素。链霉菌的气生菌丝往往非常发达，成熟时，气生菌丝特化形成孢子丝，孢子丝上生成串的分生孢子（图1-18）。

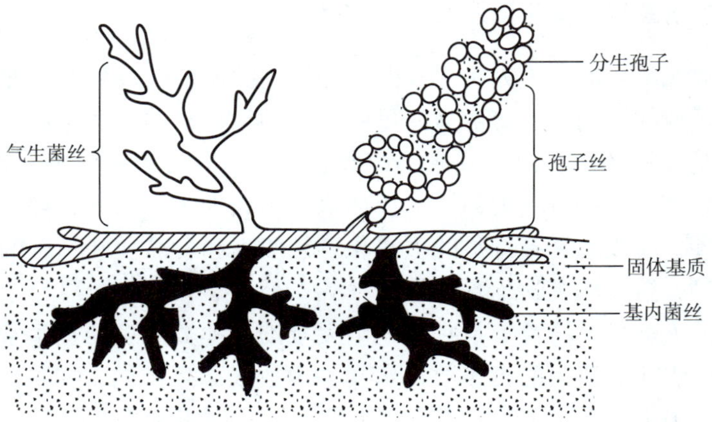

图2-18　链霉菌一般形态结构的模式图

链霉菌孢子丝的形状和排列多种多样，有直的、波浪形的、钩状的、螺旋状的、丛生的、轮生的（单轮生和双轮生）等（图2-19）。其中以螺旋状的孢子丝较为常见，而螺旋状孢子丝按其螺旋的松紧、大小、转数和旋向又分为多种。

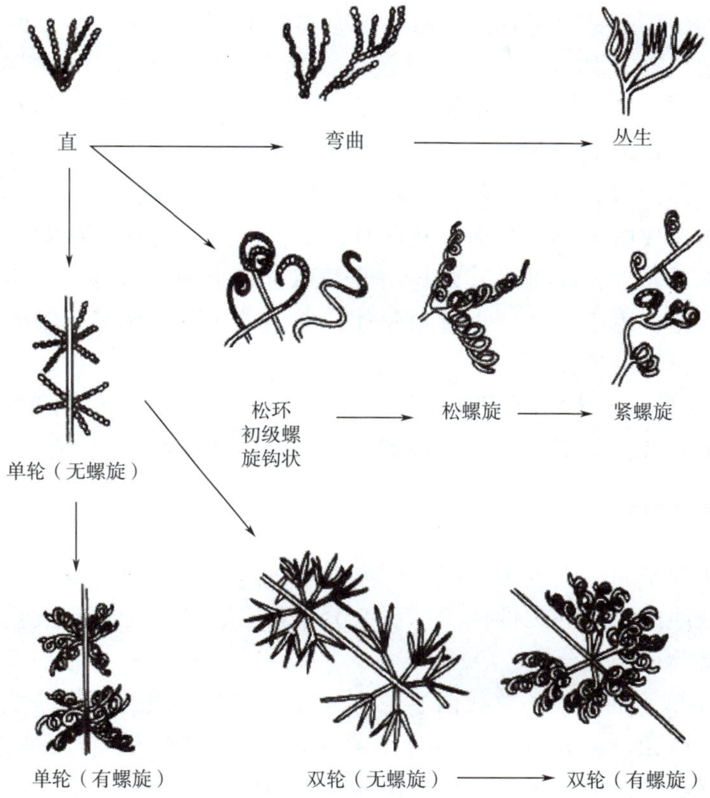

图 2-19　链霉菌孢子丝的各种形态、排列及演变

分生孢子的形态也极为多样，有球状、椭圆状、杆状、圆柱状、瓜子状、梭状和半月状等；颜色也十分丰富。在电子显微镜下还可见到：有的分生孢子表面光滑；有的生刺，而且刺还有粗细、长短和疏密之分；有的带疣或有皱褶、毛发状或鳞片状纹饰。分生孢子的表面结构与孢子丝形态有关，如直形或波浪形的孢子丝一般产生表面光滑的分生孢子，而螺旋状孢子丝产生的分生孢子，其表面有的光滑，有的带刺或毛。

链霉菌的基内菌丝、气生菌丝、孢子丝和分生孢子产生各种颜色的色素而使菌落呈现相应颜色。基内菌丝产生水溶性色素，并分泌到培养基中，所以培养基被染上相应的颜色。由于分生孢子的颜色与基内菌丝所产色素往往不一样，所以链霉菌菌落的正反面颜色往往不一致。例如，泾阳链霉菌菌落的正面为淡红色到粉红色，而背面为木瓜黄到虎皮黄。链霉菌所产色素、孢子丝的形态和排列、分生孢子的形状及表面纹饰都由其遗传性决定，所以这些特性是链霉菌分类鉴定的主要形态依据。

（三）菌落特征

放线菌的菌落常呈辐射状，菌落周缘有辐射形菌丝；菌落特征介于霉菌和细菌之间；菌落由菌丝体构成，但菌丝较细，生长缓慢，菌丝分枝相互交错缠绕，所以形成的菌落质地较致密、干燥、多皱，菌落较小而不广泛延伸；幼龄菌落因气生菌丝尚未分化形成孢子丝，故菌落表面与细菌菌落相似；当形成大量孢子丝及分生孢子布满菌落表面后，就形成表面絮状、粉末状或颗粒状的典型放线菌菌落；此外，由于放线菌菌丝及孢子常含有色素，使菌落的正面和背面呈现不同颜色；由于营养菌丝生长在培养基内与培养基结合较牢固，所以菌落不易挑起。另一类型的放线菌，由于不产生大量菌丝体，如诺卡氏菌的菌落，黏着力差，结构呈粉状，用针挑取易粉碎。

若将放线菌置于液体培养基中静置培养，可在瓶壁液面处形成斑状或膜状特征或沉于瓶底而不使培养基浑浊；若振荡培养，可形成由短菌丝体构成的球状颗粒。

（四）繁殖方式

放线菌主要是通过产生无性孢子的方式进行繁殖，但也能以菌丝断裂的片段进行繁殖。放线菌产生的无性孢子主要有分生孢子、节孢子和孢囊孢子。孢子的形成方式主要为横隔式分裂。

（1）分生孢子的形成　放线菌生长到一定的阶段，孢子丝细胞壁内的原生质围绕核质体，从菌丝的顶端向基部逐渐凝聚成一串体积相等、大小相似的小段，然后每个小段收缩，每个小段周围长出新的细胞膜和细胞壁，形成圆形或椭圆形的孢子，最后孢子丝壁裂开，释放出孢子。

（2）节孢子的形成　孢子丝生长到一定的阶段，细胞膜和细胞壁同时内陷，逐渐向内缢缩，形成横膈，把孢子丝缢裂成一串孢子。

（3）孢囊孢子的形成　有的放线菌通过菌丝盘卷形成孢子囊，或通过菌丝顶端膨大形成孢子囊，孢子囊内产生横膈而形成孢子，孢子囊成熟后释放出孢子。

放线菌也可以通过菌丝断裂的片段形成新的个体，这种现象经常在液体培养放线菌时出现。例如采用液体培养基发酵生产抗生素时，放线菌就是用这种方式繁殖的。

（五）几种常见的放线菌

1. 链霉菌属（*Streptomyces*）

该属菌具有发育良好的分枝菌丝，菌丝无隔膜，有营养菌丝、气生菌丝和孢子丝，孢子丝再形成分生孢子。孢子丝和孢子的形态、颜色因种而异。该属包括1000多个种，主要生长在含水量低、通气较好的土壤中。放线菌产生的各种抗生素中有90%是由链霉菌属产生，其中包括许多著名的、常用的抗生素，如龟裂链霉菌产生土霉素，灰色链霉菌产生链霉素，红霉素链霉菌产生红霉素。

2. 诺卡氏菌属（*Nocardia*）

该属菌的菌丝内有隔膜，分枝菌丝体可断裂成杆状或球状体；多数种无气生菌丝，以横隔分裂方式形成孢子；在培养基上形成典型的菌丝体，剧烈弯曲为树根或不弯曲，具有长菌丝。这个属的特点是在培养 15h 至 4d 内，菌丝体产生横隔膜。诺卡氏菌属主要分布于土壤中，已报道有 100 余个种，能产生 30 多种抗生素，如对结核分枝杆菌和麻风分枝杆菌有特效的利福霉素等。有些诺卡氏菌可用于石油脱蜡、烃类发酵以及污水处理中分解腈类化合物。

3. 放线菌属（*Actinomyces*）

放线菌属菌丝直径小于 1μm，有横隔，可断裂成 V 形或 Y 形体；只有营养菌丝，不形成气生菌丝，也不产生孢子，通常为厌氧或兼性厌氧。放线菌属多为致病菌，可引起人畜疾病，如衣氏放线菌寄生于人体，可引起后颚骨肿瘤和肺部感染；牛型放线菌可引起牛颚肿病。它们的生长需要较丰富的营养，通常要在培养基中加放血清或心、脑浸汁等。

4. 小单胞菌属（*Micromonospora*）

小单胞菌属菌丝体纤细，直径 0.3~0.6μm，无隔膜，不断裂，不形成气生菌丝，只在营养菌丝上长出孢子梗，顶端着生一个球形或椭圆形的孢子；菌落较小，常为黄色或红色，菌落表面覆盖一薄层孢子堆；一般为好氧性腐生，大多分布在土壤或湖底泥土中，堆肥和厩肥中也不少；有 30 多个种，也是产抗生素较多的一个属。例如庆大霉素就是由绛红小单胞菌和棘胞小单胞菌产生。该属有的种还能积累维生素 B_{12}。

5. 链孢囊菌属（*Streptosporangium*）

该属菌的营养菌丝多分枝，横隔稀少，直径 0.5~1.2μm，气生菌丝成丛、散生或同心环状排列；主要特点是形成孢子囊和孢囊孢子，有时也可形成螺旋孢子丝而产生分生孢子；有 15 种以上，其中有的种可产生广谱抗生素，如粉红链孢囊菌产生的多霉素，可抑制细菌、病毒和肿瘤；绿灰链孢囊菌产生的绿菌素，对细菌、霉菌、酵母菌均有作用。由西伯利亚链孢囊菌产生的两性西伯利亚霉素，对肿瘤有一定疗效。

三、蓝细菌

蓝细菌（*Cyanobacteria*）是一类含有叶绿素，能够在光合作用时释放氧气的原核微生物。20 世纪 50 年代以前蓝细菌一直被称作蓝藻或蓝绿藻。自从发现这类生物的细胞核无核膜，细胞壁与细菌相似，含有肽聚糖，革兰氏染色阴性，而不像其他属于真核生物的藻类后，便将蓝细菌归属于原核微生物中。

蓝细菌分布极广，从热带到两极，从海洋到高山，到处都有它们的踪迹。蓝细菌广泛存在于淡水、海水和土壤中，富营养的湖泊或水库中所见到的水华常常就是蓝细菌形成的。蓝细菌抗逆境的能力较强，所以在温泉（70~73℃）和盐湖等一些极端环境中也能生活。在贫瘠的岩石等处有不少能固氮的蓝细菌生长着，它们甚至能通过岩石缝隙而向岩石内生长，是岩石分解和土壤形成的“先驱生物”。在沙漠中，蓝细菌常以结成片的“壳”覆盖在土壤与岩石表面，在干旱时休眠，在短时间的冬雨和春雨中生长。一些蓝细菌还能与真菌、苔类、蕨类、苏铁科植物、珊瑚甚至一些无脊椎动物共生。

（一）形态

蓝细菌的形态极为多样化。细胞大小一般为0.5~1μm，如聚球蓝细菌属；也有大到60μm的，如巨颤蓝细菌，这是已知原核微生物中较大的细胞。

细胞形态球状或杆状，单生或团聚体，如黏杆蓝细菌和皮果蓝细菌等属。丝状蓝细菌是由许多细胞排列而成的群体，包括：有异形胞的丝状蓝细菌，如鱼腥蓝细菌属；分支的丝状蓝细菌，如飞氏蓝细菌属。螺旋状蓝细菌少见，只有螺旋蓝细菌属，它是没有异形胞的丝状蓝细菌。

蓝细菌的细胞构造与革兰氏阴性细菌极为相似。细胞外层的细胞壁有内外两层，外层为脂多糖层，内层为肽聚糖层。许多种类在细胞壁外还分泌有胞外多糖，它有黏液层（松散、可溶）、荚膜（围绕个别细胞）或鞘衣（围绕细胞链）等不同形式。

（二）生理特性

蓝细菌的营养是简单的，不需要维生素，以硝酸盐或氨作为氮源，能行固氮作用的种很普遍。多数为专性光能生物，其中一些是专性光能自氧型的，也有化能异氧型的。

由于蓝细菌是光能自氧型生物，能像绿色植物一样进行产氧光合作用，同化CO_2成为有机物质，加上许多种还有固氮作用，因此，它们的生活条件、营养要求都不高，只要有空气、阳光、水分和少量无机盐类，便能大量地成片生长；此外，在菌体外面还包有胶质层可以保持水分，忍耐干旱的能力极强，甚至保存了87年的葛仙米（又名地木耳）干标本，移植于适宜的培养基中仍然继续生长。上述生理特性，可能是蓝细菌广泛分布的主要原因。蓝细菌没有有性生殖，以裂殖为主，极少数种类有孢子。

现知蓝细菌中有20多种具有固氮作用，在农业上，已成为保持土壤氮素营养水平的主要因子。在水稻种植中培养蓝细菌作为生物肥源，可以提高土壤肥力。由于蓝细菌本身的意义、实际作用以及结构上的特点，所以它是一类很有经济效益和理论价值的微生物，引起了生物学家们的极大兴趣，并进行了不少研究工作。

（三）常见的蓝细菌

根据蓝细菌的形态结构可把它们分成五群。前两群为单细胞或其团状聚合体，后三群则呈丝状聚合体即细胞链的形式。细胞链可进行滑行运动。通过细胞链的断裂可产生许多链丝段，从而达到繁殖的效果。现把各群的特征概括如下。

第一群色球蓝细菌属：细胞呈球状或杆状，可单生或长成聚合体；细胞间有荚膜或黏液；通过二等分裂或出芽方式进行繁殖。本群的代表如聚球蓝菌属、黏球蓝菌属、黏杆蓝菌属和紫黏蓝杆菌。

第二群厚球蓝细菌群：包括一些仅通过复分裂来进行繁殖的单细胞蓝细菌。当母细胞发生复分裂时，其内可产生许多小球状具有繁殖能力的细胞。本群的代表有厚球蓝菌属、皮果蓝菌属和黏八叠蓝菌属等。

第三群无异形胞丝状蓝细菌属：细胞链单纯由营养细胞组成，如颤蓝菌属、螺旋蓝菌属、林氏蓝菌属、席蓝菌属和织线蓝菌属等。

第四群有异形胞丝状蓝细菌群：当细胞链存在于只有游离氮作氮源的条件下时，它们会分化出异形胞，有时还会产生静息孢子，例如鱼腥蓝菌属、念珠蓝菌属和眉蓝菌属等。

第五群细胞能多平面方向分裂的有异形胞的丝状蓝细菌群，本群代表与第四群的不同之处在于其细胞可以进行多平面方向分裂，代表属如费氏蓝菌属。

四、其他原核微生物

（一）立克次氏体

1909 年，美国医生 Howard Taylor Ricketts 首次发现落基山斑疹伤寒的病原体，在研究时，不幸感染，死于墨西哥城。为了表示纪念，1916 年，人们将斑疹伤寒等这类病原体命名为立克次氏体。

立克次氏体（richettsia）是介于细菌和病毒之间，在许多方面又类似于细菌，只能寄生在真核细胞内的致病性原核微生物。它不仅是动物细胞的寄生者，也能寄生在植物细胞中，植物细胞中的立克次氏体被称为次立克次氏体。

立克次氏体的形态结构和有些特性与细菌相似。细胞大小（0.3～0.7）μm×（1～2）μm，类球状、杆状或丝状，有的形态多样，革兰氏染色阴性。细胞壁含胞壁酸和二氨基庚二酸，还有与细菌内毒素相似的脂糖复合物，但脂质含量高于一般细菌。细胞膜主要由磷脂组成，细胞内有丝状核质区、70S 核糖体、包含体或空泡。核酸是 RNA 或 DNA，DNA 为正常双链形成。

立克次氏体还有一些与其专性寄生有关的特性，细胞膜因较疏松而“渗漏性”较大。很多立克次氏体的能量代谢极其有限，它们只能氧化谷氨酸，不能氧化葡萄糖、6-磷酸葡萄糖或有机酸。立克次氏体的可透性细胞膜使得它们易从宿主细胞获得一些重要的物质（包括像 NAD^+ 和辅酶 A 这样大的辅酶），但同时也会使一些重要物质离开立克次氏体，所以立克次氏体一旦离开宿主就很快死去。这就形成它们必须由蚤、蜱、螨等吸血节肢动物作为媒介而在动物间传代的特殊生活方式，所以立克次氏体为虫媒微生物。立克次氏体在虱等胃肠道上皮细胞中增殖并大量存在于其粪中。人受到虱等叮咬时，立克次氏体便随粪从抓痒时抓破的伤口或直接从昆虫口器进入人的血液，并在其中繁殖，从而使人感染得病。当节肢动物再叮咬人吸血时，人血中的立克次氏体又进入其体内增殖，如此不断循环。立克次氏体可引起人与动物患多种疾病，如引起人类患洛基山斑点热、流行性斑疹伤寒、地方性斑疹伤寒、Q 热等疾病。

立克次氏体严格的细胞内寄生这一特点又与病毒相似。它们大多数不能用人工培养基培养，须用鸡胚卵黄囊、敏感动物组织细胞（骨髓细胞、血单核细胞和中性粒细胞等）以及实验动物（豚鼠、小鼠、大白鼠和猴等）进行传代培养。不同立克次氏体寄生在宿主细胞的不同部位。

立克次氏体对热、干燥、光照、脱水及普通化学剂的抗性均较差。在室温下仅能存活数小时至数日，如斑疹伤寒立克次氏体在50℃5min、80℃1min、100℃30s即灭活；而伯氏立克次氏体稍微耐热，60~63℃30~90min才死亡，100℃则很快死亡。立克次氏体耐低温，零下60℃可存活数年。其对磺胺类和抗生素，如四环素、氯霉素、土霉素、红霉素等也很敏感，均可有效地被抑制。各种立克次氏体，如随节肢动物粪便排出，在空气中自然干燥后，其抗性变得相当强。

（二）支原体

支原体（mycoplasma）最早从患胸膜炎的牛体中分离得到，当时被称为胸膜肺炎微生物；以后从患接触性泌乳缺乏症的羊体以及猪、狗、鼠、禽和人体中均分离到了这一类菌。它们虽然来自不同宿主，但在形态、生理方面大体相似，故统称为类胸膜肺炎微生物。

支原体是一类无细胞壁的原核生物，也是整个生物界中尚能找到的能独立营养的最小型生物。支原体引起人和禽呼吸道、肺部、尿道以及生殖系统（输卵管和附睾）的炎症。植物原体（又称类支原体）是黄化病、矮缩病等病的病原体。支原体还是组织培养的污染菌，在污水、土壤或堆肥土中也常有支原体存在。

支原体有其特点：个体相当小，直径仅有0.1~0.3μm，一般约0.2μm，因而在光学显微镜下勉强可见；无细胞壁，所以支原体不含胞壁酸和二氨基庚二酸等组分；形态多形和易变，有球形、扁圆、玫瑰花形、丝状乃至分支状等，菌体柔软，可通过孔径比自己小得多的细菌滤器；革兰氏染色阴性；对青霉素等抗生素和溶酶不敏感，而对四环素等抗生素、表面活性剂（肥皂和新洁尔灭等）和醇类敏感；质膜含固醇或脂聚糖等，因而比较坚韧，这就使得支原体对渗透溶解有较高抗性，而对通过作用于固醇而伤害细胞膜的多烯抗生素敏感；菌落呈“荷包蛋”状，中央较厚，颜色较深，边缘较薄，而且透明，颜色较浅；直径仅0.1~1.0mm；一般以二分裂方式繁殖，有时也出芽繁殖；支原体可在人工培养基上培养，但营养要求苛刻，需在含血清、酵母膏或固醇等营养丰富的复合培养基上才能生长。

根据对固醇的需要把支原体分为两个类群：一是需固醇类群，有支原体属、厌氧支原体属、螺原体属和尿支原体属；二是不需固醇类群，包括无胆甾原体属和热原体属。

（三）衣原体

衣原体（chlamydia）是一类比立克次氏体小、代谢活性丧失更多的专性活细胞寄生的致病性原核微生物。衣原体虽有一定的代谢力，能进行有限的大分子合成，但缺乏产能系统，ATP来自宿主，故有"能量寄生物"之称，这是它区别于立克次氏体的最显著特征。衣原体还需要从宿主细胞中获得各种辅酶和某些低分子质量物质。它有许多细菌的性质，如细胞球形或椭圆形，直径0.2~0.3μm，有革兰氏阴性细菌的细胞壁，同时含DNA和RNA，核糖体为70S，二分裂繁殖，对青霉素等抗生素敏感等。不过衣原体DNA的相对分子质量很小（约5×10^8），仅为大肠杆菌的1/4。

衣原体是已知细胞微生物中生活能力最简单的，它没有产ATP的系统，因而只能在鸡胚等活组织中培养。衣原体的蛋白质中缺少精氨酸和组氨酸，与这种缺失现象一致的是，在增殖过程中也不需要这两种氨基酸。衣原体的生活史如图2-20所示。衣原体有大小两种细胞类型，小细胞称原体，它是一种不能运动的球状细胞，直径约0.3μm，有坚韧的细菌型细胞壁，具感染性，中央有致密的类核结构，RNA/DNA=1；大细胞称网状体，又称始体，是原体在宿主细胞内逐渐伸长形成的，形体较大，直径约1μm，壁薄而脆，不具感染性，无致密类核结构，RNA/DNA=3。

衣原体感染始自原体，具有高度感染性的原体通过吞噬作用进入宿主细胞，而后，原体渐大变成无致密类核结构的网状

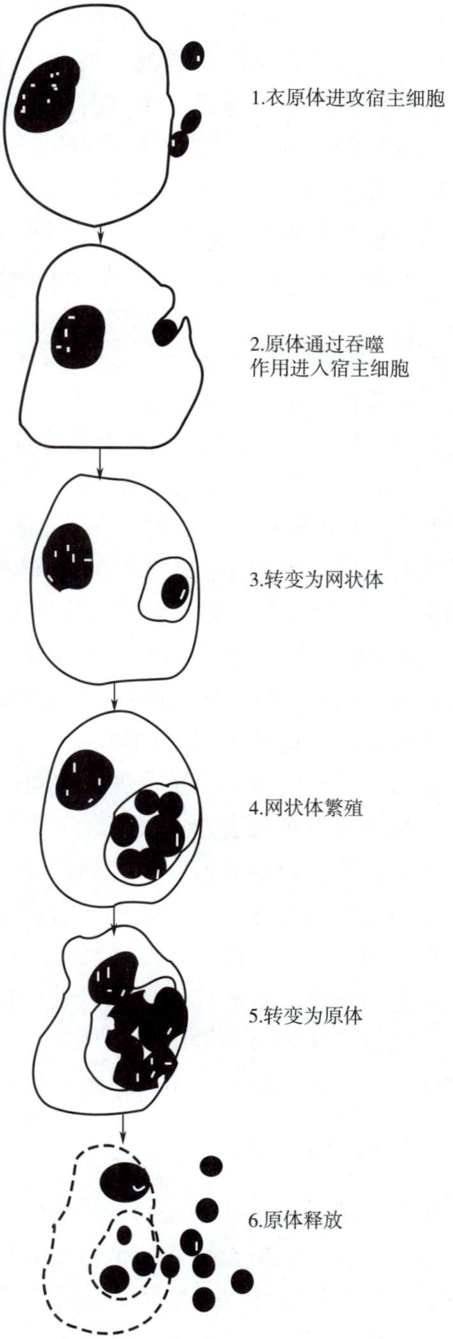

图2-20　衣原体生活史

体。网状体在空泡中以二分裂方式反复繁殖，形成大量子细胞。然后，子细胞又变成原体，并通过宿主细胞破裂而释放，再感染新的宿主细胞。整个周期约 48h。与立克次氏体不同，衣原体不需媒介，它直接感染宿主。

已发现的衣原体有：沙眼衣原体、鹦鹉热衣原体、肺炎衣原体和猫心衣原体。沙眼衣原体首先是由我国微生物学家汤飞凡等 1956 年通过鸡胚培养分离出来的，它引起沙眼、小儿肺炎以及多种疾病（非淋菌尿道炎、附件炎、淋巴肉芽肿和新生儿眼炎等）。鹦鹉热衣原体引起鹦鹉、鸽、鸡、鹅以及牛、羊多种疾病。虽然鹦鹉热衣原体的天然宿主是鸟类和人以外的哺乳动物，但当人吸入鸟的感染性分泌物后，能导致肺炎和毒血症，因此鹦鹉热衣原体是人兽共患病的病原体。

衣原体不耐热，在 60℃ 中 10min 即被灭活。但它不怕低温，冷冻干燥可保藏多年。

（四）螺旋体

螺旋体（spriocheta）是一群形态结构和运动机理独特的单细胞原核微生物。螺旋体因菌体细长、柔软，弯曲呈螺旋状而得名；无鞭毛，具有细菌所有的基本结构。

螺旋体的细胞主要有 3 个组成部分：原生质柱、轴丝和外鞘。原生质柱呈螺旋状弯曲，外包细胞膜与细胞壁，为螺旋体细胞的主要部分。轴丝连于细胞和原生质柱，外包有外鞘，外鞘通常只能在负染标本或超薄切片的电子显微镜照片中观察到。每个细胞的轴丝数为 2~100 条，视螺旋体种类而定。轴丝的超薄结构（基部有“钩”，有成对的盘状结构）、化学组成（亚基螺旋排成的蛋白质）以及着生方式（一端连于细胞，一端游离）均与鞭毛相似。螺旋体正是靠轴丝的旋转或收缩运动的。

螺旋体的运动机制尚待研究，但是，螺旋体的运动取决于所处环境，在液体培养基中运动时，一般沿着纵轴游动；在琼脂培养基上，细胞就向前爬行。

螺旋体以二分裂方式繁殖，广泛分布于水生环境（水塘、江湖和海水）和动物体中。哺乳动物肠道、睫毛表面，白蚁和石斑鱼的肠道，软体动物躯体和反刍动物瘤胃中都有螺旋体。螺旋体有些是动物体内固有的微生物区系，有些能引起梅毒、回归热、慢性游走性红斑（一种特殊皮肤病）和钩端螺旋体病等。螺旋体根据生态环境、致病性、形态以及生理学特性可分为五个属，对人致病的有疏螺旋体属、密螺旋属和钩端螺旋体属，它们分别引起回归热病、梅毒病和钩端螺旋体病。另有脊螺旋体属和螺旋体属两属是非致病的。

（五）黏细菌

黏细菌（myxcobacteria）又名子实黏细菌，为滑行、产子实体细菌。在原核生物中，它表现出最为复杂的生活模式和周期，即典型黏细菌的生活周期可以分为营养细胞和休眠体（子实体）两个阶段。黏细菌有两个特点与其他滑行细菌及其他原核生物不同：它们具有独特的生活史（图 2-21）；细胞 DNA 中含有很高的（G+C）mol%（67%~71%）。黏细菌营养细胞是单细胞杆状，有的细长、弯曲和顶端逐渐变细，称为细胞Ⅰ型；或是圆柱形，较坚韧，具有钝圆的末端，称为细胞Ⅱ型。营养细胞除缺乏坚硬的细胞壁外，其他均类似于细菌。菌体直径小于1.5μm，无鞭毛，革兰氏染色阴性。菌体能向外分泌多糖黏液，将细菌团包埋于黏液中，并借助于黏液在团体或气液界面上滑行（滑行速率约为10μm/min）。在适宜条件下，一群游动的营养细胞彼此向对方移动（可能是趋化反应），在一定的位置聚积成团，形成肉眼可见的子实体。子实体的形状和颜色随菌种而异，但经常是红、黄等鲜艳的颜色，肉眼可见。单个子实体中可能含有10^9个或更多个由营养细胞转变而成的休眠体，称为黏孢子。另外，子实体的复杂性也是不一样的。细胞Ⅱ型（多囊菌眠体）的黏孢子与营养细胞无区别，而且总是包含在孢子囊中，呈简单的球状团块。而细胞Ⅰ型的黏细菌能形成复杂结构的孢子囊柄和子实体（图2-22），黏孢子为很短的杆状或包被着孢子衣的球状细胞，因而对热、紫外线和干燥具有较强的抗性和折光性。这种黏孢子也称为小孢囊。子实体干燥后，黏孢子能借风力或水力等传播，在适宜的条件下又萌发为营养细胞。营养细胞以二分裂方式繁殖。

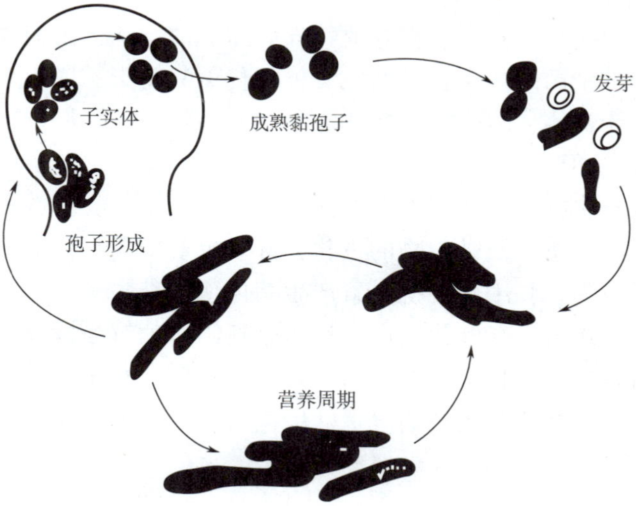

图2-21　黄色黏细菌的生活史

图2-22　黏细菌的子实体形态

黏细菌为严格好氧的化能有机营养型，它们无光合色素。根据“食性”的差异可将黏细菌划分为两个生理类群：溶细菌群和溶纤维素群。它们能产生胞外酶水解大分子物质，如蛋白质、核酸以及包括纤维素在内的多种碳水化合物。多种黏细菌能在含蛋白胨或酪蛋白水解物的固体培养基上良好生长。溶纤维素群中堆囊菌属、多囊菌属、囊球菌属的某些种分解纤维素，而大多数黏细菌属于溶细菌群，它们能溶解其他原核或真核微生物，以死的或活的细菌、真菌和藻类或现成的有机物作为营养来源。

黏细菌是土壤中常见的腐生菌，主要分布于土壤表层、树皮、腐烂的木材、厩肥和动物粪便上，尤其是草食性动物的粪便、中性或微碱性的土壤、活树树皮以及腐烂的植物上。由于黏细菌的黏孢子和子实体有很强的抗逆性，在海水、酸性泥沼、低氧条件、极地温度等条件下也有黏细菌的分离。草食动物的粪粒是几乎所有黏细菌生长的良好基质，所以分离黏细菌最有效的方法是把灭菌的粪块放在湿润的大土块（50~200g）表面培养，黏细菌在粪块上发育，1~3 周后，粪块表面便形成了子实体。

黏细菌的分离纯化一直没有很好的特异而简单的方法，因而许多黏细菌还无纯菌株。目前对黏细菌的分类鉴定的主要依据仍然只是形态学上的特征，如营养细胞、黏孢子、子实体、菌落特征等。此外，再参考 G+C 摩尔分数、16S rRNA 的同源性和脂肪酸的类型。

黏细菌是原核生物中生活周期和群体变异最为复杂的类群，为研究微生物的发育分化、微生物生态学及微生物的进化等许多重要问题提供了实验材料。在生物活性物质合成方面，黏细菌的抗生素产生菌比例甚至高于放线菌，如纤维堆囊菌甚至高达近百分之百，能够代谢产生许多全新结构的抗生物质；黏细菌丰富的胞外黏液质和特殊的酶蛋白等，能分解纤维素、琼脂、几丁质，溶解其他真核和原核微生物；有些菌株能产生类胡萝卜、黑色素和原卟啉，这些都具有极好的应用价值。

（六）鞘细菌

细胞呈丝状排列，其外包围透明的衣鞘，这是鞘细菌的显著特征。它具有独特的生活史，包括有鞭毛游动细胞（swarm cell）的形成。由于缺乏纯培养，这类细菌的分类学知识的进展受到阻碍。近年来，世界各国对活性污泥法处理污水异常重视，研究鞘细菌越来越多。有人从活性污泥中分离出了很多种，如球衣菌属、纤发菌属、泉发菌属、细枝发菌属以及 *Haliscomenobacter* 属等。

“属”是这一类群的最高分类单位，球衣菌属是其代表属。球衣菌属的衣鞘由蛋白质、多糖（葡萄糖、果糖、半乳糖和葡萄糖醛酸等）、脂类复合物组成，有的还有锰或铁的沉积物，犹如革兰氏阴性细菌的荚膜，不过它形成的是线形结构，紧贴在杆菌链的外围，故称这种菌为鞘细菌或鞘膜细菌。用 1%结晶紫染色，在光学显微镜下，菌体呈紫色，鞘呈淡紫色。而 *Haliscomenobacter* 属的鞘，必须借助电子显微镜才能看见。鞘形成的初期较薄，随之加厚，这是细菌分泌的有机化合物沉积并掺入组成中所致。由于氢氧化铁或氧化锰的沉积，鞘随着菌龄的增加而变硬。鞘的形成具有生态学和营养学的重要意义，它可以防御原生动物和某些细菌的攻击。例如未形成鞘的游离细胞，可被原生动物捕食，水中蛭弧菌的分泌物可将无鞘的游离单细胞消解；同时，一般鞘上有固着器，可附着于固形物上，当水中营养不足时，鞘可随水流动而富集营养。单个鞘细菌为杆状，两端圆，大小为(1~2)μm×(3~8)μm；革兰氏染色阴性；偏端丛生鞭毛，每丛通常 8~10 根，粗约 0.2μm，长达 80~90μm，能活跃运动。细胞中 DNA 的 G+C 摩尔百分含量占比为 60%~70%，是已知革兰氏阴性细菌中含量最高者。

这些细菌个体的鞘内往往呈链状排成一行，有时两行或三行。鞘内细胞以裂殖方式繁殖。其衣鞘总是在丝状体末端形成，这是因为新产生的细胞往往被推向菌丝顶端，并不断合成新的衣鞘材料的缘故。虽然这些细菌与鞘接触较紧密，但细菌个体仍能移出鞘外，间或可见空鞘或鞘中空位，游离出鞘的单个细胞还可形成新鞘。这里有个有趣的现象，即鞘内的细胞不见鞭毛，一旦游离于鞘外，便可见成丛鞭毛而导致细菌运动。鞭毛是何时长出的呢？很可能是在细胞离开衣鞘之前。也有人认为，细胞与鞘结合较紧，鞭毛被覆盖了，因为有时在断裂的鞘中，可见到带有明显鞭毛束的细胞。如果是这样，鞭毛无疑有助于细胞移出衣鞘。这些游动的细胞向外移动，当其固着后便开始生长，形成新的带鞘菌丝体。

鞘细菌的营养多样，能利用很多简单的有机化合物，如以葡萄糖、半乳糖、麦芽糖、甘露聚糖和乳酸钠等作为碳源和能源；能以各种氨基酸和某些无机氮化物作氮源，但不能利用铵态和硝态氮；大多数都需要维生素 B_{12}，这对水生微生物常常是必需的营养物质。

鞘细菌专性好氧，适合流水中生活。如果环境中有还原性铁、锰化合物时，鞘上常裹上一层氢氧化铁和氧化锰的沉积物，鞘细菌便可从这些金属氧化物中获得能量。鞘细菌也能在葡萄糖、蛋白胨浓度很低的培养基上生长。其要求中性 pH，温度 28~30℃，经 3d 培养可形成菌落。菌落扁平，浑暗，白色绒毛状，边缘极不规则，有很多卷曲的丝状体长出，很像霉菌尚未产生孢子时的菌落，但较湿润，不粗糙。

鞘细菌主要分布在污染河流、滤水池等含有机质丰富的流动淡水中。秋天，河流和小溪中，有机物暂时地增加，细菌大量生长，常形成所谓的球衣菌菌衣。在被污染的河流的岩石上所见到的丝状黏液物——“污水真菌”，实质上也是鞘细菌形成的丝状体。在污水处理厂，常常出现活性污泥膨胀，造成活性污泥澄清的困难，也是由于鞘细菌在氧化还原电位很低的环境中生长，菌丝体纠集成块，使活性污泥体积膨大，不能适当下沉。

（七）蛭弧菌

蛭弧菌（bdellovibrio）是寄生于其他细菌并能导致其裂解的一类细菌，是一类能“吃掉”细菌的细菌，有类似于噬菌体的作用，但不是病毒。蛭弧菌菌体大小为（0.3~0.6）μm×（0.8~1.2）μm，能通过细菌滤器，菌体弧状、逗点状，有时呈螺旋状。蛭弧菌有一根粗的鞘鞭毛，比其他细菌的鞭毛粗3~4倍，这是蛭弧菌另一个显著的特点。菌体DNA中（G+C）mol%为42%~51%。蛭弧菌运动活跃，它侵入寄生细胞的方式十分独特，开始时以很高的速度（每秒高达100个菌体长度）猛烈碰撞宿主，当细菌无鞭毛端附着在寄主细胞壁上，然后菌体以100r/s以上的转速产生一种机械“钻孔”效应，从“钻孔”到进入只需几秒钟便可完成。在侵入前蛭弧菌可能产生胞壁酸酶，使寄主细胞壁部分裂解。蛭弧菌进入寄主细胞后失去鞭毛，菌体伸长成为螺旋形细胞，并进行分裂繁殖，形成许多带鞭毛的子细胞。随着细胞的增殖和某些酶的产生，寄主细胞壁被裂解，蛭弧菌释放出来，又去侵染新的敏感寄主。其生活周期如图2-23所示。

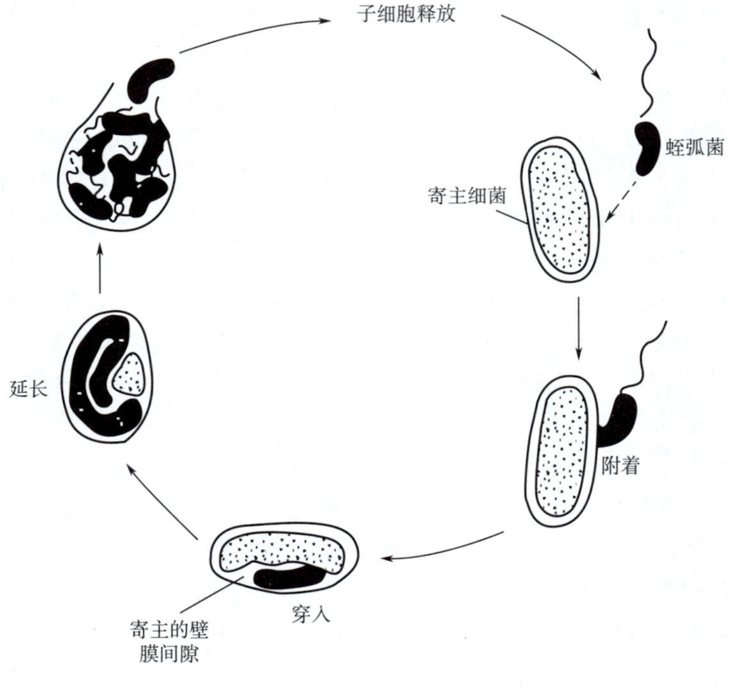

图2-23　蛭弧菌的生活周期（5~20min）

蛭弧菌生活方式多样，有寄生型，也有兼性寄生，极少数营腐生。寄生型必须在活宿主细胞或其提取物中得到营养或生长因子时才能生长繁殖，并表现出严格的特异性；非寄生型营腐生生活，或者至少是兼性腐生，可在蛋白胨和酵母提取物培养基上生长繁殖，它们中绝大多数都丧失了寄生性，只有十几分之一可恢复寄生性。实验表明，从自然界分离得到的蛭弧菌都是依赖寄生型。蛭弧菌与宿主细胞常表现出一定的特异性，即蛭弧菌只能侵染一种或几种寄主细菌。蛭弧菌广泛存在于土壤、河流、近陆海洋水域及下水道污水中。蛭弧菌的溶菌作用在动植物细菌性病害的防治以及环境污水的净化方面具有一定的应用价值。

项目二 真核微生物

真核微生物是指细胞核具核仁和核膜，能进行有丝分裂，细胞质中有线粒体等细胞器的微小生物，主要包括真菌（fungas）、原生动物（protozoon）等。真菌和原生动物的主要区别在于真菌的细胞有细胞壁，细胞壁的成分大都以几丁质为主，也有部分真菌（卵菌）细胞壁的成分以纤维素为主，而原生动物的细胞则没有细胞壁。

一、真菌

真菌种类繁多，形态、大小各异，包括酵母菌、霉菌及蕈菌等。霉菌能形成疏松的、绒毛状菌丝体，如毛霉、根霉、青霉、曲霉等。酵母菌是单细胞的真菌。蕈菌是由大量菌丝紧密结合形成的真菌子实体，如蘑菇、木耳等。另外酵母菌和霉菌，具有很强的分解复杂有机物的能力，与细菌、放线菌一样是自然界物质循环中的重要分解者，在有机污水和有机固体废物的生物处理中发挥着非常重要的作用。

真菌是十分庞大的类群，在分类上仍有许多不同的看法，大体上可以分为真菌门（Eumycota）和黏菌门（Myxomycota），而真菌门又分为鞭毛菌亚门（Mastigomycotina）、接合菌亚门（Zygomycotina）、子囊菌亚门（Ascomycotina）、担子菌亚门（Basidiomycotina）和半知菌亚门（Deuteromycotina），主要依据是其形成有性孢子的情况。为研究方便通常根据应用将真菌分为三类，即酵母菌、霉菌和蕈菌，但它们归属于不同的亚门。下面我们就按照这样的体系进行介绍。

（一）单细胞真菌——酵母菌

酵母菌是指以出芽繁殖为主的单细胞真菌，主要分布在含糖质较高的偏酸环境中，如在果品、蔬菜、花蜜、植物叶子的表面，葡萄园和果园的土壤中都有酵母菌的存在。此外，在油田和炼油厂附近的土层中则生长着能分解利用烃类的酵母菌。

1. 酵母菌的形态

酵母菌的形态有卵圆形、球形、圆柱形。菌体宽 1~5μm，长 5~30μm 或更长。有的酵母菌在繁殖时子细胞不与母细胞脱离，互相连成链状，称为“假菌丝”（图 2-24）。

酵母菌在固体培养基上形成的菌落形态与细菌的菌落相似，但较大较厚，表面光滑、湿润，多数为乳白色，少数为红色或黑色。有些种类培养时间长了，菌落皱缩。

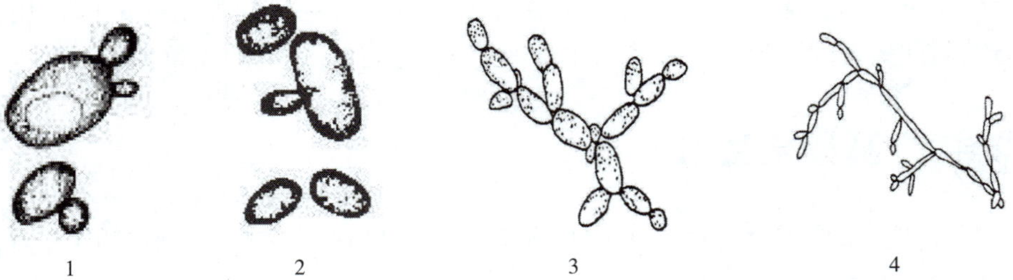

图 2-24 酵母菌的芽殖及假丝酵母

1，2—酵母菌的芽殖 3，4—假丝酵母

2. 酵母菌的结构

酵母菌细胞有真正的细胞核，细胞核有核仁和核膜，DNA 与蛋白质结合形成染色体。细胞质有线粒体、中心体、核糖体、内质网膜、液泡等细胞器。细胞壁的组成成分主要是葡聚糖和甘露聚糖。

3. 酵母菌的繁殖方式

酵母菌的繁殖方式有无性繁殖和有性繁殖。

（1）无性繁殖 包括出芽繁殖和分裂繁殖两种。出芽繁殖是酵母菌最普通的繁殖方式。成熟的酵母菌细胞表面向外突出形成一小突起，称为生“芽”，接着，部分核物质和细胞质进入芽体，使芽体得到母细胞一套完整的核结构和线粒体等细胞器。当芽体长到一定程度时，在芽体与母细胞之间形成横隔壁，然后，或脱离母细胞，成为独立的新个体，或暂时与母细胞连在一起，有时在尚未脱离母细胞的子细胞上又长出新芽，如此连续进行，可互相连接而成“假菌丝”。常见的啤酒酵母（*Saccharomyces cerevisiae*）就是出芽繁殖的。目前只有裂殖酵母属的酵母菌以细胞分裂方式繁殖。

（2）有性繁殖 酵母菌以形成子囊孢子的方式进行有性繁殖。两细胞经质配、核配，形成双倍体；双倍体细胞并不立即进行核分裂，而是芽殖繁殖，成为双倍体的营养细胞，双倍体的营养细胞转变为子囊，核减数分裂形成四个子囊孢子。子囊孢子也可由单雌生殖形成，即子囊孢子的形成无需经过两细胞间结合，而是在一个细胞内，首先进行核的分裂，分裂后的子核和一部分细胞质的外围生出细胞壁，成为子囊孢子。有些酵母菌从来不形成子囊和子囊孢子，如红酵母属（*Rhodotorula*）。

4. 酵母菌的作用

①食品加工。利用酵母菌可以制造美味可口的酒类和食品（面包、馒头）。

②生产多种药剂，如核酸、辅酶 A、细胞色素 C、维生素 B、酶制剂等。

③进行石油脱蜡，降低石油的凝固点。

④生产有机酸，如 α-酮戊二酸、柠檬酸等。

⑤处理污水及综合利用。利用酵母菌如拟酵母、热带假丝酵母、白色假丝酵母、黏红酵母等处理淀粉废水、柠檬酸残糖废水、油脂废水以及味精废水，既可

使废水得到处理又可获得富含营养的菌体蛋白。

⑥监测重金属。

（二）丝状真菌——霉菌

霉菌是丝状真菌的统称。在自然界分布极广，土壤、水域、空气、动植物体内外均有。

1. 霉菌的形态结构

霉菌菌体均由分枝或不分枝的菌丝（hypha）构成，菌丝是构成霉菌菌体营养体的基本单位。菌丝是一种管状的细丝，多数无色透明，宽度一般为 2~10μm，比细菌和放线菌的宽度大几倍到几十倍，与酵母菌差不多。菌丝自尖端生长，并产生很多分枝，成为分枝的菌丝。菌丝的分枝和长度都是无限度的。许多分枝的菌丝相互交错成一团菌丝则称为菌丝体（mycelium）。

（1）菌丝的类型　菌丝根据有无隔膜可分为无隔膜菌丝和有隔膜菌丝（图 2-25）。无隔膜菌丝是多核菌丝，菌丝只有核分裂，没有细胞分裂。随着核的分裂，细胞不断延伸和分枝，细胞壁则成为套在这种分枝丝状的多核细胞的壁套，在显微镜下表现为没有隔膜的菌丝，如绝大多数的卵菌和接合菌的菌丝是无隔膜的。有隔膜菌丝的核分裂伴随着细胞分裂，成为由许多细胞连接而成的菌丝。在显微镜下表现为有许多横膈膜的菌丝，每个细胞中有一个或几个核，如子囊菌和担子菌的菌丝是有隔膜的。

菌丝根据分化程度又可分为营养菌丝和气生菌丝。营养菌丝伸入培养基内吸取营养物质；气生菌丝伸展到空气中，顶端可形成各种孢子，故又称繁殖菌丝。

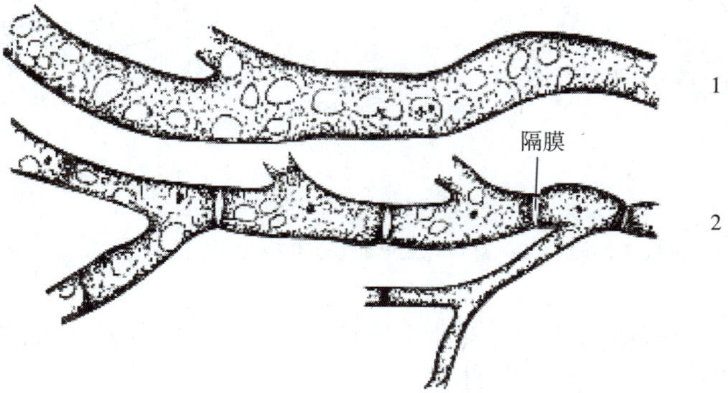

图 2-25　真菌的菌丝

1—无隔膜菌丝　2—有隔膜菌丝

（2）菌丝特殊形态　菌丝可以分化成一些特殊的形态。许多专性寄生真菌的部分菌丝形成吸器（haustorium，图 2-26），伸入寄主细胞，吸取寄主的养料。根霉的假根（rhizoid）也是由菌丝分化而成的特殊形态。菌核（sclerodum）是大量菌丝结集成团的菌丝体的特殊形态，大的如茯苓，小的如油菜菌核病的菌核（图 2-27）。子座、菌索、子囊果、蕈子等也都是菌丝集聚形成的特殊形态。

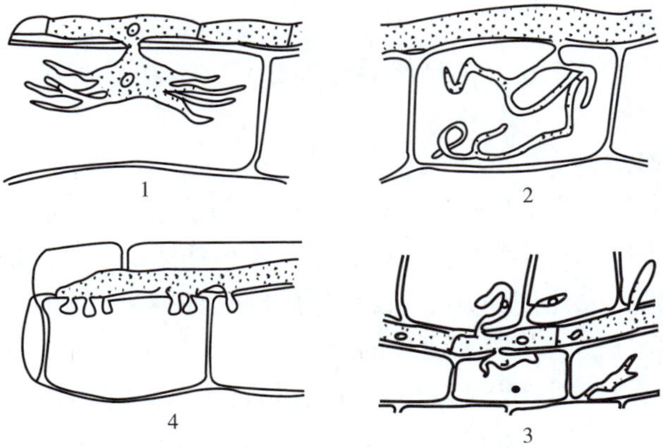

图 2-26　吸器的类型

1—白粉菌　2—霜霉菌　3—锈菌　4—白锈菌

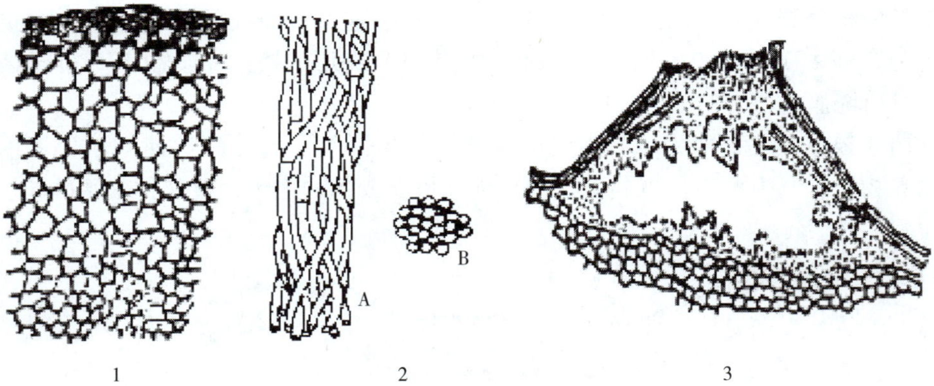

图 2-27　菌丝的变态类型

1—菌核（剖面）　2—菌索（A 纵面观，B 横切面）　3—子座（无性）

（3）菌丝细胞的结构　菌丝细胞的结构与酵母菌相似，只有细胞壁的成分有些不同，多含壳多糖，少数含纤维素。

2. 霉菌的繁殖

霉菌的繁殖能力极强，繁殖方式复杂多样，主要是以无性繁殖或有性繁殖产生各种各样孢子的形式进行，也可借助菌丝的片断繁殖。

（1）无性繁殖和无性孢子　无性繁殖是指不经过两性细胞结合，直接由菌丝细胞分裂或分化形成新个体。霉菌的无性繁殖主要通过产生无性孢子的方式进行繁殖，但也能以菌丝断裂的片段进行繁殖。无性孢子主要有孢囊孢子（sporangiopore）、分生孢子（conidium）、节孢子（arthrospore）和厚垣孢子（chlamydospore）。卵菌和接合菌的无性孢子生在孢子囊内，所以称孢囊孢子。孢囊孢子有两种类型：一种无鞭毛，不能游动，称不游动孢子（aplanospore）；另一种具有一根或两根鞭毛，能游动，又称游动孢子（zoospore）。子囊菌和半知菌产生的分生孢子是真菌中最常见的一类无性孢子，分生孢子着生在已分化的分生孢子梗或具有一定形状的小梗上，也有些真菌的分生孢子就着生在菌丝的顶端。有些真菌种类在菌丝的中间或顶端发生局部的细胞质浓缩和细胞壁加厚，最后形成一些厚壁的休眠体，称为厚垣孢子。厚垣孢子对不良环境有较强的抵抗力。有些真菌在幼年时或培养初期菌丝体为完整的多细胞丝状，老后由菌丝内横隔处断裂，形成短枝状或筒状或两端稍呈钝圆的细胞，称为节孢子（图 2-28）。

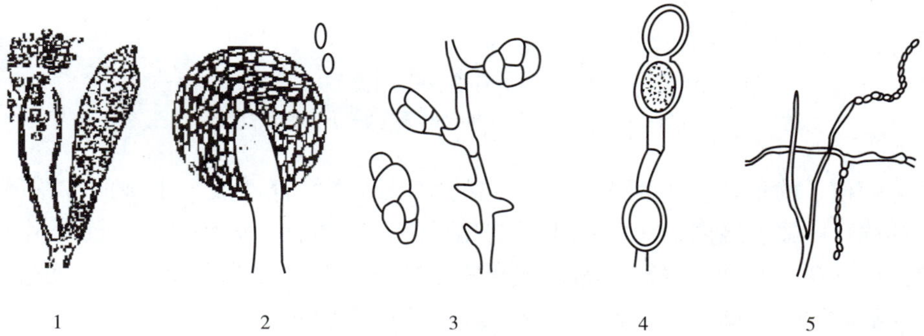

图 2-28　无性孢子的类型

1—游动孢子　2—孢囊孢子　3—分生孢子　4—厚垣孢子　5—节孢子

（2）有性繁殖和有性孢子　霉菌有明显而比较复杂的有性繁殖，但不如无性繁殖普遍，仅发生在特定的条件下。它们是通过两个性细胞的配合和分裂，产生双倍体和单倍体世代交替实现的。霉菌有性繁殖所产生的孢子称为有性孢子。常见的有性孢子有由无隔菌丝产生的卵孢子（cospore）和接合孢子（zygospore），有隔菌丝产生的子囊孢子（ascospore，图 2-29）。

有性繁殖过程一般分为质配（plasmogamy）、核配（karyogamy）和减数分裂（meiosis）三个阶段。第一阶段是质配，也就是两个配偶细胞的原生质和细胞核融合在同一个细胞中，但两个核不立刻结合，第一个核的染色体数都是单倍的；第二阶段是核配，即两核结合成一个细胞核，这时核的染色体数是双倍的；第三阶段是减数分裂，也就是核配以后，经过一定的发展阶段，具有双倍体核的细胞通过减数分裂，细胞核中的染色体又恢复到原来的数目，仍然是单倍的。但是应当指出，霉菌经过有性繁殖过程，形成有性孢子有两种不同方式。第一种方式是霉菌经过核配以后，含有双倍体细胞核的细胞直接发育而形成有性孢子，这种孢子的细胞核是处于双倍体阶段，在它萌发的时候才进行减数分裂，卵孢子和接合孢子就是这种情况，处于双倍体阶段。第二种方式是在核配以后，双倍体的细胞进行减数分裂，然后再形成有性孢子，所以这种有性孢子的细胞核是处于单倍体阶段，子囊孢子就属于这种情况，处于单倍体阶段。

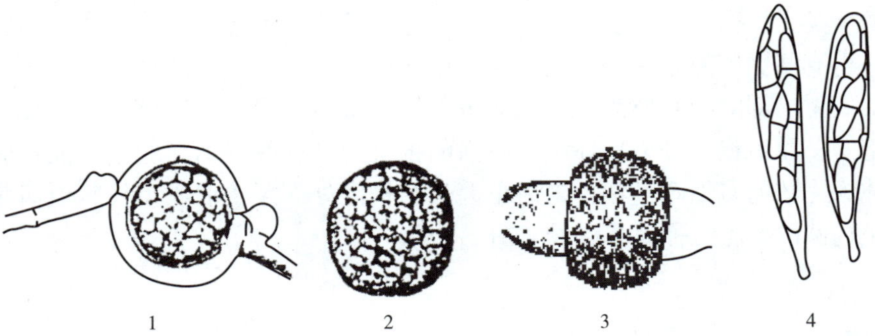

图 2-29 有性孢子的类型

1—卵孢子 2，3—接合孢子 4—子囊孢子

①卵孢子的形成：由两个大小不同的配子结合发育而成，小型的称精子器，大型的称藏卵器，藏卵器中的原生质与精子器配合以前，收缩成一个或数个原生质团，称卵球。当精子器与藏卵器配合时，精子器中的细胞质和细胞核通过受精而进入藏卵器与卵球配合，此后卵球生出外壁即成为卵孢子。

②接合孢子的形成：相接近的“+”“-”两种菌丝接触后，接触处的细胞壁逐渐溶解，由两菌丝的原生质结合而成接合孢子，然后形成孢子壁，使其与母菌丝相隔离。接合孢子有极厚的细胞壁，表面呈棘状或具不规则突起。在适宜条件下，接合孢子萌发而形成新菌丝。

③子囊孢子的形成：同一菌丝或相邻菌丝两个大小形态相同的细胞互相缠绕，受精后开始形成分枝菌丝，此菌丝称为造囊菌丝。造囊菌丝经过减数分裂，即产生子囊，每个子囊产生 2~8 个（双数）子囊孢子。

3. 霉菌的菌落特征

霉菌菌落和放线菌一样，都是由分枝状菌丝组成。由于霉菌菌丝较粗而长，故形成的菌落较大而疏松，呈绒毛状、絮状或蜘蛛网状，一般比细菌和放线菌大几倍到几十倍。霉菌菌落较放线菌易挑起。霉菌菌落表面因孢子的形状、构造与颜色的不同而呈现不同的形态结构和色泽特征。

4. 霉菌的常见属

常见的霉菌有毛霉属（*Mucor*，图 2-30）、根霉属（*Rhizopus*，图 2-31）、青霉属（*Achlya*，图 2-32）、曲霉属（*Aspergillus*，图 2-33）、镰刀霉属（*Fusarium*，图 2-34）、木霉属（*Trichoderma*，图 2-35）、交链孢霉属（*Alternaria*，图 2-36）和白地霉（*Ceotrichumcandidum*），其主要特征和作用见表 2-4。

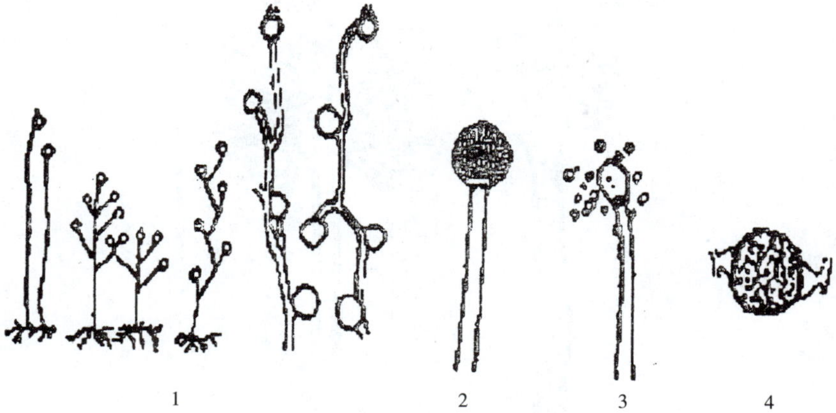

图 2-30 毛霉属形态

1—孢子梗 2—幼孢子囊和孢囊梗 3—孢子囊散发 4—接合孢子

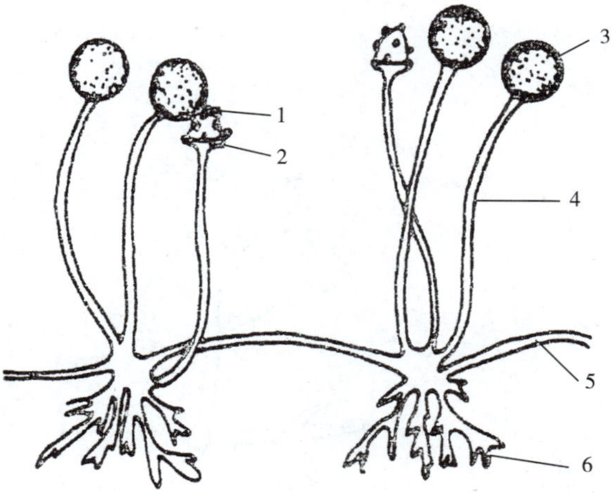

图 2-31 根霉属形态

1—囊轴 2—囊托 3—孢子囊 4—孢囊梗 5—匍匐菌丝 6—假根

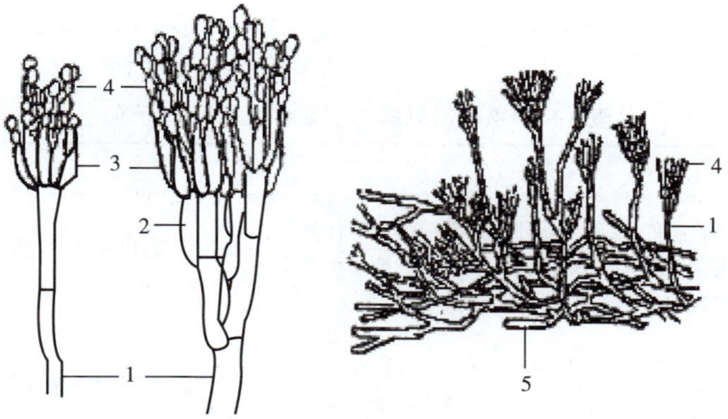

图 2-32 青霉属形态

1—分生孢子梗 2—梗基 3—小梗 4—分生孢子 5—营养菌丝

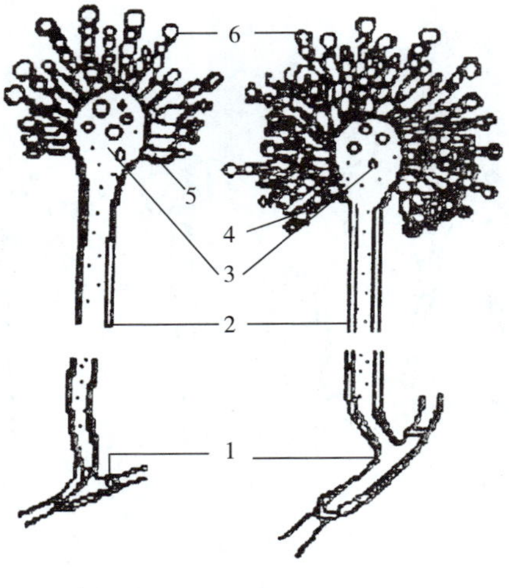

图 2-33　曲霉属形态

1—足细胞　2—分生孢子梗　3—顶囊　4—初生小梗　5—次生小梗　6—分生孢子

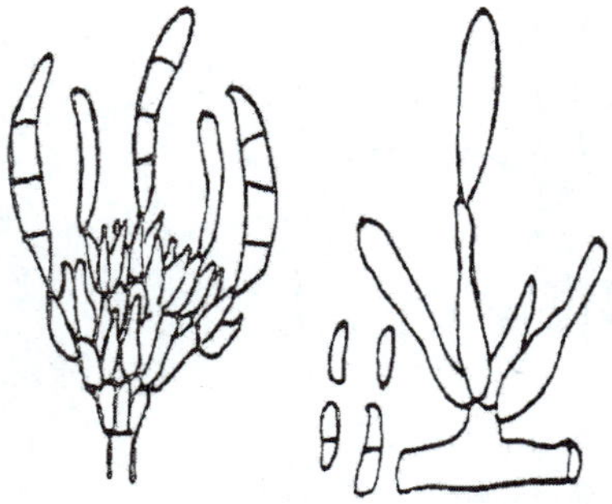

图 2-34　镰刀霉属形态

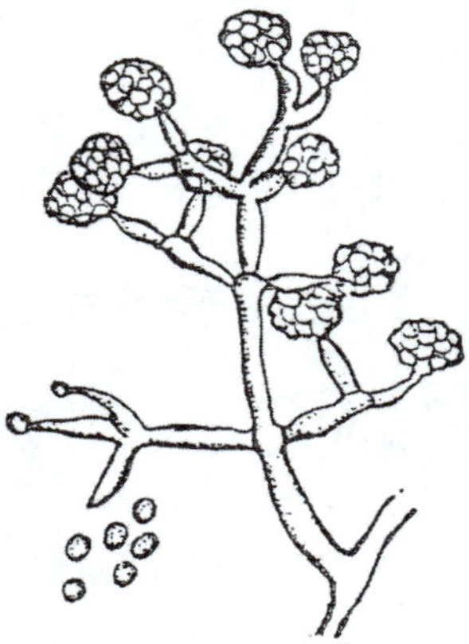

图 2-35　木霉属形态

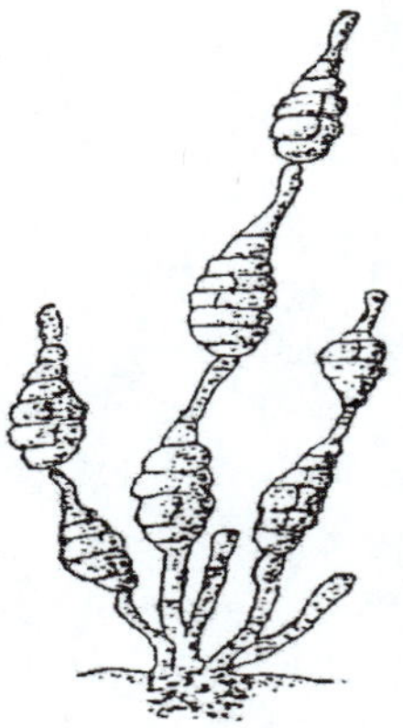

图 2-36　交链孢霉属形态

表 2-4　霉菌常见属的主要特征及用途比较

属或种	主要特征	用途
毛霉属	菌丝白色，茂盛，无隔膜；孢囊梗由菌丝体生出，一般单生，分枝较少或不分枝；孢囊梗顶端有球形孢子囊，内生孢囊孢子	分解蛋白质和淀粉的能力很强；是制作腐乳、豆豉的重要菌；可生产有机酸或转化甾体
根霉属	菌丝无隔膜，但有匍匐菌丝和假根，在假根着生处向上长出直立的孢囊梗，孢囊梗顶端着生孢子囊，黑色，球形或近似球形，内生大量孢囊孢子	分解淀粉的能力很强，是酿酒的重要菌种；有的还可以进行甾族化合物转化及生产延胡索酸、乳酸等有机酸

续表

属或种	主要特征	用途
青霉属	菌丝有隔膜，分生孢子梗顶端经多次分枝产生几轮对称或不对称小梗，小梗顶端产生成串的分生孢子；孢子穗形似扫帚状；菌落呈密毡状，多为灰绿色	产生青霉素，生产有机酸（如柠檬酸、延胡索酸）和酶制剂
曲霉属	菌丝有隔膜，营养菌丝分化出厚壁的足细胞，在足细胞上长出分生孢子梗，顶端膨大成球形顶囊，顶囊表面长满一层或二层辐射状小梗，小梗末端着生成串分生孢子；孢子呈绿、黄、橙、黑等颜色	生产酶制剂（如淀粉酶、蛋白酶等）和有机酸（如柠檬酸和葡萄糖酸等）；有些曲霉能产生黄曲霉毒素，为已知的致癌物
镰刀霉属（又称镰孢霉）	菌丝有隔膜，分枝；分生孢子梗分枝或不分枝；分生孢子有大小两种类型：大型的是多细胞的，为长柱形或镰刀形，有3~9个平行隔膜；小型的呈卵圆形、球形、梨形或纺锤形，多为单细胞，少数是多细胞，有1~2个隔膜；镰刀霉的菌落呈圆形、平坦、绒毛状，颜色有白色、粉红色、红色、紫色和黄色等	对氰化物的分解能力强，可用于处理含氰废水；有些种可生产酶制剂（纤维素酶、脂肪酶等）；有些种可产生毒素，污染粮食、蔬菜和饲料，人畜误食会中毒
木霉属	菌丝有隔膜，多分枝，分生孢子梗有对生或互生分枝，分枝上可再分枝，分枝顶端有瓶状小梗，束生、对生、互生或单生，由小梗长出成簇的孢子，孢子圆形或椭圆形，五色或淡绿色；木霉菌落绒絮状，产孢区常排列成同心轮纹，菌落绿色，不产孢区菌落白色	生产纤维素酶，合成核黄素，生产抗生素；分解纤维素和木质素
交链孢霉属	菌丝有隔膜，分生孢子梗较短，单生或丛生，大多不分枝；分生孢子呈纺锤形或倒棒状，顶端延长成喙状，多细胞，有壁砖状分隔，分生孢子常数个成链，一般为褐色至黑色	有些种可用于生产蛋白酶，有些种可转化甾族化合物
白地霉	菌丝有隔膜；在营养菌丝的顶端长节孢子，节孢子呈单个或连接成链，孢子形状为长筒形、方形、椭圆形	白地霉的菌体蛋白营养价值高，可食用或作饲料；可用于处理制糖、酿酒、淀粉、食品饮料、豆制品等生产中的有机废水

（三）大型真菌——蕈菌

大多数担子菌和少数子囊菌在它们的生活史中都形成大型子实体，能形成大形子实体的真菌称为蕈菌。这类菌的大小在（3~18）cm×（4~20）cm，个别的更大。常见的能食用和药用的蕈菌，有双孢蘑菇、草菇、香菇、黑木耳、银耳、灵芝、猴头等，还有一些误食会引起人畜中毒的毒蕈，也有会引起树木病害和腐烂的有害蕈菌。

1. 蕈菌的形态构造

（1）菌丝体及双核菌丝的形成　蕈菌和霉菌一样，也形成绒毛状的菌丝体。

但在担子菌的发育过程中，一般常有两种性质不同的菌丝，即一级菌丝和二级菌丝。一级菌丝是由担孢子萌发而来的，初期多核，但为时很短，很快就产生分隔把菌丝分成单核细胞。二级菌丝是经过性别不同的两种一级菌丝结合而形成的双核菌丝。双核菌丝靠一种称为锁状联合的特殊细胞分裂形成。锁状联合形成过程是：当双核细胞分裂时，菌丝细胞在二核之间生出一个钩状突起。细胞中的一个核进入钩中，另一个仍留在菌丝里，二核同时分裂成四个核。分裂后钩状突起中的两个核，一核仍留在钩中，另一核进入菌丝细胞前端。而原来留在菌丝细胞中的核分裂后，一核向前移，另一核留在后面。此时钩状突起向下弯曲与菌丝细胞壁接触，接触处胞壁溶化，成为桥形，同时在钩状突起的基部产生一个隔膜。最后钩中的核由菌丝壁溶化处进入菌丝细胞，在“桥”的下方菌丝内生一横隔，将菌丝细胞分裂成两个子细胞。每一子细胞中具有来源于父母亲本的两个核。当菌丝尖端继续向前伸长，又开始新的锁状联合形成过程（图 2-37）。

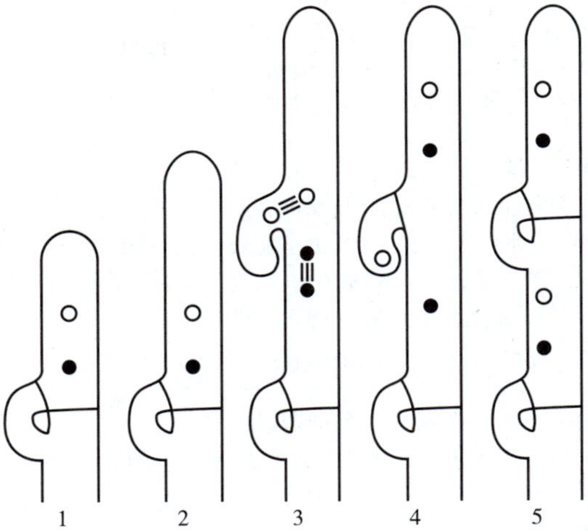

图 2-37　担子菌锁状联合形成过程示意图

1—双核之间产生突起——锁状联合　2—核进入锁状联合　此时二核同时分裂　3—分别在二子核中间即锁状联合基部及菌丝中形成两个横隔　4—锁状联合弯曲成桥形，在与细胞接触处溶解，将另一核输入　5—菌丝伸长，每个细胞中分别含有两个性质不同的核

（2）子实体及担孢子的形成　蕈菌的双核菌丝，在形成子实体时，首先分化为各种菌丝束（三级菌丝），菌丝束在条件适宜时形成菌蕾，而后逐渐膨大形成子实体。子实体成熟后，双核菌丝顶端膨大，两个核结合在一起，进行核配，核配以后，经过两次分裂，其中一次为减数分裂，于是产生四个单倍体的子核，同时顶细胞膨大变成担子。然后担子生出四个小梗，小梗顶端稍微膨大，四个小核分别进入四个小梗内，此后每核各发育成为一个担孢子（图 2-38）。

担子的形状多半为棍棒状的，但是构造不一致，如银耳的担子具有纵分隔，分成四个细胞；木耳的担子为横分隔，也分成四个细胞。其他如蘑菇、猴头等的担子都是棒状单细胞的。

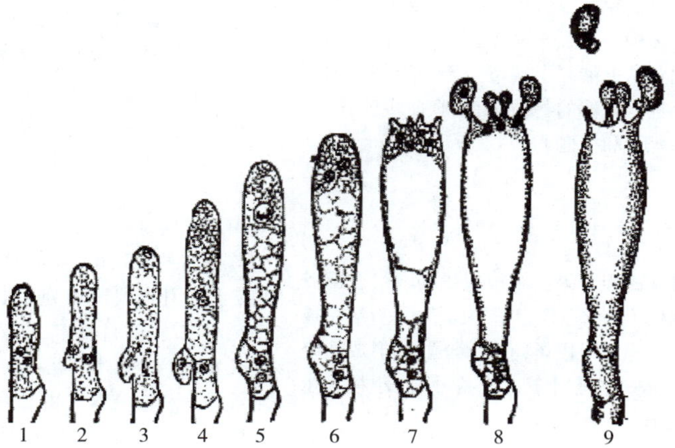

图 2-38 担子形成的连续阶段和担孢子的释放
1，2，3，4—锁状联合形成 5—末端细胞内核配并膨大形成担子 6，7—双倍体核减数分裂
8—担孢子形成 9—担孢子弹射

担子菌不形成特定的有性器官，发育周期由担孢子萌发成单核菌丝开始。它们的有性过程，是两个担孢子萌发所形成的不同性别菌丝的相互结合。如黑木耳、四孢蘑菇等的子实体，必须经过异株菌丝体间的细胞的结合才能产生，这种现象叫异宗结合。但是，有些栽培蘑菇的子实体，不经过异株菌丝体细胞间的结合也能产生，这种现象叫同宗结合。

2. 蕈菌的常见属

常见的蕈菌有伞菌属（*Agaricus*）、牛肝菌属（*Boletus*）、灵芝属（*Ganodernm*）、木耳属（*Auricularia*）等（图 2-39）。蕈菌常见属的主要特征和作用比较见表 2-5。

表 2-5 蕈菌主要属的主要特征和作用比较

属或种	主要特征	作用
伞菌属（*Agaricus*）	担子果为蕈子，菌盖肉质，菌盖腹面有辐射状的蕈褶，在蕈褶内形成担子和担孢子。蕈柄肉质，容易与菌盖分离，有菌环。担子卵圆形或椭圆形	伞菌属有几十种，生于田野和林中土壤上，大部分的种可食，少数有毒。最普通的栽培种是双孢蘑菇（*Agaricus bisporus*）
牛肝菌属（*Boletus*）	菌盖厚，肉质，柄粗壮，粗壮，往往基部膨大。厚厚的菌盖下面带有一层菌管，在这些菌管里着生担子，它的整个管层很容易与菌盖分离开来。菌管黄色至绿黄色，管口常呈红色。孢子黄色，光滑，近梭形，成堆时显青褐色	牛肝菌是森林地带经常出现的一种蕈子。它们的许多种能与多种树木的根形成菌根。大多数牛肝菌是可食的，少数有毒。据报道有的种还可提取抗癌药物，如美味牛肝菌（*Boletus edulis*）等

续表

属或种	主要特征	作用
灵芝属（*Ganodernm*）	担子果一年生或多年生，木质或木栓质，有柄或无柄。菌盖表面有坚硬的皮壳，它的柄或菌盖从下端到上端覆盖着一层坚硬的像漆一样有光泽的物质，菌盖腹面多管孔，管内生担子和担孢子	是分解纤维素、木质素能力较强的一类真菌，在各种阔叶树林、针阔叶混交林的腐木上或木桩上可以找到。有的种类是重要药材，如灵芝（*Ganoderma lucidumcum*）等
木耳属（*Auricularia*）	木耳属的担子果杯状、耳状或叶状，全部胶质或仅子实层胶质。子实层平滑，有皱褶或网格。担子圆柱形，有三个横隔，形成四个细胞，每个细胞上产生一个小梗，小梗上生担孢子	我国最常见的是木耳，亦即黑木耳。黑木耳是营养丰富的食用菌，是保健食品，还有药用价值。黑木耳在我国的分布很广，北自黑龙江，南至海南岛；西自甘肃，东至福建和台湾都可生长和栽培。黑木耳是一种木材腐朽菌，能分解纤维素和木质素。由于它是一种腐生性很强的真菌，故只在死了的木头上才能吸取养分生长

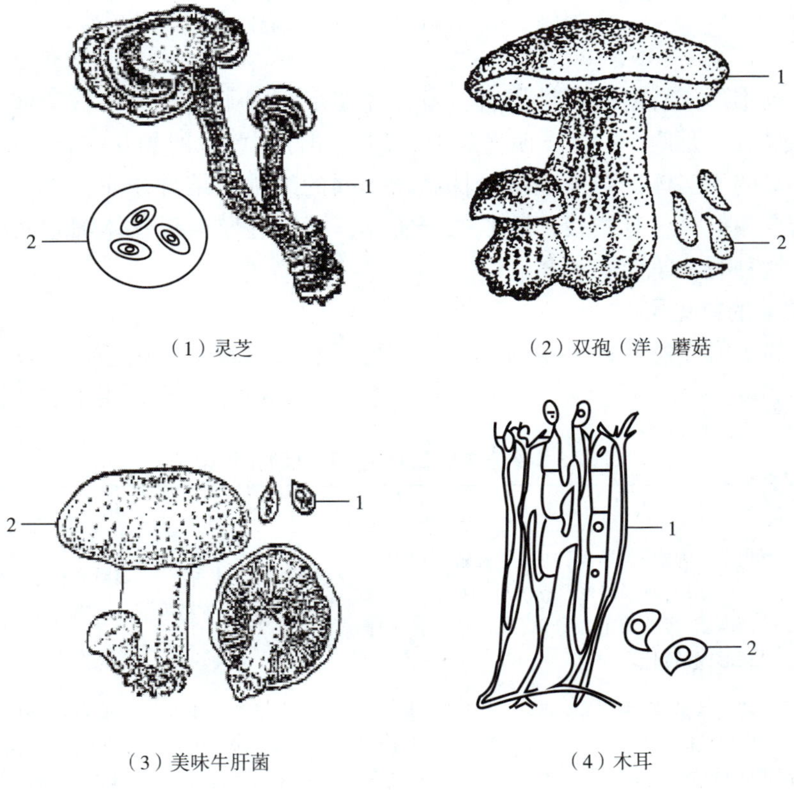

图 2-39　几种常见的蕈菌形态

1—子实体　2—孢子

二、藻类

藻类（Algae）是原生生物界一类真核生物（有些也为原核生物，如蓝藻门的藻类）。

1. 藻类一般性状

藻类种类繁多，形态各异，有单细胞，也有多细胞的；一般个体微小，需借助显微镜才能看见或看清楚；结构简单，无根茎叶分化；真核藻类具有叶绿体，光能自氧，可进行光合作用。

藻类多数生长在淡水或海水中，悬浮在水表或者黏附、生活在水底。有些藻类生长在潮湿的岩石、木块、树木和潮湿的土壤表面。有的能以共生的形式生活在原生动物、软体动物和珊瑚的体内，少数种类以寄生形式存在，有的还与真菌共生形成地衣。

2. 藻类的常见类群

根据藻类所含光合色素的种类、形态结构、生殖方式等不同，通常将藻类分成 10 个门，其中和人类关系较为密切的有裸藻门、绿藻门、甲藻门、硅藻门、隐藻门（图 2-40）。藻类常见门主要特征和分布情况比较见表 2-6。

表 2-6　藻类常见门主要特征和分布情况比较

门	代表属	主要形态特征	分布
裸藻门	裸藻属（*Euglena*） 扁裸藻属（*Phaccus*） 囊裸藻属（*Trachelomonas*）	裸藻是单细胞，大多能运动，具 1 条鞭毛（少数 2~3 条）。细胞椭圆形、卵形、锤形或长带形，末端常尖细。细胞前端有胞口，下连胞咽、贮蓄泡，周围为伸缩泡，红色眼点一个。细胞裸露无细胞壁，仅具由原生质特化形成的表质膜。有些种类表质膜较软，细胞可变形；有些种类表质膜较硬，细胞不变形。有少数种类在表质膜外具囊壳，囊壳无色或呈黄、棕、橙色。裸藻色素体形状多样，有盘状、星状、带状等。藻体多鲜绿色，少红色或五色（五色素体）	裸藻大多数分布在淡水，少数生长在半咸水，很少生活在海水中，特别是在有机质丰富的水中，生长良好，是水质污染的指示植物，夏季大量繁殖使水呈绿色，并浮在水面上形成水花。裸藻有两个属生活在两栖类的消化管内
绿藻门	衣藻属（*Chlamydomonas*） 盘藻属（*Gonnium*） 团藻（Voluox）	绿藻个体形态差别较大，有单细胞体、群体和丝状体。运动的种类多具 2~4 条顶生、等长的鞭毛。色素体的形状有杯状、芽状、板状、网状、星芒状，数目 1 至多个，呈草绿色	广泛分布在各类水体、土壤表面和树干上，在淡水中最常见
硅藻门	小环藻属（*Cyclotellastelligera*） 羽纹藻属（*Pinnularia*）	硅藻形态多样，有单细胞体、群体或由单列细胞构成的丝状体。细胞壁硅质化，称为壳体，壳体由上壳和下壳组成，就像培养皿的底和盖一样。上下壳套合的地方，环绕一周，称为环带。壳面的形状和壳面上花纹的排列方式是分类的主要依据。细胞内有 1 个核和 1 至多个色素体，色素体小盘状或片状，呈黄绿色或黄褐色。繁殖纵分裂和有性繁殖	硅藻广泛分布在各类水体中，有的种可作为土壤和水体盐度、腐殖质含量和酸碱度的指示生物。一般在春秋两季大量繁殖，是鱼、贝等水生动物的优良食料，有些种类大量繁殖时可导致海洋发生赤潮

续表

门	代表属	主要形态特征	分布
金藻门	鱼鳞藻属（Mallomonas）黄群藻属（或称合尾属）（Synun）锥囊藻属（或称钟罩藻属）（Dinobryon）等	金藻形态多样，有单细胞体、群体或分枝丝状体。大多数种类具1条或2条、等长或不等长的鞭毛。细胞壁有或无，有的具囊壳或覆盖硅质化的鳞片、刺等。色素体1个、2个或几个，多周生，弯曲片状或带状，呈黄绿色或金棕色	金藻多生长在透明度较高的清洁的淡水水体，浮游或固着生活。在早春、晚秋水温较低季节数量较多。金藻对环境变化敏感，有些种类常被作为清洁水体的指示生物。金藻细胞营养丰富，常是鱼类和其他水生动物的良好食料。少数种类如小三毛金藻大量繁殖时可引起鱼类死亡
甲藻门	裸甲藻属（Cymnodinium）多甲藻属（Peridinium）等	甲藻多为单细胞，一般呈宽卵形、三角形、球形，背腹或左右略扁，前、后端常有突出的角。细胞壁有或无，许多种类的细胞壁外有板片，称为壳，壳分为上壳、下壳，上下壳之间有一横沟，下壳的腹面还有一纵沟。运动的种类有2条鞭毛（横鞭和纵鞭）。甲藻色素体数目多，有盘状、片状、棒状和带状，多周生，呈棕黄色、黄绿色、灰色、红色，少数种类无色	甲藻大多是海生种类，淡水种类不多。在适宜的光照和较暖水温中，甲藻在短期内可大量繁殖导致湖泊水华和海洋赤潮
隐藻门	蓝隐藻属（Chroomonas）隐藻属（Cryptomonas）蓝胞藻属（Cynomonas）等	隐藻为单细胞，具鞭毛，能运动。细胞形状有卵形、椭圆形、豆形，有明显的背腹之分，背侧凸出，腹侧平直或略凹。细胞前端宽，钝圆或斜向平截，在腹侧有一向后延伸的纵沟。鞭毛2条，长度略不相等，自前端和腹侧长出。色素体大型、叶状，1~2个，呈黄绿色或黄褐色	隐藻广泛分布于淡水水体中，特别在有机质较丰富的水体、浅水区、沿岸区数量较多，大量繁殖可形成水华。隐藻是水生动物的重要食料，也可作水质污染的指示生物

3. 藻类的作用

（1）自然界有机物和氧气的重要来源　据估计，自然界光合作用制造的有机物中，大约有近一半是由藻类等微生物所产生的，海洋中藻类产生的初级生产力每年约为 50×10^9t，因此，藻类植物是海洋“牧草”的重要组成部分，也是自然界氧气的重要来源。

（2）维持水体自然平衡　无论在淡水还是海水中，藻类是水生生态系统中重要的初级生产者，是水生食物链中的关键环节，是水生动物的食料，因此在水体自然生态平衡中具有重要作用。

（3）监测水体环境质量的指示生物　由于一些藻类对其环境变化非常敏感，环境的变化会使水体中藻类的种类及数量发生变化，因此人们就利用这种变化来

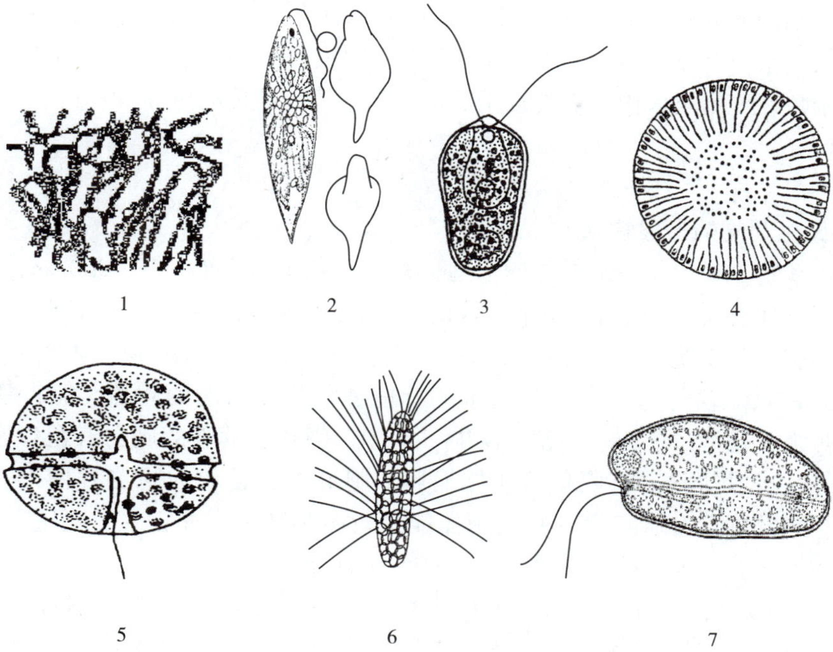

图 2-40 藻类常见属形态

1—念珠藻属 2—裸藻属 3—衣藻属 4—小环藻属 5—鱼鳞藻属 6—裸甲藻属 7—隐藻属

判断水质是否受到污染及污染程度。例如，较清洁的水体中有鱼鳞藻、簇生竹枝藻肘状针杆菌等。中等污染的水体中有被甲栅藻、四角盘星藻、纤维藻、角星鼓藻、裸甲藻、角甲藻等。严重污染的水体有绿色裸藻、静裸藻和囊裸藻等。

（4）净化环境污染 一方面，有些藻类具有吸收和积累有害元素的能力，且体内所积累的污染元素的浓度常常高出外界环境很多倍；有些有害的化学物质可通过藻体解毒或降解以至去除。另一方面，在水体中通过光合作用，释放氧气，促进好氧细菌对水中有机污染物的分解。

（5）可以食用 人们常食用的绿藻有溪菜、刚毛藻、水绵、礁膜、浒苔、海松；褐藻有鹅肠菜、海带、裙带菜、羊栖菜、鹿角菜；红藻有紫菜、海索面、石花菜、海萝、麒麟莢、冯冠菜、江蓠等。

（6）在农业生产上应用 海洋沿岸的农民用海藻（主要是褐藻）作农田肥料，用藻类作肥料，可减少农作物病虫害。

（7）在工业上的应用 褐藻和红藻中提取的藻胶酸、琼胶、卡拉胶、碳酸钠、醋酸钙、磺化钾、乳酸等是重要的工业原料。

（8）在医药上的应用 褐藻中提取的碘。可治疗和预防甲状腺肿，藻胶酸可作牙模型的原料，藻胶酸钙盐能制成人造羊毛，并可作止血药，另外，琼脂是重要微生物培养基，也是一种有效的通便剂。

(9) 有害作用　在特定条件下，藻类异常增殖会导致湖泊发生水华，海洋发生赤潮，使水质恶化变臭，鱼虾大量死亡。此外，有些藻类如甲藻，还会产生毒素积累于鱼虾、贝类体内，人类食用后会引起中毒，严重的可导致死亡。

三、原生动物

1. 原生动物的一般性状

原生动物是最原始、最低等的动物，其形态多样，长度在 10~300μm，需在光学显微镜下才可看见。它们的身体是由单个细胞构成，具有一般细胞的基本结构——细胞质、细胞核和细胞膜。虽然如此，它们有着一般动物所表现的各种生活机能，在原生动物细胞内分化出了能行使各种生理功能的胞器，能行使运动、消化、呼吸、排泄、感应、生殖等功能。例如，消化、营养的胞器有胞口、胞咽、食物泡等；排泄的胞器有收集管、伸缩胞、胞肛等；运动的胞器有鞭毛、纤毛、伪足等；感觉胞器有眼点等。有的胞器能执行多种功能，如伪足、鞭毛、纤毛既能执行运动功能，又能执行摄食功能，甚至还有感觉功能。

在正常的环境条件下，所有的原生动物都各自保持自己的形态特征，若环境条件恶劣时，如水干枯、水温和 pH 过高或过低、溶解氧不足、缺乏食物或排泄积累过多、废水中的有机物浓度超过其适应能力时，都可使原生动物不能正常生活而形成胞囊（cyst）。所以胞囊（图 2-41）是原生动物抵抗不良环境的一种休眠体。在污水处理系统中，原生动物一旦形成胞囊，就可判断污水处理不正常。

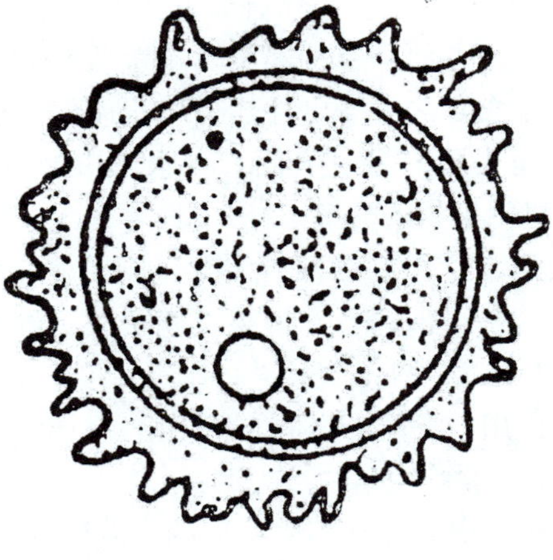

图 2-41　原生动物的胞囊

大部分原生动物为异养生活，以吞食细菌、真菌、藻类为食，或以死有机体、腐烂物和有机颗粒为食。少数种类含有光合色素，能进行光合作用，为自养生活。

2. 原生动物的生殖方式

原生动物的生殖方式如下。

- 生殖方式
  - 无性生殖
    - 二分裂法
      - 纵分裂
      - 横分裂
      - （纵分裂、横分裂）原生动物的主要繁殖方式
    - 出芽生殖（如吸管虫）
    - 多分裂法（如寄生的孢子虫）
  - 有性生殖（常在环境条件差时出现）

3. 原生动物的主要类群

原生动物种类繁多，1981 年国际原生动物学会公布了其分类系统，其中根据其运动胞器和摄食方式不同在水处理中常见的有四类：鞭毛虫类、肉足虫类、纤毛虫类和吸管虫类，它们在污水生物处理中起着非常重要的作用。

（1）肉足虫类　肉足虫类原生动物其细胞质可伸缩变动而形成伪足，作为运动和摄食的胞器，运动速度达 3μm/s，典型的肉足虫类有变形虫属、简便虫属、表壳虫属和鳞壳虫属等。肉足虫类广泛分布在各类水体中。有些种类，如变形虫［*Amoeba proteus*，图 2-42（1）］、螺足虫（*Cochliopodium*）、表壳虫（*Arcella*）、磷壳虫（*Euglypha*）等，多喜欢生活在有机质较丰富的水体中，在污水处理系统中，一般在活性污泥培养中期出现。

（2）鞭毛虫类　鞭毛虫类原生动物具有一根或一根以上的鞭毛。鞭毛长度与其体长大致相等或更长些，是运动器官。鞭毛虫又可分为植物性鞭毛虫和动物性鞭毛虫，常见的植物性鞭毛虫有滴虫属（*Oikomonas*）等，常见的动物性鞭毛虫有波豆虫属［*Bodo*，图 2-42（2）］等，鞭毛虫的运行速度达 15~300μm/s。鞭毛虫喜在有机质丰富的水体中生活。在污水生物处理系统中，活性污泥培养初期或处理效果差时鞭毛虫会大量出现，因此，其可作污水处理效果的指示生物。

（3）纤毛虫类　纤毛虫类原生动物周身表面或部分表面具有纤毛，作为行动或摄食的工具。它是原生动物中最高级的一类，表现在有固定的细胞结构和细致的摄食细胞器。纤毛虫在自然界和污水生物处理系统中经常出现。根据它们的运动和营养方式又可区别为游泳型、固着型和匍匐型三类。

①游泳型纤毛虫：游泳型纤毛虫能借助周身的纤毛自由运动，包括草履虫［*Paramecium*，图 2-42（3）］、肾形虫（*Colpoda*）、斜管虫（*Chilodonella*）、漫游虫（*Liomotus*）、喇叭虫［*Stebtor*，图 2-42（5）］等。

②匍匐型纤毛虫：匍匐型纤毛虫的体纤毛融合为棘毛，又称触毛。触毛排列于虫体腹面，起支撑虫体、在污泥絮体表面爬行或游动的作用。匍匐型纤毛虫以游离细菌或污泥碎屑为食。污水生物处理中常见的代表属有楯纤虫属（*Aspidisca*）、尖毛虫属（*Qxytricha*）、棘尾虫属（*Stylonychia*）、游仆虫属（*Euplotes*）等。

③固着型纤毛虫：常见的固着型纤毛虫主要是钟形虫类［图 2-42（4）］。钟形虫体呈钟形，大多数钟形虫在后端有尾柄，固着在其他物体（如活性污泥、生物膜等）上，有的种类尾柄中有肌原纤维组成的肌丝，与虫体里的肌原纤维相连。固着型常见的有独缩虫属（*Carchesium*）、聚缩虫属（*Zoothamnium*）、累（等）枝虫属（*Epistylis*）、盖纤虫属（*Opercularia*）等。在活性污泥中，固着型纤毛虫可促进生物絮凝作用，从而改善出水水质。

（4）吸管虫类　吸管虫类幼体有纤毛，成虫纤毛消失具有吸管和柄，行固着生活。在污水生物处理中常见的有足吸管虫（*Podophrya*）、壳吸管虫［*Acineta*，图 2-42（6）］和锤吸管虫（*Tokophrya*）等。吸管虫多生活在有机污染的水体中，是污水生物处理净化效果正常的指示生物。

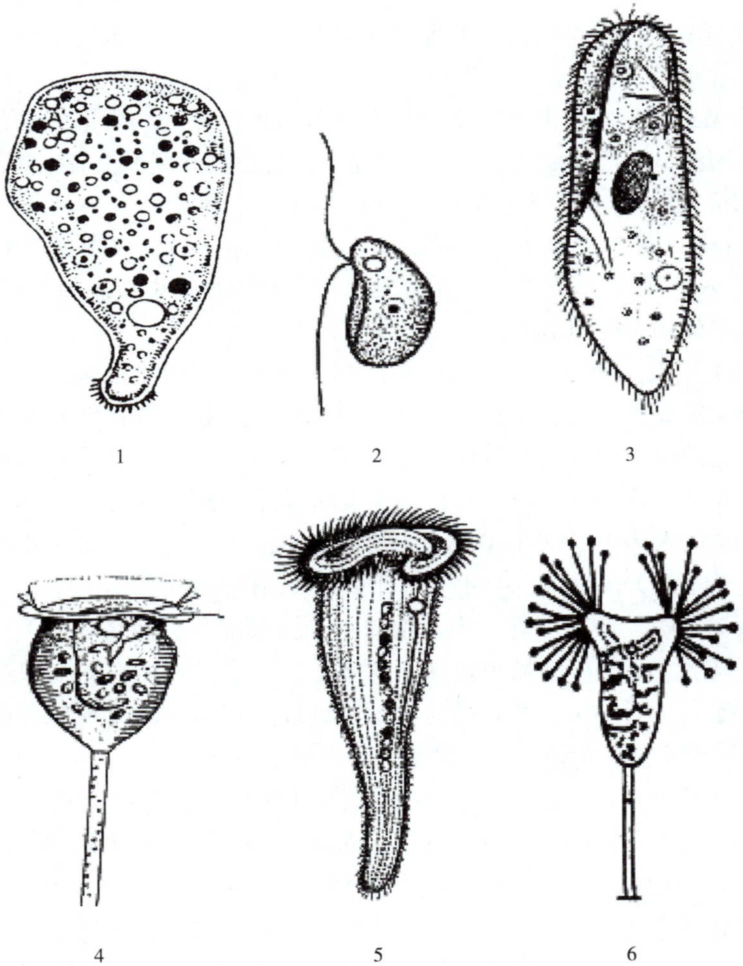

图 2-42　常见原生动物形态

1—变形虫　2—波豆虫　3—草履虫　4—钟形虫　5—喇叭虫　6—壳吸管虫

4. 原生动物和人类的关系

原生动物和人类的关系见图 2-43。

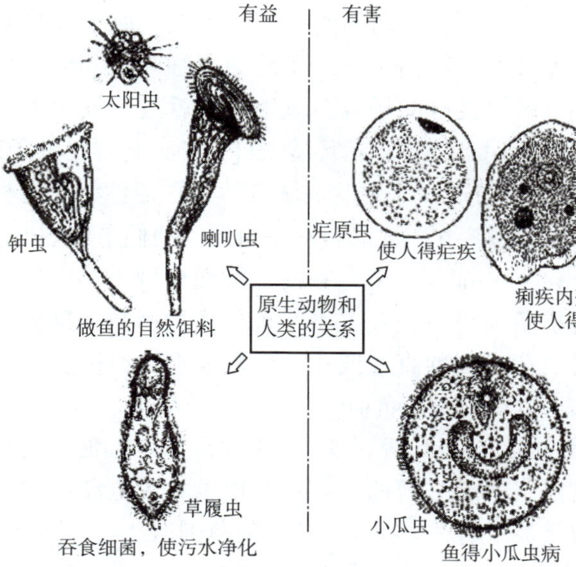

图 2-43　原生动物和人类的关系

5. 原生动物的指示作用

（1）指示活性污泥性质

①指示污泥恶化：污泥严重恶化时，微型动物几乎不出现，细菌大量分散，活性污泥的凝聚、沉降能力下降，处理能力差。

②指示污泥解体：絮凝体细小，有些似针状分散。主要的优势原生动物有：变形虫属、简便虫属等肉足虫类。

③指示污泥膨胀：活性污泥沉降性能差，污泥容积指数（SVI）值高。由于丝状菌的大量生长，出现能摄食丝状菌的全毛类原生动物及拟轮毛虫等。

④指示污泥从恶化恢复到正常：活性污泥从恶化状态恢复到正常的过渡期常常有下列原生动物出现：漫游虫属、管叶虫属等，这些都属于慢速游泳或匍匐行进的生物。

⑤指示污泥良好：易成絮体，活性高，沉降性能好。出现的优势原生动物为：钟形虫属、累枝虫属、盖虫属、独缩虫属、各种吸管虫类、轮虫类、寡毛类等这些均属于固着性种属或者匍匐性种属。

（2）指示反应操作环境

①操作环境不同，出现不同优势种属。如高负荷、曝气量相对不足时，小鞭毛虫占优势；过短的水里停留时间，造成小的游泳型纤毛虫占优势等。

②操作环境不同，一些原生动物的形态发生变化。在一定条件下，原生动物

能分泌胶质并形成膜将虫体包围起来，形成孢囊。大多数孢囊用以保护虫体免受不利的环境因素（如温度不适、pH 变化、食料短缺等）的影响。待环境转好时，虫体能恢复活力，脱孢而出。

③操作环境不同，一些原生动物的生殖方式不同。原生动物的生殖方式有无性生殖和有性生殖。无性生殖即简单的细胞分裂，细胞核和原生质一分为二。在营养、温度、氧等环境条件良好的场合，原生动物就进行连续的无性生殖。当出现有性生殖（接合生殖）时，往往预示环境条件变差或种群已处于衰老期。

（3）估计有机负荷　Salvado 等人发现城市污水厂活性污泥有机负荷的变化会导致原生动物的结构和数量变化，尤其是纤毛虫属。他们采用 Shannon 等人提出的生物多样性指数（Diversity lndex）来计算活性污泥中纤毛类的多样性指数，小纤毛类多样性指数与有机负荷呈负相关关系，且是线性函数。这样，他们画出纤毛类多样性指数与有机负荷之间的直线或相关函数模型，通过观察微生物的组成和数量，就能估计污水厂运行的有机负荷。

（4）预测排放水水质　Gurds 等在 91 个活性污泥曝气池中进行调查，找出原生动物种类组成与排放水水质之间的关系。发现虽然原生动物对环境适应的范围较宽，但最合适、数量最多的集中在一个狭小的范围内。

（5）生物评价指数　Madoni 在采用原生动物组成、数量来指示污水处理状态的基础上，提出用污泥生物指数 SBI（sludge biotic lndex）来评价活性污泥的生物特性。这使一直使用感性认识判断生物特性的方法变为使用具体数值。

项目三　非细胞型生物——病毒

一、病毒的一般属性

病毒（viruses）是一类超显微的、没有细胞结构、仅含单一类型核酸（DNA 或 RNA）、只能在专性活细胞内寄生增殖的非细胞微生物，需借助电子显微镜才能观察到，它们在活细胞外具有一般大分子特征，一旦进入宿主细胞又具有生命特征。

病毒广泛寄生在人类、动植物、微生物细胞中，使人致病和侵害家畜、家禽、农作物等，许多动、植物的疾病与病毒有关。据统计，人类传染病的 80% 由病毒引起，在人类认识病毒之前，由病毒引起的多种疾病就已经给人类带来了巨大的打击，如麻疹和天花病。在发酵工业和微生物制剂的生产中也常由于遭到病毒（噬菌体）的危害，造成很大损失。

但是人类也可以利用病毒来消灭一些病菌和害虫，同时，由于病毒介于生命与无生命的交界处，还是现代分子生物学中，研究生命本质、遗传机制以及探讨大分子结构和功能关系等基本理论的重要材料。20 世纪 70 年代以来，陆续发现了比病毒更小、结构更简单的亚病毒因子（subviral agent），如类病毒、卫星病毒、卫星 RNA、朊病毒等，特别是类病毒，更是小分子核酸研究的重要模型。

Hershey 和 Chase 于 1952 年利用同位素证实噬菌体的遗传物质仅仅是 DNA 的著名实验，将人类带入病毒的分子生物学研究阶段。随着研究的深入，病毒学已经成为现代微生物学的一个重要分支。研究和掌握病毒学对于保护人类的身体健康，促进农、林、渔、牧等产业的发展和保护自然环境等都有着非常重要的意义。由于电子显微镜技术的发展，超速离心机、X 射线衍射技术和血清学方法的应用，使我们对病毒的形态结构、化学组成、侵染和复制机制等方面都有了清楚的了解。目前，病毒学已成为微生物学和分子生物学的重要分支。

（一）基本特征

病毒以其结构简单、特殊的繁殖方式以及严格的活细胞内寄生的生活方式，显著区别于其他生物，病毒具有以下独特的生物学性质：

（1）个体微小，能通过细菌滤器，需借助电子显微镜才能观察。

（2）无细胞结构，仅为核酸和蛋白质外壳组成的病毒粒子，每一种病毒只含有单一类型核酸 DNA 或 RNA。

（3）只能专性活细胞内寄生，在活体外没有生命特征，仅以无生命大分子状态存在，并保持其侵染性。

（4）具有侵染力和传染性，能将其核酸从一种寄主细胞转移到其他寄主细胞。

（5）只在特定的寄主细胞内，利用宿主细胞内现成的代谢系统复制核酸和合成蛋白质的方式进行增殖。

（6）对大多数抗生素不敏感，但对干扰素敏感。

（二）大小和形态

病毒的形态多样，有球状、杆状、蝌蚪状、丝状和海胆状等，以近球形的多面体和杆状为多。动物病毒大多呈球状，少数为枪弹形或砖形，如腺病毒为球状，而痘病毒为砖形。植物病毒和昆虫病毒多呈杆状或丝状，少数为球状，如烟草花叶病毒（TMV）为杆状，花椰菜花叶病毒为球状。噬菌体多呈蝌蚪状，大肠杆菌噬菌体 f1、fd 为丝状。

病毒在普通光学显微镜下看不见，要在电子显微镜下放大几万倍以后才能看清楚。病毒的大小通常用纳米（nm）为单位来表示，1nm 等于千分之一微米。其大小相差大，最大的病毒如动物痘病毒（poxviruses），大小为（300～450）nm×（170～260）nm，最小的病毒如菜豆畸矮病毒，其大小仅为 9～11nm。大多数病毒在 10～300nm，比某些正常的蛋白质分子还小，能通过细菌过滤器，所以又叫过滤性病毒。类病毒比病毒更小。几种病毒的形状和大小见图 2-44，有包膜病毒和无包膜病毒见图 2-45。

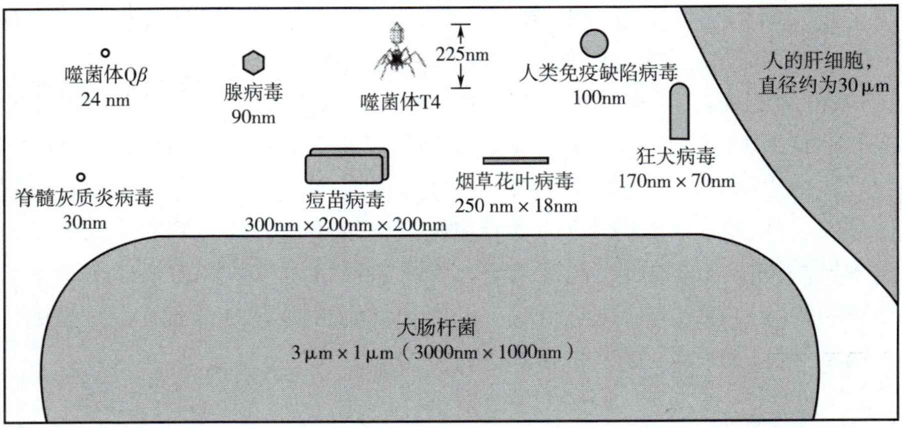

图 2-44　几种病毒的形状和大小（与细菌比较）

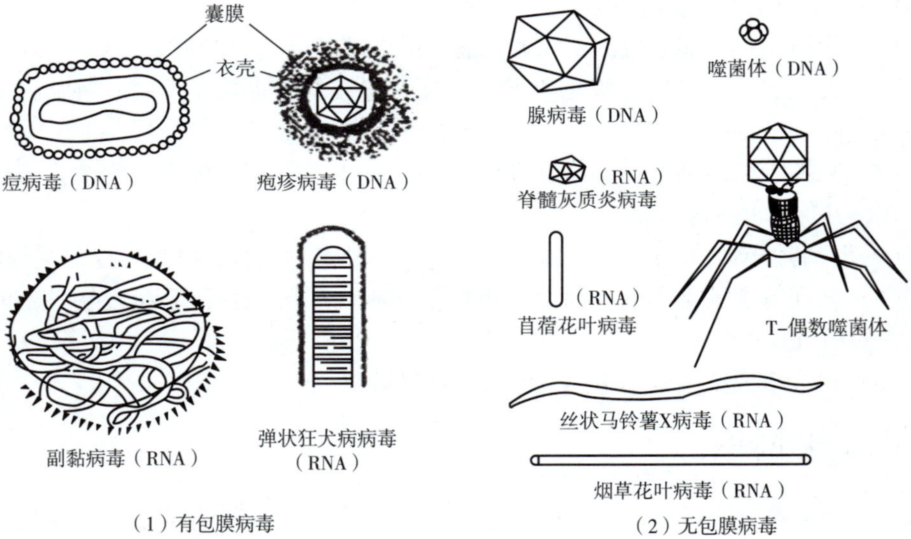

图 2-45　有包膜病毒和无包膜病毒

（三）病毒粒的基本化学组成和结构

由于病毒在寄主细胞外以颗粒形式存在，并具有一定的形态、大小、结构和化学组成，所以一般以病毒粒作为实体进行描述。具有侵染力的、成熟的、位于细胞外环境中的单个病毒颗粒称为毒粒或病毒粒子（viron），病毒粒子是一个结构与功能完整的病毒颗粒，一般是由核酸和蛋白质组成，少数病毒含有脂质和多糖等物质。因此，病毒的基本结构包括核酸芯子和蛋白质衣壳两部分，核酸芯子又称核髓，即 DNA 或 RNA，每种病毒只含一种类型的核酸，位于病毒粒子的中心，是病毒的核心和基因组（genome）所在；蛋白质衣壳也叫衣壳，即壳粒（capsomer），由衣壳粒蛋白质亚单位组成，包围于核心周围，构成病毒粒子壳体（capsid）。核酸和蛋白质壳体合称为核壳（nucleo-capsid），核髓与衣壳构成核衣壳后，即成为可感染寄主细胞的病毒粒子（图 2-46）。

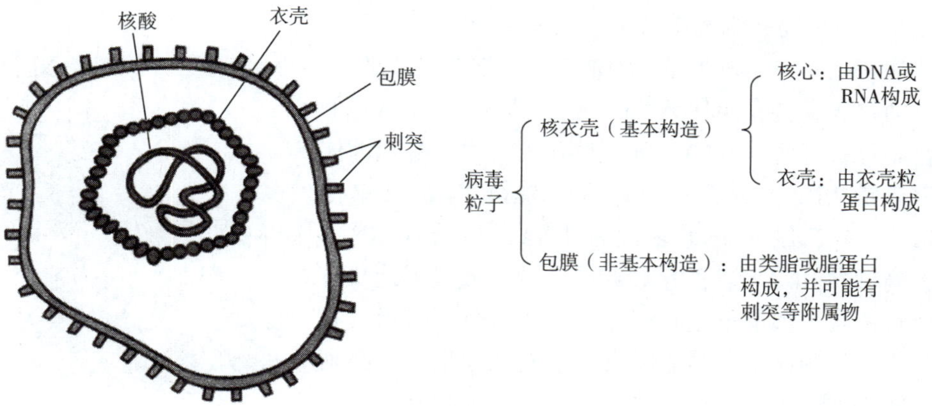

图 2-46　病毒粒子的模式构造

许多病毒粒子是裸露的，但有些病毒的核壳外还有一层组成比较复杂的、松散的包被物，称为包膜或囊膜（envelope），这类具有包膜的病毒称为包膜病毒（enveloped virus，图 2-47）。包膜通常由脂类、蛋白质和多糖组成，这是因为这些动物和植物病毒以出芽（budding）方式从寄主细胞释放出来，因此病毒外面包裹了一层寄主的细胞质膜或细胞核膜而变成包膜。如果病毒的壳体不被包膜所包裹，称为裸露的病毒。在这种情况下，壳体的作用在于保护其核酸免受外界核酸酶的破坏、促使病毒能附着在敏感的寄主细胞上，决定该病毒的寄主范围。

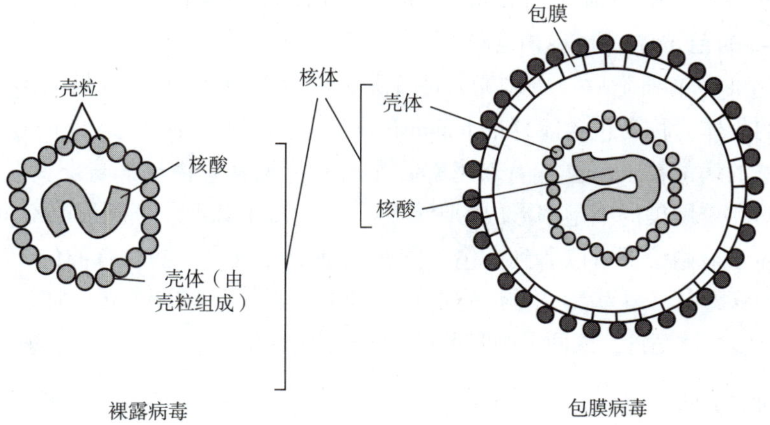

图 2-47　病毒的基本结构

1. 病毒的核酸

一种病毒只含有单一类型的核酸 DNA 或 RNA。病毒的核酸通常有四种类型：单链 DNA（ssDNA）、双链 DNA（dsDNA）、单链 RNA（ssRNA）、双链 RNA（dsRNA）。植物病毒的核酸大多为单链 RNA，如烟草花叶病毒（TMV），少数为 DNA，如花椰菜花叶病毒。动物病毒含有四种类型的核酸，有些含 DNA，如天花病毒，有些含 RNA，如流感病毒。大多数噬菌体含有双链 DNA，少数噬菌体含有单链 DNA 或单链 RNA。另外，昆虫病毒多数含 DNA，少数含 RNA，真菌病毒含 RNA。核酸呈线状或环状，或呈螺旋状排列成直杆状，如烟草花叶病毒（图 2-48）。病毒没有独立代谢的酶体系，不能脱离寄主而独立生活，必须在活体细胞中生长繁殖，并且对于寄主细胞有严格的要求。例如，噬菌体只寄生于细菌，不能寄生于动物或植物。病毒核酸携带着病毒所有的遗传信息，控制着病毒的增殖和侵染、遗传与变异等特性。用各种理化方法从病毒粒子中分离出来的核酸仍具有感染性，但其感染力较低。

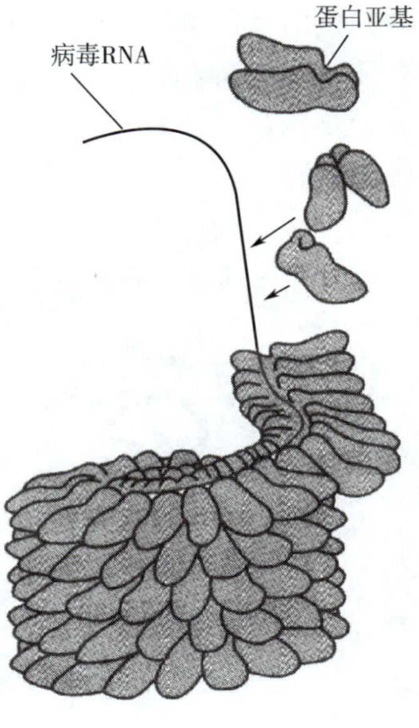

图 2-48　烟草花叶病毒的结构

2. 病毒的蛋白质

病毒衣壳蛋白占病毒蛋白质成分的绝大部分，蛋白质亚基是构成衣壳蛋白的最小单位，由其组成的衣壳粒按照一定的排列规则形成病毒的衣壳。衣壳对其中包裹的核酸具有保护作用，决定病毒感染的特异性，参与病毒对宿主的吸附、侵染等生理活动，衣壳的组成决定了病毒对宿主的专一性和病毒的抗原性，并可刺激机体产生相应的抗体。有的病毒仅含一种蛋白质，如烟草花叶病毒；大多含有多种蛋白质，如流感病毒（influenza virus），含有 10 种蛋白质。

3. 病毒的包含体（也称内含体）

病毒感染寄主细胞后，可刺激寄主细胞形成光学显微镜下可见的形状、大小、数量不一的小体，称为包含体（inclusion body）。这些包含体所包含的内容物不一样，大多为完整的病毒粒子，也有尚未完成装配的亚单位聚集物（病毒亚基）和寄主编码的蛋白质在受侵染的细胞中形成的聚集体。它们多呈圆形、卵圆形或不定形，体积较大，在光学显微镜下可以看到。包含体在细胞中的位置不同，有的位于细胞质中，如大多数痘病毒（天花病毒、羊痘病毒）和狂犬病毒等，有的则位于细胞核，如疱疹病毒和昆虫多角体病毒，或两者同时可见。游离出细胞的包含体仍可引起感染。

二、噬菌体

以细菌、放线菌等微生物为寄主的病毒，称为噬菌体，又称嗜菌体。因该病毒侵染菌体后，常常把菌体细胞裂解，因此得名。由于噬菌体主要侵染细菌，也称细菌病毒。

噬菌体在自然界中分布极广泛，凡有寄主细胞存在的地方，都能找到相应的噬菌体。目前已知一些微生物中普遍存在噬菌体，自从20世纪60年代以来，先后发现一些真菌，如酵母、曲霉、青霉、交链孢霉、镰刀菌和某些海洋藻类中都有噬菌体存在，并分离到相应的病毒，而且其寄生性具有高度的专一性，每种噬菌体只侵染某一特定种类的活细胞，也由核酸与蛋白质组成，具有一般病毒的各种特征。噬菌体在工业发酵中危害极大，但在遗传工程中可用做运送核酸的载体，另外还能应用于医学治疗等方面。

噬菌体一般对自然环境的抵抗力很小，对阳光、紫外线、干燥和温度等外界因子都很敏感。

（一）噬菌体的形态和结构

噬菌体形态基本有三种类型：蝌蚪形、微球形和纤线形，大部分噬菌体属于蝌蚪形，由头部和尾部组成。头部呈球形或多角形，直径为20~100nm，尾部较长，为100~200nm，由一中空管状的尾髓和尾鞘组成，尾鞘末端附有六边形的基片和六根细长的尾丝。微球形噬菌体较小，一般20~60nm，它无尾部或突起，呈现二十面体结构。纤线形噬菌体结构更简单，是一条略显弯曲的纤丝，长600~800nm。蝌蚪形头部后又有可伸缩和不可伸缩的长尾、短尾、无尾等区别。核酸组成上也有很多不同，如：蝌蚪形有尾部者为双链DNA，丝状、蝌蚪状无尾者为单链DNA，蝌蚪形并有较小的蛋白质衣壳粒无尾部者为单链RNA等。

噬菌体的最小形态单位——衣壳粒，是由一种或几种多肽链折叠而成的蛋白质亚单位。衣壳粒以对称的方式，有规律地排列，构成噬菌体的蛋白质外壳，称为衣壳。衣壳内包含噬菌体的核酸，即核髓。核髓和衣壳合称核衣壳。有的噬菌体的核衣壳裸露，有的则在核衣壳外有被膜包围。完整的、具有感染性的噬菌体颗粒称为噬菌体粒子，

在蝌蚪形的噬菌体中，大肠杆菌噬菌体T4的构造很有代表性（图2-49）。它具有一个二十面体的头部，其外壳由蛋白质组成，内部含有核酸。尾部由不同于头部的蛋白质组成，外面包围着可收缩的尾鞘，中间为尾髓。尾鞘末端附有六边形的基片，上面长出六支刺突，并缠有六根细长的尾丝。头尾相接处，呈一收隘，称为颈部。头部的外壳（衣壳）对包在其中的遗传物质起着保护作用，尾部为感染时吸附寄主的器官。

噬菌体绝大部分是核酸和蛋白质，占粒子质量的90%以上. 其中核酸占40%~50%，每种噬菌体只含单一类型的核酸DNA或RNA，多数噬菌体为DNA型，少数为RNA型。

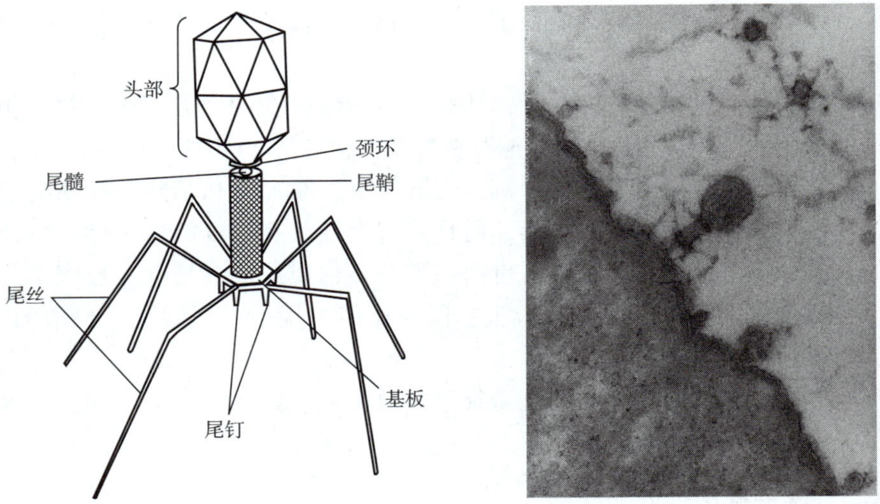

（1）大肠杆菌T4噬菌体的结构　　（2）噬菌体注入DNA前的电镜照片

图 2-49　大肠杆菌 T 偶数噬菌体的形态和结构

（二）噬菌体的繁殖方式

噬菌体是专性寄生的微生物，当它感染寄主细胞后，即以其本身的核酸物质所规定的遗传内容，操纵寄主细胞的生物合成机构，进行噬菌体的复制。其具体的繁殖过程为：吸附、侵入、增殖、成熟、释放五个阶段（图 2-50）。

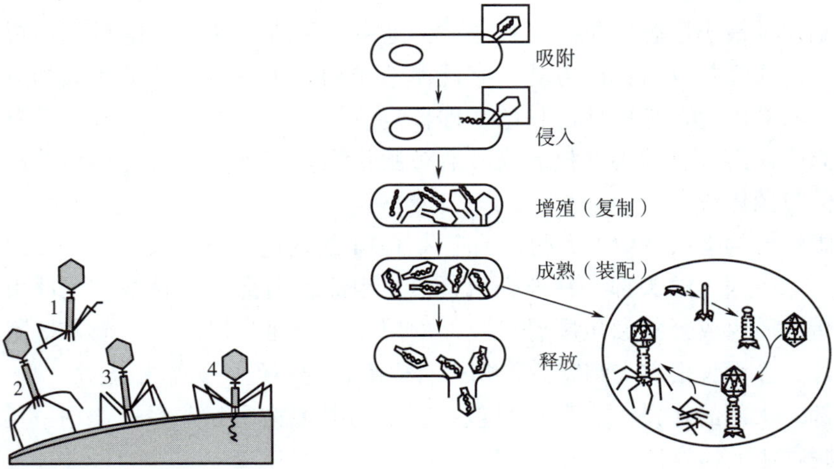

（1）DNA注入示意图　　（2）繁殖过程

图 2-50　大肠杆菌 T 系噬菌体的繁殖过程

1—吸附前的噬菌体　2—吸附　3—尾针固着　4—尾管穿入、DNA 注入

1. 吸附（adsorption）

寄主细胞壁上有一些具有特定化学组成的区域，作为噬菌体吸附的特异性受点，噬菌体由此而吸附侵入。这是具有高度特异性的反应，决定了噬菌体专一寄生的特点。也有些噬菌体是吸附在寄主鞭毛的特殊位点上。当噬菌体与寄主细胞表面受点特异性吸附后，不仅噬菌体粒子与细胞表面形成牢固的化学结合，而且噬菌体粒子本身在结构上也发生巨大改变，成为不可逆的结合。大肠杆菌噬菌体T4在吸附时首先是尾部末端的尾丝散开，固着于寄主细胞表面特异性的受点上，随后刺突和基片也固定在受点上。

2. 侵入（penetration）

噬菌体侵入细胞的方式取决于寄主细胞的性质，主要是细胞表面的结构。就大肠杆菌噬菌体T4来说，它在吸附寄主细胞后，用尾部释放的酶水解细胞壁的肽聚糖，使菌壁产生一小孔；接着尾鞘收缩，将尾髓压入细胞。尾髓为一空管，通过尾髓，头部的DNA注入细胞内，而蛋白质外壳仍留在细胞外。部分线性噬菌体，如噬菌体fd则侵入时全部进入寄主细胞内。

有的没有尾鞘或不能收缩的噬菌体，也能将核酸物质注入细胞，这表明尾髓并不是噬菌体侵入所必需的，但它可以加快噬菌体的侵入速度。

3. 增殖（复制，multiplication）

噬菌体侵入寄主细胞后，寄主细胞的代谢不再受自身支配，而受噬菌体核酸携带的信息所控制，借助寄主细胞代谢机构，利用其细胞降解物及培养基中的养料进行生物合成。先是利用寄主的RNA聚合酶等进行转录，生成噬菌体的mRNA，再由寄主的蛋白质合成体系进行翻译，合成复制噬菌体DNA所需的酶类，然后开始复制噬菌体的核酸，指导合成噬菌体的外壳蛋白和溶菌酶等。

4. 成熟（装配，assembly）

复制好的噬菌体核酸和蛋白质聚集成为新的噬菌体粒子，这个过程即是噬菌体的装配过程。以大肠杆菌噬菌体T4为例，先是DNA大分子聚缩起来，头部蛋白质通过排列与结晶过程，包围在DNA聚缩体外，形成含DNA的头部；然后装配尾鞘、尾丝等，形成新的子代噬菌体。从噬菌体侵入细胞，直至出现新的噬菌体前的一段时间，因为看不到成形的噬菌体，故称为潜伏期。

5. 释放（release）

当噬菌体成熟时，即在潜伏期后期，溶解寄主细胞壁的溶菌酶逐渐增加，致使细胞裂解，从而释放出大量的子代噬菌体，这些子代噬菌体在适宜条件下又可感染新的宿主细胞。

已知成熟的噬菌体除M13等少数噬菌体外，均借细胞裂解而释放。细胞裂解可导致肉眼可见的培养物溶解，而产生噬菌斑或使液体培养物由浊变清。但也有例外，如线性噬菌体fd成熟后并不破坏细胞壁，而是从寄主细胞内钻出来，寄主细胞仍可继续生长。

每个敏感细胞受噬菌体侵染后能装配、释放出噬菌体的平均数量，称为裂解量。裂解量的数值相对稳定。

在含有敏感菌的固体培养基上，噬菌体使寄主菌体细胞裂解而形成不同大小和形状且透亮无菌的空斑，称为噬菌斑（图 2-51），其形态多样，有的形成晕圈，有的呈多重同心圆，也有的近似圆形，大小不一，一般直径为 0.1～2.0mm。在一定条件下，这些特性相当稳定，可作为鉴定噬菌体的依据之一。

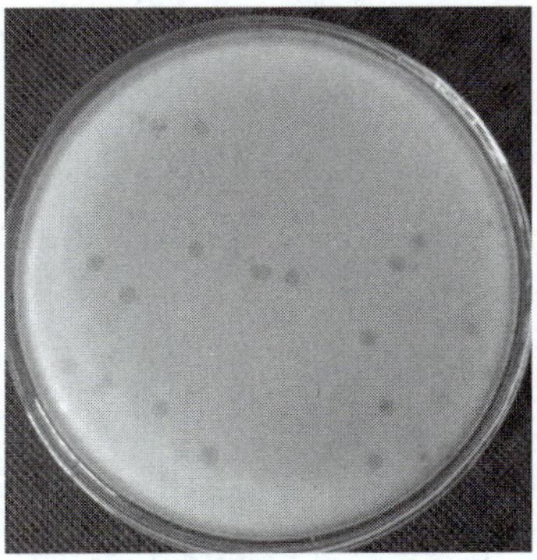

图 2-51 噬菌斑的形状

一个噬菌斑中约含有 10^7 个噬菌体，所以噬菌斑是噬菌体的“菌落”。噬菌斑形成的过程和原理是：噬菌体侵染敏感细胞后，释放子代噬菌体，通过培养基扩散到四周细胞，继续侵染，引起连锁细胞裂解，从而形成形态和大小不同的空斑。

噬菌体污染发酵液时会产生发酵周期延长、发酵液变清、发酵产物不易形成，以及将发酵液接种于敏感菌平板时出现噬菌斑等现象。在工厂中，由于采用大罐发酵，投入资金高，如若发酵液中污染了噬菌体，将会导致一系列如生产周期延长、减产甚至倒罐等严重的生产事故，给企业带来巨大的损失。但是，只要防治工作做得充分，此类事故完全可以避免。因此，噬菌体的防治在以细菌和放线菌为菌种的发酵生产中是非常重要的环节，检查和防治噬菌体感染在发酵工业上十分重要。生产中要对斜面菌种、各级种子液以及发酵液进行严格的检查，此类事故发现得越早，带来的损失越小。预防噬菌体污染的主要措施有：①决不使用污染或有污染嫌疑的菌种，并经常轮换生产菌种；②严格保持环境卫生；③各种非生产菌液及时灭活；④生产设备定期清洗、灭菌；⑤严格遵守操作守则。

（三）噬菌体和溶源性

噬菌体根据侵染寄主细胞后产生的结果不同，分为烈性噬菌体与温和性噬菌体：凡噬菌体增殖，能引起寄主细胞迅速裂解的，称为烈性噬菌体（virulent bacteriophages），而该种噬菌体的寄主则称为敏感细菌。从噬菌体进入寄主开始，到引起细胞裂解并释放出噬菌体子代为止，为一个增殖周期，一般需 15～20min。通常把烈性噬菌体的繁殖看做噬菌体的正常表现。

有一些噬菌体，当其侵入寄主细胞后，和寄主的遗传物质紧密结合，并随细胞分裂而带到子代寄主细胞内，不立即引起寄主细胞裂解，这种噬菌体称为温和噬菌体（temperate phages）或溶源性噬菌体，这一现象称为溶源现象。温和噬菌体在宿主细胞中可将 DNA 整合至宿主细胞染色体上，并同步复制但不合成自己的蛋白质壳体，宿主细胞也不裂解而能继续生长繁殖。噬菌体中有很多温和噬菌体，如大肠杆菌λ噬菌体、大肠杆菌 Mu-1、P1 和 P2 噬菌体、鼠伤寒沙门氏菌的 P22 噬菌体等。整合于宿主细胞染色体上或个别呈质粒状态的温和噬菌体（核酸）称为原噬菌体（prophage），含有原噬菌体的宿主细胞为溶源性细胞（lysogenic cell）。溶源性（lysogeny）是遗传特性，溶源性细胞的子代也是溶源性的。溶源性细胞尚有其他特性：①易被诱发裂解。许多理化因子都可诱发原噬菌体成为烈性噬菌体而裂解溶源细胞。②溶源细胞具有免疫性。即噬菌体可侵染非溶源性宿主细胞，而不再侵染溶源细胞。③溶源细胞可以复愈。溶源性细胞含有的原噬菌体有时可自行消失，而成为非溶源性细胞，这一过程称为非溶源化或复愈。④溶源细胞的其他性状可发生改变，这种转换称为溶源性转换。

被温和噬菌体侵染的带有噬菌体基因组的细菌称为溶源性细菌，溶源性细菌在一些物理化学因素影响下，可将噬菌体释放出来，使寄主细胞裂解。放出的噬菌体仍然是温和噬菌体。例如“5406”放线菌，有时在斜面上传第一代时，发现有噬菌斑，呈针尖大的透明小孔，但连续传代又不出现噬菌斑了，如用一定剂量的紫外线或化学诱变剂诱发后，又出现明显的噬菌斑。因此，在微生物制剂的生产中，要注意不用溶源性菌株作菌种。带有噬菌体基因的溶源性细菌，可以抵抗相应的烈性噬菌体的侵染，这种抵抗力具有高度的特异性，即溶源性细菌对于同一类型噬菌体具有免疫性。噬菌体即使吸附于溶源性细菌，甚至感染，但也不能在其细胞中增殖。溶源性细菌不仅对同一类型噬菌体是免疫的，且对该类型噬菌体的大部分突变株也是免疫的。

溶源性细菌在增殖过程中，个别细胞突然裂解。溶源性细菌变成非溶源性细菌的过程，称为复愈，复愈的细胞则完全丧失溶源性细菌的免疫特性，结果会导致噬菌体增殖和细胞裂解，但发生的频率不高。如果用某些物理化学因素，如紫外线、X 射线照射或氮芥处理溶源性细菌，则能显著提高原噬菌体转变为噬菌体增殖和细菌细胞裂解的发生频率。

温和噬菌体的生活周期见图 2-52。

（四）噬菌体的分离与检查

在工业发酵生产中，引起异常发酵的原因有很多，要确定是否噬菌体侵染所造成的后果，直接有效的方法是检查异常发酵液中是否有噬菌体存在。同样，为了查明生产车间、发酵设备和四周环境中噬菌体的污染情况，也需要进行采样检查。

1. 分离

可根据具体情况，结合实际需要，选择有代表性的采样点，如车间地面、明沟、下水道、贮液桶、排气口和道路等处。所取样品可以是发酵液、污水、土壤、排气和空气等。可在一定范围内随机采取若干小样，混合后，作为一个采样点的代表。取样量一般是土样需 10~20g，水样为 20mL。

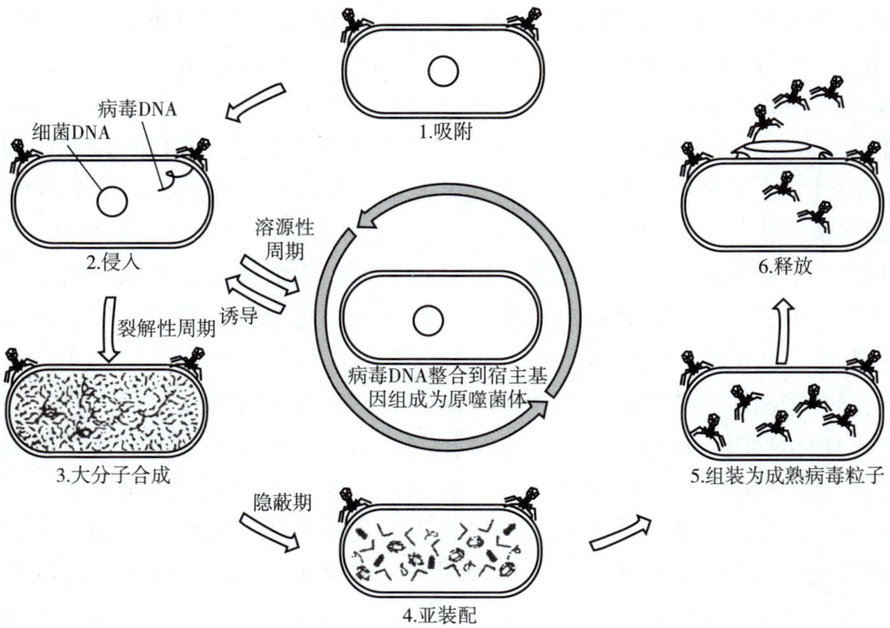

图 2-52 温和噬菌体的生活周期

（溶源性周期与裂解性周期）

为了易于分离，可以先进行增殖培养，以增加样品中的噬菌体数量。方法是取 2~3g 土样或 5mL 水样放入灭菌三角瓶中，加入对数生长期的敏感指示菌悬液 3~5mL，并补加 20~25mL 培养基，在适宜温度下，振荡或静止培养过夜。将上述培养液以 3000r/min 离心 15~20min，取上清液，用 pH7 的 1%蛋白胨液稀释至 10^{-2}~10^{-3}，作为待检液。

从空气中分离噬菌体时，可用真空泵抽引，将空气抽入培养基，以此培养基分离样品；而在噬菌体密度高的位点，只要将长了菌的平皿打开，在空气中暴露 30~60min 即可。

2. 检查

将常用的几种噬菌体检查方法分述如下。

（1）双层琼脂法　这是一种常用噬菌体检查和定量测定的方法。

此法是先配制好含 2%琼脂的培养基，灭菌后，倒入无菌培养皿内，每皿 10mL，制成平板，以此培养基作为底层。另取待检样品 0. 1mL 和细菌悬液 0. 2mL，加入已灭菌并冷却至 45℃左右的含 0. 6%琼脂的培养基 4~5mL 中，于试管中充分混匀，立即倒在底层培养基上并铺平，作为上层，即成双层培养基。待上层培养基凝固后，将平板倒置于 32℃恒温箱内培养，一般经 16~20h 即可取出观察结果，如有噬菌体存在时，会在双层琼脂上层出现透亮无菌的圆形或近似圆形的噬菌斑。

根据每个培养皿中噬菌斑的数目可以计算噬菌体的效价。效价即每毫升被检样品中含有噬菌体的数量，常以单位/毫升来表示，其计算公式为：

效价（单位/mL）= 培养皿中噬菌斑平均数×稀释倍数/10

（2）单层琼脂法　此法与双层琼脂法的区别是省略底层，不再用0.6%琼脂培养基与样品混合，而是仅将2%琼脂培养基连同菌悬液和待检液，直接在平皿中铺成平板，冷却凝固后经培养、观察，以同样方法计算效价。

该法较双层法简便，不过0.6%软琼脂培养基利于形成清晰的噬菌斑，所以为了准确地观察和定量，常用双层法。

（3）载片快速检查法　将噬菌体、菌悬液和含有0.5%~0.8%琼脂的培养基混合，在无菌载片上凝固，经培养后，在显微镜下或放大镜下观察计数噬菌斑。因此法只需数小时即可获知结果，故可用于早期检查。

（4）液体培养检查法　用500mL三角瓶装50mL培养基，灭菌后，接入0.5mL新鲜菌种和0.5~1mL待检液，置摇床上培养10~12h，观察液体的混浊度，若液体澄清，说明有噬菌体感染。

（5）气体样品的检查法　检查空气或排气中的噬菌体，可以采用双层或单层琼脂法。只需将混有菌悬液的上层琼脂培养基预先铺成平板，在被查空气中暴露数分钟或更少时间，经培养后，即可观察。空气里的杂菌容易引起平板污染，故最好将空气先经过细菌过滤器除菌，这样检测效果较好。

三、病毒的种类

自1892年伊万诺夫斯基发现病毒以来，至今已发现4000多种病毒。为了实际应用和叙述的方便，人们一般根据病毒感染的宿主不同和引起宿主疾病名称来分类。

根据专性宿主分类：有动物病毒、植物病毒、细菌病毒（又叫噬菌体）、藻类病毒（又叫噬藻体）、真菌病毒（噬真菌体）。根据疾病名称分类：有脊髓灰质类病毒、肝炎病毒、腮腺类病毒、流行性感冒病毒、艾滋病病毒等。

（一）动物病毒

动物病毒指的是寄生于脊椎动物和无脊椎动物细胞内的病毒，引起人和动物的多种疾病。许多人类的疾病是由脊椎动物病毒引起的，如艾滋病（获得性免疫缺失综合征，AIDs）、天花、黄热病、流行性感冒、肝炎和麻疹等。大多数家畜也感染病毒，导致的疾病如口蹄疫、狂犬病、牛瘟、猪瘟和鸡的新城疫等。动物病毒还可引起肿瘤。

昆虫病毒也称为无脊椎动物病毒，主要在昆虫中发现。寄生于昆虫的病毒已发现有1000多种，其中以鳞翅目的昆虫病毒为主，其次为双翅目、膜翅目和鞘翅目、直翅目及螨类。

有些昆虫具有经济上的重要性，如蜜蜂和家蚕，一旦染上病毒病，就会造成经济上的重大损失。但是，有些病毒却能侵染杀死农作物和森林的重要害虫。由于目前许多害虫能抵抗化学农药，而且化学农药的残留会污染环境，所以这些昆虫病毒已被用作生物农药，成为害虫综合防治中的重要一环。

昆虫病毒主要通过口器感染，并进一步感染昆虫的各种组织细胞，如真皮、肠上皮、脂肪体、血和淋巴等，症状一般表现为停止取食，肠道发生麻痹或引起败血症而死亡。许多昆虫受病毒感染后，可在细胞内形成不同的包含体，具有包含体的昆虫病毒有较强的抗逆力，是一种有希望的昆虫病源，可以作为防治害虫的重要途径。包含体一般比较大，有些直径达 15μm，用低倍显微镜就能看清楚。但如要进一步检查包含体内包藏的病毒粒子，需用电子显微镜才能看到。包含体有的呈多角形，称为多角体包含体；有的呈颗粒状，称为颗粒体包含体。

（二）植物病毒

植物病毒的种类很多（图 2-53），绝大多数种子植物都能发生病毒病，致使许多重要的经济作物遭受严重的损失。感染病毒的植物会表现出不同的症状，如花叶、矮化、环斑、丛簇和坏死等。目前已有 1000 多种植物病毒被分类、命名，其命名通常是结合寄主植物和致病的类型，如烟草花叶病、水稻黄矮病、马铃薯退化病和甜菜黄化病等。植物病毒的形态、核酸组成和复制模式多样，植物病毒多为杆状或球状，其大小不同，种类也差别很大。植物病毒除一般病毒外，还包括类病毒，它们都能引起植物的病害，类病毒更小，只有烟草花叶病毒的 1/400。

一般植物病毒的壳体含有 RNA，例如烟草花叶病毒 TMV 含有单链 RNA，植物呼肠孤病毒含有双链 RNA。后来逐渐发现一些 DNA 植物病毒，如含有单链 DNA 的双生病毒和含有双链 DNA 的花椰菜花叶病毒。植物病毒的构型和形状可分为两大类，即螺旋状对称体病毒和二十面体病毒。前者呈坚硬的杆状颗粒、弹状和曲绕的丝状，后者呈球状，有些植物病毒也具有包膜。

植物病毒侵染植物主要通过三个途径：①病株与健康植株通过嫁接感染；②病株与健康植株通过摩擦接触感染株进行感染；③通过昆虫媒介把病毒带到健康植株上进行感染。

（三）微生物病毒

（1）细菌病毒　细菌病毒一般都称噬菌体（phage），它存在于真细菌和古细菌中。噬菌体是病毒研究中一个方便的模式系统，病毒的许多基本概念都是先用细菌病毒阐明，然后应用到高等生物病毒中。

噬菌体的形态主要有球状、丝状和蝌蚪状 3 种。大多数噬菌体无包膜，仅个别有脂质包膜，所含核酸有：线状 dsDNA、环状 dsDNA、环状 ssDNA、线状 ssRNA 和线状 dsRNA，其中以线状 dsDNA 居多。

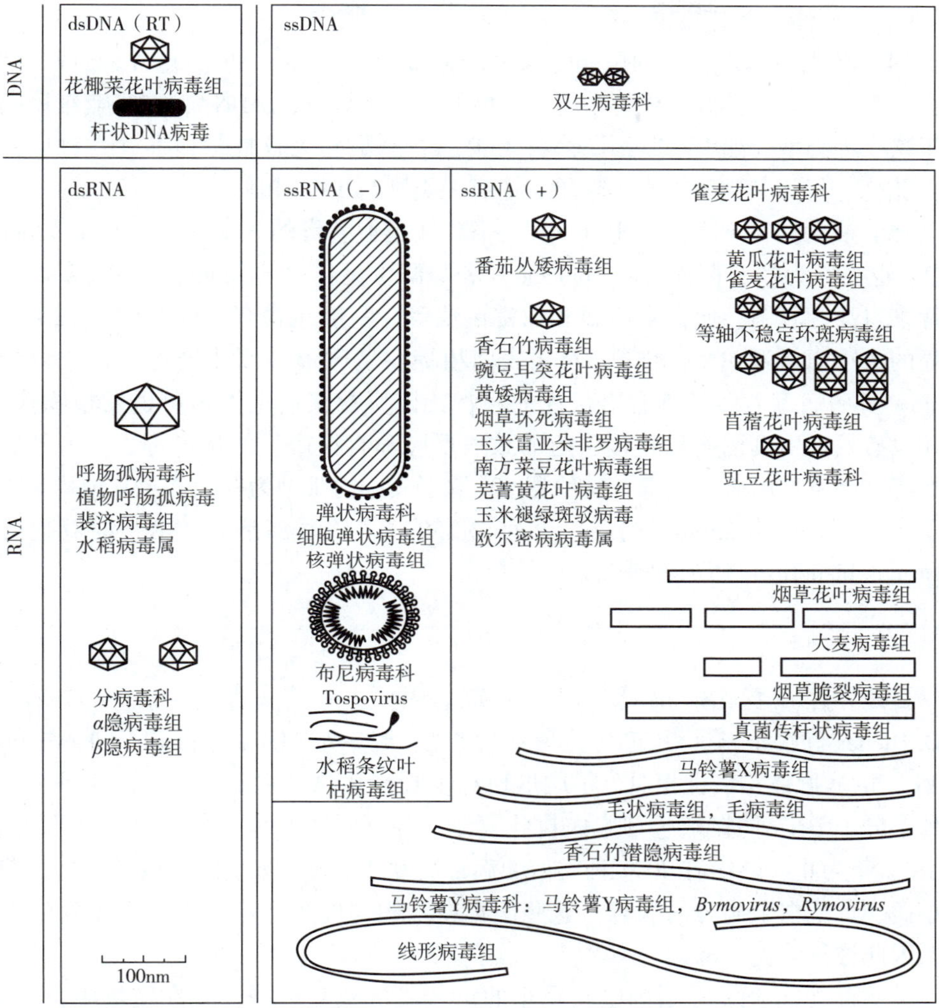

图 2-53　植物病毒的类群

（2）古细菌噬菌体　噬菌体不仅侵染真细菌，而且还侵染古细菌。已分离得到的古细菌噬菌体有：盐杆菌噬菌体，甲烷短杆菌噬菌体 PSMl 和甲烷杆菌噬菌体等。它们的结构与蝌蚪状真细菌噬菌体相似，由一个多面体头部与一条尾巴组成，基因为线状 dsDNA。

（3）支原体病毒　大多数支原体病毒分离自莱氏非胆甾原体（Acholeplasma laidcawii）。其分 3 个类群：类群Ⅰ为裸露弹状粒子，mDNA；类群Ⅱ（MV-L2 群）为近似球状的包膜病毒，dsDNA，这类病毒由于其芽生性质而被定为芽生病毒科（Plasmaviridae）；类群Ⅲ为有尾的多面体粒子，核酸可能也是 dsDNA。

在螺旋状支原体——柠檬螺原体（*Spiroplasma cirti*）中也发现 3 类不同形态的病毒粒子：SV-1 为长杆状；SV-2 为蝌蚪状，具有多面体的头部与非伸缩性长尾；

SV-3 有多面体头部与短尾。

(4) 蓝细菌病毒　蓝细菌病毒又称噬蓝细菌体 (cyanophage)。已发现 3 种类型：一类与噬菌体类似，为等轴的十面体粒子，有短尾，dsDNA，许多蓝细菌病毒属于这一种类型，如织线蓝细菌病毒 LLP-1；一类与大蚊虹彩病毒 (一种昆虫病毒) 相似，但无其独特的光学性质；还有一类则与 TMV 相似。

(5) 真菌病毒　真菌病毒 (mycovirus) 或类似病毒的粒子 (virus like particles, VLP) 也被称为噬真菌体 (mycophage) 和噬酵母菌体 (zymophage)。大多数真菌病毒来自高等真菌，如青霉菌属和曲霉菌属等，一般包含有双链 RNA (dsRNA)，衣壳的大小通常和 RNA 相等，衣壳表面粗糙，呈球形多面体结构，直径为 25~50nm。真菌病毒大多是具有潜伏性的病毒，该病毒在宿主体内可诱发植物疾病，但还没有发现由真菌病毒直接引起的致病反应和直接产生的病毒毒素。另外如蘑菇病毒，已发现的蘑菇病毒有 5 种类型，除了其中的Ⅲ型为杆状外，其余均为球状粒子，直径分别为 25nm、29nm、35nm 和 50nm，核酸都是 dsRNA，如双孢蘑菇 (agaricus bisporus) 病毒就是二十面体粒子。

四、类病毒

自然界存在着比病毒更为简单的致病因子——类病毒 (viroid)。1971 年，T. O. Diener 首次报道了引起马铃薯纺锤形块状茎病 (potato spindle tuberdisease, PSTV) 的病原体是一种相对分子质量相对较低的 RNA，它不具有蛋白质外壳，且这种小分子 RNA 能在敏感细胞内自我复制，并不需要其他辅助病毒。从那时起，到 1982 年为止，陆续有 20 多种类似的病毒被发现鉴定，如引起柑橘裂皮病、菊花矮小病、黄瓜白果病等的病毒，这些病毒在结构与性质上都与以往发现的病毒不同，因此被称为类病毒。

类病毒 (viroid) 是目前已知最小的可传染的致病因子，只在植物中被发现，主要发现于类病毒感染细胞的核仁，拷贝数在 200~10000。类病毒没有蛋白质衣壳体，只含有裸露的小分子质量 RNA，是单链的、共价闭合的环状 ssRNA 分子，具有高度碱基配对的类似于棒状的结构，由一系列的双链区和不配对的单链区相间排列而成，分子内碱基可广泛配对形成双链和小环相间的二级结构，二级结构的中心部位有一保守区段，没有三级结构的折叠 (图 2-54)。类病毒通常由 246~375 个核苷酸单位组成，平均长度约为 50nm。其相对分子质量为 $0.5\times10^5 \sim 1.2\times10^5$，是已知最小 RNA 噬菌体 (如 MS2) 的 RNA 大小的 1/10 左右。

类病毒主要存在于寄主细胞的细胞核内，并与染色体相结合。它能在寄主细胞内进行复制，由于该 RNA 分子不含有编码蛋白的基因，所以其复制依赖寄主细胞的 RNA 聚合酶Ⅱ。所有的类病毒都具有一个共同的特征，即含有一个保守的中心区，可能与其复制有关。但复制的详情不清楚，可能通过滚环复制方式复制，再进行自身催化剪切和连接，以产生成熟的类病毒。

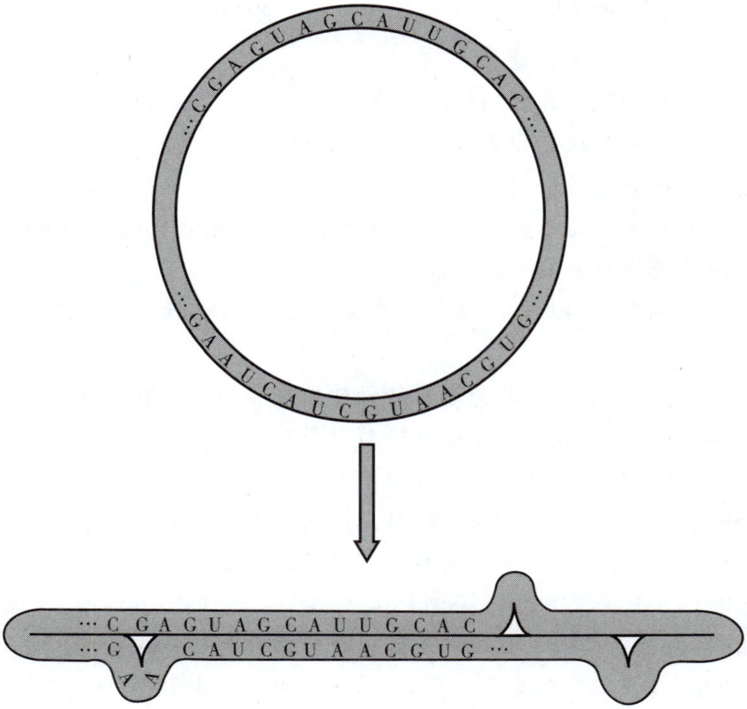

图 2-54　类病毒 RNA 的结构（引自 Madigan et a1.，2000）

所有的类病毒均可通过机械损伤处加以传递，人类和动物的活动和机械耕作都可使类病毒得以传播。大多数类病毒通过营养繁殖传播，如寄主植物的嫁接、整枝等，也可通过受感染植株的种子和花粉或胚珠在植物细胞之间传播。类病毒具有宿主专一性，即感染一定的宿主范围，通过机械传播方式在宿主细胞中复制，植株感染病毒后没有明显症状，这种感染是潜在的感染。

类病毒的致病性与其 RNA 分子中的致病区（P 区）的序列和构型有关。例如，马铃薯纺锤形块茎病类病毒不同分离株的 P 区中几个碱基的变化，可分别引起寄主植物温和症状、严重症状或死亡。而且，其可变区 V 区也与致病性有关。类病毒没有壳体的保护，其 RNA 分子在环境中有遭受降解的危险。但由于其分子很小，而且具有高度的二级结构，使其极大地受到保护，以致它们能有效地在环境中长期存活，并能传播到其他寄主中。类病毒的发现是生物学史上的一个重要事件，揭示了一类比病毒更小的病原的本质，并给分子生物学、病毒学、植物病理学、兽医学和医学提供了良好的研究体系。类病毒的研究可能对生命起源提供新的资料。

【同步练习】

1. 什么是微生物？微生物有何特点？

2. 试述微生物与人类的关系。

3. 简述微生物学的发展趋势。

4. 试比较原核细胞与真核细胞的主要区别。

5. 试从化学组成和构造方面叙述细菌细胞的结构和功能。

6. 试述革兰氏染色的机制。

7. 放线菌与霉菌都呈菌丝状生长，为什么说放线菌更接近于细菌而不是霉菌？

8. 试述放线菌的形态结构与菌落特征。

9. 立克次氏体有哪些与专性活细胞内寄生有关的特性？它们有什么特殊的生活方式？

10. 衣原体与立克次氏体都为专性活细胞内寄生，两者有何区别？

11. 支原体的哪些特点是由于缺乏细胞壁引起的？

12. 螺旋体的运动有什么特点？

13. 从哪儿可以分离到黏细菌？分离黏细菌最有效的方法是什么？

14. 为什么蛭弧菌在动植物细菌性病害的防治以及环境污水的净化方面具有一定的应用价值？

15. 如何区分细菌、酵母菌以及放线菌的菌体和菌落特征？

16. 在显微镜下怎样区别毛霉、根霉、青霉、曲霉、镰刀霉、木霉和交链孢霉？

17. 真菌有哪些无性和有性孢子？它们的主要特征是什么？

18. 如何区别绿藻门中的衣藻、小球藻、团藻？

19. 纤毛虫中包括哪些固着型纤毛虫（钟形虫类）？

20. 原生动物在水体自净和污水生物处理中如何起指示作用？

21. 原生动物肉足虫类的变形虫和纤毛虫类的草履虫的特点是什么？

22. 试述壳体、核壳、壳粒、包膜、病毒粒子、包含体、溶源性细菌、原噬菌体等概念的含义。

23. 何谓病毒？病毒的主要特征是什么？

24. 病毒的核酸有哪几种类型？举例说明。

25. 病毒可分为哪几类？分类的依据主要包括哪些？

26. 什么是噬菌体？它有哪些基本特征？

27. 噬菌体有哪些形态类型？举例说明。

28. 何谓烈性噬菌体？以T偶数噬菌体为例，简述其生活周期。

29. 什么是温和噬菌体和溶源性？

30. 以大肠杆菌T系噬菌体为例，试简述噬菌体的繁殖过程。

31. 何谓噬菌斑？它是怎样形成的？如何计算噬菌体效价？

32. 噬菌体在发酵工业上有何危害？如何防治？

33. 如何分离和检查噬菌体？

学习单元三

微生物的营养与培养基

【知识目标】

1. 了解微生物细胞的化学组成，掌握微生物生长所需的五大营养物质及其生理功能。
2. 理解微生物对营养物质吸收的三种方式，对比三种方式的相同与不同之处。
3. 掌握培养基的配制原则和配制方法。
4. 熟悉微生物的营养类型及其划分的依据。

【能力目标】

1. 能根据微生物细胞的组成选择合适的碳源、氮源、无机盐等成分。
2. 学会根据不同的生产需要设计合适的培养基。
3. 能根据培养基的配置原则调整培养基的成分和浓度。
4. 学会通过调节培养基的组分来调节 pH。

知识讲解

项目一 微生物的营养物质

新陈代谢是一切生物有机体进行生命活动的基本特征，微生物同所有生物一样，为了生存需要从外界环境中获取所需要的各种营养物质，通过新陈代谢在体内将其转化成自身的细胞物质及代谢产物，并从中获取生命活动必需的能量，同时将代谢活动产生的废物排出体外。

微生物获得和利用这些营养物质的过程称为营养，营养具体是指微生物从外部环境摄取其生命活动所必需的能量和物质，以满足其生长和繁殖需要，维持和延续其生命形式的一种生理过程，是微生物生命活动中自身与外界的物质交换过程，是一切生命活动的基础。有了营养，才能进一步进行代谢、生长和繁殖，并可能为我们提供各种有益代谢产物。营养物质是指能够满足微生物机体生长、繁殖和进行各种生理活动所需要的物质，这些营养物质在机体中的作用可概括为参与细胞组成、构成酶的活性成分与物质运输系统和提供机体进行各种生理活动所需要的能量。营养物质是微生物生存的物质基础，没有营养物质，就没有生命。

熟悉微生物的营养知识，是研究和利用微生物的必要基础，使我们能更有效和有目的地选用或设计符合微生物生理要求或有利于生产实践的培养基。

一、微生物细胞的化学组成

微生物细胞由各种化学物质组成，细胞的化学组成决定细胞对营养的需要，了解和分析微生物细胞的化学组成是研究微生物营养的基础。微生物细胞的化学组成与其他生物细胞的化学组成并没有本质上的差异，化学元素组成与高等生物相同，都是由碳（C）、氢（H）、氧（O）、氮（N）、磷（P）、硫（S）、钾（K）、钠（Na）、镁（Mg）、钙（Ca）、铁（Fe）、锰（Mn）、铜（Cu）、钴（Co）、锌（Zn）、钼（Mo）等组成。其中碳、氢、氧、氮、磷、硫六种元素占微生物细胞干重的97%；其他为微量元素。但不同的微生物细胞内，各种元素的含量不同，并随培养条件、菌龄等发生变化。组成细胞的元素主要以化合物的形式存在，细胞内的化合物可分成两类：①水和无机盐；②有机化合物。

微生物细胞平均含水分80%左右，水是微生物及一切生物细胞中含量最多的成分。微生物细胞的含水量随种类和生长期而异，一般地说，细菌的含水量为细胞鲜重的75%~85%，酵母菌为70%~85%，丝状真菌为85%~90%，细菌芽孢的含水量比营养细胞低一半以上。其余20%左右为干物质，在干物质中有蛋白质、糖类、脂类、核酸和矿物质等（表3-1）。这些干物质由碳、氢、氧、氮、磷、硫、钾、钙、镁、铁等主要化学元素组成，其中碳、氢、氧、氮是组成有机物质的四大元素，占干物质的90%~97%（表3-2），可见它们在微生物细胞构造上的重要性。其余3%~10%为磷、钾等矿物质元素。微量元素除上述磷、硫、钾、钙、镁、铁外，还有一些含量极微的如钼、锌、锰、硼、钴、碘、镍、钒等，这些矿物质元素对微生物的生长也起着重要的作用（表3-3）。微生物细胞中的这些元素主要以水、有机物和无机盐的形式存在于细胞中。有机物主要由核酸、糖、脂肪、维生素以及它们的降解产物和一些代谢产物等物质组成；无机物则是参与有机物组成或单独存在于细胞原生质内的无机盐等灰分。

表 3-1　微生物细胞的化学组成　　单位:%

组成		细菌	酵母菌	霉菌
水分		75~85	70~80	85~90
固形物(各种成分占总固形物的百分数)	蛋白质	50~80	32~75	14~15
	糖类	12~28	27~63	7~40
	脂类	5~20	2~15	4~40
	核酸	10~20	6~8	1~2
	矿物质	2~30	3.8~7	6~12

表 3-2　细胞中几种主要元素的含量（干重的百分比）　　单位:%

元素	细菌	酵母菌	霉菌
碳	50	50	48
氮	15	12	5
氢	9	7	7
氧	22	31	40
磷	3	—	—
硫	1	—	—

表 3-3　微生物细胞物质中灰分比例　　单位:%

灰分	固氮菌	醋酸细菌	酵母菌	霉菌
P_2O_5	4.95	2.71	3.54	4.85
SO_3	0.29	—	0.039	0.11
K_2O	2.41	1.281	2.34	2.81
Na_2O	0.07	0.164	—	1.12
MgO	0.82	0.48	0.428	0.38
CaO	0.89	0.642	0.383	0.19
FeO_3	0.08	0.624	0.035	0.16
SiO_2	—	0.036	0.093	0.04
CuO	—	0.099	—	—

细胞内的有机质、无机质和水等物质共同赋予细胞遗传连续性、通透性和生化活性。组成细胞的化学物质分别来自不同的营养物质，在适宜的条件下微生物从环境中获得绝大多数的小分子营养物质，而大分子物质则由细胞自身合成。在吸收进入细胞的物质和细胞自身合成的化合物之间存在着错综复杂的关系。

微生物细胞的化学组成也不是绝对不变的，它往往与菌龄、培养条件、环境及生理特性有关。例如幼龄或在氮源丰富的培养基上生长的细胞含氮量较高，铁细菌、硫细菌和海洋细菌则含有较高的硫、铁、钠、氯等元素。

二、微生物的营养物质及生理功能

微生物需要的营养物质主要有水、碳源、氮源、矿物质元素和生长素类化合物等，组成微生物细胞的各种元素，需要微生物在生长过程中不断地从环境的基质中摄取。

（一）水

微生物细胞含有大量的水，水占细胞干重的70%~90%，是一切生物生存的基本条件。水与微生物细胞正常胶体状态的保持、养料吸收、代谢废物的排泄及细胞内的全部代谢生理活动息息相关。水在细胞中的存在形式有两种：结合水和游离水，结合水与溶质或其他分子结合在一起，游离水则可以被微生物利用。水的具体作用有：

①水作为供氢体直接参与细胞的呼吸作用和光合作用过程。

②水是微生物细胞的重要组成成分。

③机体内的一系列生理生化反应都离不开水，是细胞内生化反应的良好介质；

④水是良好的溶剂和介质，营养物质的吸收与代谢产物的排出都是通过水来完成的。

⑤由于水的比热容较高，导热性好，因而能有效地调节细胞的温度，以保持细胞内环境的稳定，从而保证了细胞内的温度不会因为代谢过程释放出的能量而陡然升高。

（二）碳源

碳是微生物细胞需要量最大的基本营养元素，在微生物生长过程中为微生物提供碳素来源的物质称为碳源（source of carbon）。碳源物质通过机体的一系列复杂的化学变化被用来构成细胞物质和（或）为机体提供完成整个生理活动所需要的能量，因此，碳源物质通常也是机体生长的能源物质。能作为微生物碳源物质的种类极其广泛，既有简单的无机碳化合物，如 CO_2 或碳酸盐等，也有复杂的有机碳化合物，例如淀粉、纤维素、半纤维素、果胶、脂肪、氨基酸、蛋白质、有机酸（脂肪酸、丙酮酸和柠檬酸等）、木质素、醇类、醛类、烷烃类、芳香族化合物（如酚、萘、菲及蒽等）、氰化物（如氰化钾、氰氢酸和丙烯腈）、各种低浓度的染料等。

微生物利用这些含碳化合物的能力因种而异。有的只能吸收利用 CO_2 作为唯一的碳源，有的微生物能广泛利用各种类型的碳源物质，许多种类能利用各种糖类和有机酸，而有的微生物可利用的碳源物质则比较少，很复杂的化合物如纤维素和木质素等只能被部分微生物所利用，一些人造有机物质如塑料和农药中的碳很难被微生物分解利用，或者完全无用。例如，假单胞菌属中的某些种可以利用90种以上的碳源物质，而甲基营养细菌只能利用醇或甲烷等碳化合物作为碳源物质。产甲烷菌的绝大多数利用 CO_2 作为碳源，有些也利用甲酸、甲醇和乙醇等有机碳。对于大多数异养微生物来说，最好的碳源是葡萄糖、蔗糖等单糖，因为它们最易被微生物吸收利用。常用的碳素养料主要有糖类（包括单糖、寡糖和多糖）、有机酸、醇、脂类、烃类和芳香族化合物等。氨基酸既是氮素养料，同时也是碳素养料。在实验室中培养微生物时，常用的碳源主要有葡萄糖、果糖、蔗糖、淀粉、甘油和一些有机酸等，在发酵工业中，淀粉等是常用的碳源。微生物利用的碳源物质如表3-4所示。

表3-4 微生物利用的碳源物质

种类	碳源物质	备注
糖类	葡萄糖、果糖、麦芽糖、蔗糖、淀粉、半乳糖、乳糖、甘露糖、纤维二糖、纤维素、半纤维素、甲壳素、木质素等	单糖优于双糖，己糖优于戊糖，淀粉优于纤维素，纯多糖优于杂多糖
有机酸	糖酸、乳酸、柠檬酸、延胡索酸、低级脂肪酸、高级脂肪酸、氨基酸等	与糖类比效果较差，有机酸较难进入细胞，进入细胞后会导致pH下降。当环境中缺乏碳源物质时，氨基酸可被微生物作为碳源利用
醇	乙醇	在低浓度条件下被某些酵母菌和醋酸菌利用
脂	脂肪、磷脂	主要利用脂肪，在特定条件下将磷脂分解为甘油和脂肪酸而加以利用
烃	天然气、石油、石油馏分、石蜡油等	利用烃的微生物细胞表面有一种由糖脂组成的特殊吸收系统，可将难溶的烃充分乳化后吸收利用
CO_2	CO_2	为自养微生物所利用
碳酸盐	$NaHCO_3$、$CaCO_3$、白垩等	为自养微生物所利用
其他	芳香族化合物、氰化物 蛋白质、核酸等	利用这些物质的微生物在环境保护方面有重要作用；当环境中缺乏碳源物质时，可被微生物作为碳源而降解利用

（三）氮源

凡是能供给微生物氮素来源，构成微生物细胞物质或代谢产物中氮素成分的营养物质都可以作为微生物的氮素养料（氮源）。氮是蛋白质的基本成分，也是核酸等细胞中重要物质的必要元素，氮源物质主要用来合成细胞中的含氮物质，一般不作为能源，只有少数自养微生物能利用铵盐、硝酸盐同时作为氮源与能源。在碳源物质缺乏的情况下，某些厌氧微生物在厌氧条件下可以利用某些氨基酸作为能源物质。能够被微生物利用的氮源物质，既有简单的无机氮，如 NH_3 等，也有复杂的有机氮，如蛋白质及其水解产物：胨、肽、氨基酸、尿素、嘌呤、嘧啶等。

但不同种类微生物能够利用的氮源种类有很大差别。微生物通常依据其对氮源利用的差异，可以区分为 3 种不同的类型：①固氮微生物，它们能以空气或土壤中的分子态氮（N_2）为唯一氮源，通过固氮酶系将其还原成为 NH_3，进一步合成所需的全部有机氮化物；②氨基酸自养型，能以无机氮（铵盐或硝酸盐）或尿素作为唯一的氮源，它们可以合成自己需要的全部有机氮化物，是种类最多、数量也最大的一个类群；③氨基酸异养型，属于本类的微生物由于不能合成某些必需的氨基酸而需要从环境中吸收，如金色微球菌（*Micrococcus aureus*）需要外源色氨酸和胱氨酸，乳酸细菌属（*Lactobacillus*）需要谷氨酸、天冬氨酸、半胱氨酸、组氨酸、亮氨酸和脯氨酸等 6 种或更多种外源氨基酸。微生物培养基中常用的氮源包括铵盐、硝酸盐、尿素、牛肉膏、蛋白胨、多肽、氨基酸和蛋白质等，工业发酵常以黄豆饼粉、花生饼粉、玉米浆和酵母粉等作为有机氮源。

能被微生物所利用的氮源物质有蛋白质及其各类降解产物、铵盐、硝酸盐、亚硝酸盐、分子态氮、嘌呤、嘧啶、脲、酰胺、氰化物（表 3-5）。

表 3-5　微生物利用的氮源物质

种类	氮源物质	备注
蛋白质类	蛋白质及其不同程度降解产物（胨、肽、氨基酸等）	大分子蛋白质难进入细胞，一些真菌和少数细菌能分泌胞外蛋白酶，将大分子蛋白质降解利用，而多数细菌只能利用相对分子质量较小的降解产物
氨及铵盐	NH_3、$(NH_4)_2SO_4$ 等	容易被微生物吸收利用
硝酸盐	KNO_3 等	容易被微生物吸收利用
分子态氮	N_2	固氮微生物可利用，但当环境中有化合态氮源时，固氮微生物就失去固氮能力
其他	嘌呤、嘧啶、脲、胺、酰胺、氰化物	大肠杆菌不能以嘧啶作为唯一氮源，在氮限量的葡萄糖培养基上生长时，可通过诱导作用先合成分解嘧啶的酶，然后再分解出嘧啶可不同程度地被微生物作为氮源加以利用

氮源物质常被微生物用来合成细胞中含氮物质，少数情况下可作能源物质，如某些厌氧微生物在厌氧条件下可利用某些氨基酸作为能源。

微生物对氮源的利用具有选择性，如玉米浆相对于豆饼粉，NH_4^+相对于 NO_3^- 为速效氮源。铵盐作为氮源时会导致培养基 pH 下降，称为生理酸性盐，而以硝酸盐作为氮源时培养基 pH 会升高，称为生理碱性盐。

（四）无机盐

无机盐是微生物生长、代谢必不可少的一类营养物质，它们在机体中的生理功能主要是：①作为酶活性中心的组成部分，维持生物大分子和细胞结构的稳定性；②构成微生物细胞的各种组分；③调节并维持细胞的渗透压平衡、pH 和控制细胞的氧化还原电位；④作为某些微生物生长的能源物质等。微生物生长所需的无机盐一般有磷酸盐、硫酸盐、氯化物，以及含有钠、钾、钙、镁、铁等金属元素的化合物（表 3-6）。

表 3-6　无机盐及其生理功能

元素	化合物形式(常用)	生理功能
磷	KH_2PO_4，K_2HPO_4	核酸、核蛋白、磷脂、辅酶及 ATP 等高能分子的成分，作为缓冲系统调节培养基 pH
硫	$(NH_4)_2SO_4$，$MgSO_4$	含硫氨基酸(半胱氨酸、甲硫氨酸等)、维生素的成分，谷胱甘肽可调节胞内氧化还原电位
镁	$MgSO_4$	己糖磷酸化酶、异柠檬酸脱氢酶、核酸聚合酶等活性中心组分，叶绿素和细菌叶绿素成分
钙	$CaCl_2$，$Ca(NO_3)_2$	某些酶的辅因子，维持酶(如蛋白酶)的稳定性，芽孢和某些孢子形成所需
钠	NaCl	细胞运输系统组分，维持细胞渗透压，维持某些酶的稳定性
钾	KH_2PO_4，K_2HPO_4	某些酶的辅因子，维持细胞渗透压，某些嗜盐细菌核糖体的稳定因子
铁	$FeSO_4$	细胞色素及某些酶的组分，某些铁细菌的能源物质，合成叶绿素、白喉毒素所需

（五）生长因子

某些微生物不能合成一种或几种微量的有机化合物，必须由外源供给，才能进行生长繁殖，我们把这类微生物生长不能缺少的微量有机化合物称为生长因子。生长因子是用来构成酶的辅基或辅酶，它们是某些酶活性所必需的成分，是一类调节微生物正常代谢所必需的，但细胞自身不能合成的微量有机化合物。各种不同的微生物需要的生长因子各不相同。一般来说，生长因子包括维生素、氨基酸、嘌呤和嘧啶及其衍生物、卟啉及其衍生物、固醇、胺类以及脂肪酸等。维生素类物质种类最多，主要有维生素 B_1（硫胺素）、维生素 B_2（核黄素）、烟酸、维生素 B_6、叶酸、生物素和维生素 B_{12} 等。生长因子的主要功能是：①提供微生物细胞重要物质（蛋白质、核酸和脂类）和辅因子（辅酶和辅基）的组成成分；②参与代谢。

不同微生物对生长因子需要的量和种类不同。包括大肠杆菌在内的许多种类的微生物具有合成自身所需的全部生长因子的能力，因而能在只含有碳素、氮素、矿物质元素和微量元素的基础培养基上生长；另一些微生物类群则不能合成或只能部分合成自身所需的生长因子，它们只有在培养基中额外添加其所需生长因子时才能生长。如一些试验表明克氏梭菌（*Clostridium kluyveri*）生长需要生物素和对氨基苯甲酸；乳酸菌需要嘌呤和嘧啶用以合成核苷酸；某些光合细菌需要烟酸、硫胺素、对氨基苯甲酸、生物素、核黄素或维生素 B_{12} 作为生长因子。表 3-7 列出了某些微生物所需要的生长因子。由此可见，不同类群微生物对生长因子的需要有着明显的差异。

表 3-7　某些微生物所需要的生长因子

生长因子	代谢中的作用
对氨基苯甲酸	四氢叶酸的前体，一碳单位转移的辅酶
生物素	催化脂肪酸合成、CO_2 固定等羧化反应酶的辅酶
辅酶 M	甲烷形成中的辅酶
叶酸	四氢叶酸包括在一碳单位转移辅酶中
氯高铁血红素	细胞色素的前体
硫辛酸	丙酮酸脱氢酶和 α-酮戊二酸脱氢酶的辅基，起转移乙酰基作用
烟酸	NAD、NADP 的前体，它们是许多脱氢酶的辅酶
维生素 B_6	磷酸吡哆醛是转氨酶和氨基酸脱羧酶的辅酶
维生素 B_2	黄素单核苷酸（FMN）和 FAD 的前体，它们是黄素蛋白的辅基
维生素 B_{12}	在分子重排反应和 DNA 合成中起作用
维生素 B_1	焦磷酸硫胺素为脱羧酶、转醛醇酶和转酮醇酶的辅基
维生素 K	甲基醌类的前体，电子传递链中起电子载体作用（如延胡索酸还原酶）；在鞘脂的合成中起作用

项目二　微生物的营养类型

微生物种类繁多，在营养类型（nutritional types）上比高等生物复杂。不同的微生物对营养的需要差异很大，通常根据生长需要的碳源、能源及电子供体性质的不同，将微生物的营养类型分为表 3-8 所示类型。微生物的营养类型还可以分为光能无机自养型（photolithoautotrophy）、光能有机异养型（photoorganoheterophy）、化能无机自养型（chemolithoautotrophy）及化能有机异养型（chemoorganoheterotrophy）四种类型（表 3-9）。

表 3-8 微生物的营养类型（Ⅰ）

划分依据	营养类型	特点
碳源	自养型(autotrophs)	以 CO_2 为唯一或主要碳源
	异养型(heterotrophs)	以有机物为碳源
能源	光能营养型(phototrophs)	以光为能源
	化能营养型(chemotrophs)	以有机物氧化释放的化学能为能源
电子供体	无机营养型(lithotrophs)	以还原性无机物为电子供体
	有机营养型(organotrophs)	以有机物为电子供体

表 3-9 微生物的营养类型（Ⅱ）

营养类型	电子供体	碳源	能源	举例
光能无机自养型	H_2、H_2S、S 或 H_2O	CO_2	光能	蓝细菌、紫硫细菌、绿硫细菌、藻类
光能有机异养型	有机物	CO_2 及简单有机物	光能	红螺菌科的细菌，即紫色非硫细菌
化能无机自养型	H_2、H_2S、Fe^{2+}、NH_3 或 NO_2^-	CO_2 或 CO_3^{2-}	化学能（无机物氧化）	氢细菌、硫杆菌、铁细菌、亚硝化单胞菌属(*Nitrosomonas*)、硝化杆菌属(*Nitrobacter*)、甲烷杆菌属(*Methanobacterium*)、醋酸杆菌属(*Acetobacter*)
化能有机异养型	有机物	有机物	化学能（有机物氧化）	假单胞菌属、芽孢杆菌属、乳酸菌属、真菌、放线菌、原生动物

一、光能无机自养型

光能无机自养型微生物，是一类具有光合色素，能利用光能，并以水或还原态无机物为供氢体来同化 CO_2 的微生物。藻类、蓝细菌和光合细菌属于这种类型。光合色素是一切光合生物特有的色素，因而能使光能转变成化学能供菌体利用。光合色素主要有叶绿素或细菌叶绿素（也称菌绿素）、类胡萝卜素和藻胆素三大类，其中又以叶绿素或细菌叶绿素为主要的光合色素，类胡萝卜素和藻胆素的主要功能是捕获光能，并可能在强光照条件下对叶绿素起保护作用，由于它们不能单独进行光合作用而又称为辅助色素。

（一）产氧光合作用

藻类和蓝细菌细胞内含有叶绿素，具有与高等植物相同的光合作用，在还原 CO_2 为有机物时，以水作为电子供体，有氧气产出，其反应通式为：

$$CO_2+H_2O \xrightarrow[\text{叶绿素}]{\text{光能}} [CH_2O]+O_2\uparrow$$

藻类的叶绿体中含有叶绿素 a 和胡萝卜素，光合色素随类群而异，如绿藻含有叶绿素 b，红藻含有叶绿素 a 和藻胆素。藻类多数水生，只要环境中有光照、少量氮素和无机盐就能生长。蓝细菌的光合色素除叶绿素 a（与高等植物相同）和类胡萝卜素外，还含有藻青蛋白、藻红蛋白和别藻青蛋白等 3 种藻胆素，其存在和相对含量随蓝细菌种类而异。由于蓝细菌能吸收光能并同化 CO_2，一般也不需要特殊的生长因子，因而只要有水、光照、少量氮素、无机盐和 pH 为中性到微碱性的环境即可生长。有些种类也可以在微弱光照甚至完全黑暗的条件下生长，此时它们以葡萄糖等少数糖类为碳源和能源进行化能有机营养。但代谢时因缺少 α-酮戊二酸脱氢酶而不能进行三羧酸循环，所以只能经过单磷酸己糖支路进行。许多种蓝细菌还含有固氮酶，能固定氮气。固氮酶的作用需要厌氧环境，多数蓝细菌类群成熟的异形胞只含有叶绿素 a，能进行光合系统 *I* 的反应，吸收光能，产生 ATP 用作固氮的能源。异形胞因缺乏藻胆素和 Mn^{2+} 而不能进行产氧的光合系统Ⅱ的反应，从而为固氮酶的作用创造了有利的厌氧环境。异形胞亦失去了同化 CO_2 的能力，它们可以通过与其邻近的营养细胞之间保持的微孔通道，获得有机碳素养料，并将固氮酶固定的分子态氮以酰胺的形式传递给周围的营养细胞。少数固氮蓝细菌类群没有特化的异形胞结构。

（二）不产氧的光合作用

光合细菌细胞内含有细菌叶绿素。细菌叶绿素虽然也具有镁卟啉环的中心结构，但侧链不同于叶绿素。目前已发现了 a、b、c、d、e 和 g 共 6 种，它们的吸收峰各异。光合细菌与蓝细菌不同，它们不能进行以水为供氢体的非环式光合磷酸化作用，也不产生氧气。光合细菌在不产氧的光合作用过程中吸收光能，以还原态无机硫化物（如 H_2S、S 或 $S_2O_3^{2-}$ 等）作为氢或电子供体来同化 CO_2。其代表性反应是：

$$CO_2+2H_2S \xrightarrow[\text{菌绿素}]{\text{光能}} [CH_2O]+2S+H_2O$$

光合细菌可分为紫色细菌和绿色细菌两大类群。紫色细菌细胞内只含有菌绿素 a 或菌绿素 b 一种色素，绿色细菌则含有细菌叶绿素 c、d 和 e，还含有少量细菌叶绿素 a。光合细菌的类胡萝卜素也与蓝细菌和藻类不同，在分子结构链上多带有甲氧基或芳香基。

为了进行光合作用和获得还原态无机物，光合细菌一般需要有光照、厌氧及含有其他需要营养物质的水体，它们主要存在于富含有机质 CO_2、H_2 和硫化物的浅水池塘和湖泊的次表层水域中。蓝细菌和藻类在表层生长，而光合细菌利用从表层透过的蓝绿及绿色等长波光，在无氧环境下利用来自底层的 H_2S 等硫化物进行繁殖。

二、光能有机异养型

光能有机异养型是一类能利用光能，以简单的有机物（如有机酸、醇等）为供氢体来同化 CO_2 的特殊微生物类群。若以异丙醇为供氢体，其反应式为：

$$CO_2+2CH_3-\underset{\displaystyle CH_3}{\overset{}{CHOH}}\xrightarrow[\text{菌绿素}]{\text{光能}}[CH_2O]+2CH_3COCH_3+H_2O$$

这一类型与光能无机自养型微生物的主要区别在于氢和电子供体的来源。《细菌鉴定手册》新版中的紫色非硫细菌群，如红螺菌属（*Rhodospirillum*）就是这一营养类型的代表，它们不能以硫化物为唯一电子供体，需要同时供给某些简单的有机物和少量维生素才能生长。有机物在这里除了与硫化物一起用做氢或电子供体以外，也可以被直接同化利用。紫色非硫细菌群不以元素硫为电子供体也不在细胞内积累元素硫。它们中的一些类群还能在黑暗、好氧条件下停止光合色素合成而依赖环境中的少量有机物进行化能异养，在有光、厌氧条件下才表现为光能有机营养。

三、化能无机自养型

化能无机自养型微生物是一类通过氧化无机物取得能量，并能以 CO_2 为唯一或主要碳源的微生物。由于无机物氧化时产能有限，这种类型微生物的生长一般较迟缓，某些类群（如硝化细菌）甚至只能在严格的无机环境中生长，有机物（甚至包括常用做细菌培养基凝固剂的琼脂）的存在均对它们有毒害作用。按照能氧化的无机物的种类，可以将化能无机自养型微生物划分为以下 4 种类型：

（一）硝化细菌

这是一类能氧化铵盐或亚硝酸获得能量的严格化能自养菌，在分类上属于硝化细菌科（*Nitrobacteriaceae*），包括两个不同的生理群。

亚硝化细菌群能将铵盐氧化为亚硝酸，其产能的反应式为：

$$2NH_4^{+}+3O_2 \longrightarrow 2NO_2^{-}+2H_2O+4H^{+}+552.3kJ$$

代表性种类有亚硝化单胞菌属（*Nitrosomonas*）、亚硝化螺菌属（*Nitrosopira*）和亚硝化球菌属（*Nitrosococcus*）等。除了上述好氧类群外，还可从水和土中分离出兼性厌氧的亚硝酸细菌。

硝化细菌群能进一步将亚硝酸氧化为硝酸，其产能反应式为：

$$NO_2^{-}+\frac{1}{2}O_2 \longrightarrow NO_3+75.71kJ$$

代表性种类有硝化杆菌属（*Nitrobacter*）、硝化球菌属（*Nitrococcus*）和硝化刺菌属（*Nitrospina*）等。

（二）硫化细菌

这是一类能氧化还原无机态硫化物（如 H_2S、S、$S_2O_3^{2-}$），从中获得能量的好氧或兼性厌氧细菌，多数为专性的化能自养菌，在分类上属于硫化细菌科（*Thiobacillaceae*），其氧化产能反应为：

$$H_2S+\frac{1}{2}O_2 \longrightarrow H_2O+S+209.6kJ$$

$$S+\frac{3}{2}O_2+H_2O \longrightarrow H_2SO_4+626.8kJ$$

代表类群有硫杆菌属（*Thiobacillus*）、硫小杆菌属（*Thiobacterium*）和硫微螺菌属（*Thiomicrospira*）等。少数种类，如氧化硫硫杆菌（*T. thiooxidans*）能因产酸而使环境 pH 降到 2.0 以下，因而可应用于细菌冶金，从含硫废矿渣中回收铜等有色金属。

（三）铁细菌

这类细菌通过氧化 Fe^{2+} 为 Fe^{3+} 来获取能量，并同化 CO_2。其产能反应式为：

$$2Fe^{2+}+\frac{1}{2}O_2+2H^+ \longrightarrow 2Fe^{3+}+H_2O+88.7kJ$$

铁细菌多分布于温泉、池塘和河流等含二价铁量较高的水体中，代表性类群有铁杆菌属（*Ferrobacillus*）和嘉氏铁细菌属（*Gallionella*）等。

（四）氢细菌

已知许多细菌类群具有氢化酶，能从氢气的氧化获取能量来同化 CO_2。其反应式为：

$$H_2+\frac{1}{2}O_2 \longrightarrow H_2O+237.2kJ$$

真正严格化能自养的细菌很少，只有氢细菌（*Hydrogenbacter*）一个属。许多属于化能异养型的细菌（如某些固氮螺菌和根瘤菌等）也具有氢酶或吸氢酶，能借以从氧化氢气的过程中获得能量，但不同化 CO_2。

四、化能有机异养型

化能有机异养型微生物是一类以有机物为能源和碳源的微生物，包含的种类最多，所起的作用也最强。已知的绝大多数细菌和古细菌、全部的真菌和原生动物，以及专性寄生的病毒，均属于本类型。

化能异养菌的具体营养要求随种类而异，不同类群需要的碳源、氮源、矿物质元素和生长素表现出极大的差异，下面仅针对各主要类型做简要的介绍。

（一）细菌

异养型细菌的种类多、数量大、分布广和作用强。就类群整体而言，它们几乎能利用全部的天然有机化合物和多种人工合成的有机聚合物。在碳源和能源方面，单糖、双糖、醇和有机酸等最易为多数细菌类群所利用，淀粉和糊精等次之，而纤维素、果胶、木质素和几丁质等复杂的天然有机物可被少数类群所分解。无机氮中的铵盐和硝酸盐、氨基酸、肽、蛋白胨和蛋白质能为大多数细菌所利用，仅有少数类群能利用空气中的氮气。细菌对矿物质元素的需要除特殊类群外较为一般，多数细菌也能合成它们需要的全部生长因子类物质，一些类群则需要供给一种或多种维生素或其他生长因子。牛肉膏蛋白胨培养基和葡萄糖酵母汁培养基是常用的细菌培养基，它们能满足大多数异养细菌生长的营养需要。

放线菌的营养要求有一定的特殊性。含有淀粉和硝酸钾的高氏一号培养基是常用的放线菌分离培养基。

（二）真菌

真菌属于化能有机异养型微生物。淀粉、糊精、葡萄糖、果糖、麦芽糖、蔗糖和甘露醇等是多数真菌的合适碳源，一些种类还能分解纤维素、果胶、半纤维素、几丁质和木质素等高分子有机物质。真菌对氮素的利用以胨、肽、氨基酸和铵盐最好，硝酸盐和尿素等次之。在矿物质元素方面，多数真菌需要磷、钾、硫和镁、铁、锌、铜、锰、钼等微量元素。真菌一般不需要外源生长因子，有些类群（如酵母菌）还能合成大量的 B 族维生素而被用于制造酵母膏或酵母粉。

应当指出，在微生物中上述 4 种营养类型的区分不是绝对的，实际上存在着许多中间过渡的和兼性的类型，如前面已提到的红螺菌、铁细菌和氢细菌等都具有一种以上营养类型的潜力，它们可以在某一特定环境条件下表现为一种营养型，而在另一种特定环境条件下表现为另一种营养类型。现已查明许多异养型微生物也能以有机酸羧化的方式吸收 CO_2，即化能异养型微生物也具有同化 CO_2 的能力，只是它们主要以有机物为能源和碳源，不能以 CO_2 作为唯一碳源。

项目三 培养基

为了研究各种微生物，需要使其在人工培养条件下生长。培养基（culture medium）是按照微生物生长繁殖所需要的条件，用人工方法配制而成的适合微生物生长繁殖或产生代谢产物的营养基质。它是进行微生物学研究、生产微生物制品等的基础。

培养基中应含满足微生物生长发育所需的：水分、碳源、氮源、生长因子以及基本的离子，磷、硫、钠、钙、镁、钾和铁及各种微量元素。此外，培养基还应具有适宜的酸碱度（pH）和一定缓冲能力及一定的氧化还原电位和合适的渗透压。

一、配制培养基的原则

1. 配制培养基的三条原则

（1）选择适宜的营养物质　总体而言，所有微生物生长繁殖均需要培养基含有碳源、氮源、无机盐、生长因子、水，但由于微生物营养类型复杂，不同微生物对营养物质的需求是不一样的，因此首先要根据不同微生物的营养需求配制针对性强的培养基。由于自养型微生物具有较强的合成能力，能从简单的无机物如 CO_2 和无机盐合成本身需要的复杂有机物质如糖类、脂类、蛋白质、核酸、维生素等，因此培养自养型微生物的培养基完全可以由简单的无机物组成。由于异养微生物的合成能力较弱，不能以 CO_2 作为唯一碳源，因此，培养它们的培养基应至少含有一种有机物质。

就微生物主要类型而言，有细菌、放线菌、酵母菌、霉菌、原生动物、藻类及病毒之分，培养它们所需的培养基各不相同。因此，需要根据不同微生物的营养需要配制不同的培养基。在实验室中常用牛肉膏蛋白胨培养基（或简称普通肉汤培养基）培养细菌，用高氏Ⅰ号合成培养基培养放线菌，培养酵母菌一般用麦芽汁培养基，培养霉菌则一般用查氏合成培养基。微生物所需的磷、硫、镁和钾等常以盐类形式供给。配制培养基时一般应按照一定先后顺序加入营养成分，以免产生沉淀而使营养成分损失。

（2）营养物质浓度及配比合适　培养基一般包括碳源、氮源、无机盐和生长因子，营养成分的配比要恰当，其中碳氮比（C/N）的影响较大。培养基中营养物质浓度合适时微生物才能生长良好，营养物质浓度过低时不能满足微生物正常生长所需，浓度过高时则可能对微生物生长起抑制作用。例如高浓度糖类物质、无机盐、重金属离子等不仅不能维持和促进微生物的生长，反而起到抑菌或杀菌作用。如果培养基中的氮源过多，会引起微生物生长太旺盛而不利于产物的积累；而氮源不足则菌体生长过慢。碳源不足容易引起菌体衰老和自溶。如在利用微生物发酵生产谷氨酸的过程中，培养基碳氮比为4/1时，菌体大量繁殖，谷氨酸积累少；当培养基碳氮比为3/1时，菌体繁殖受到抑制，谷氨酸产量则大量增加。再如，在抗生素发酵生产过程中，可以通过控制培养基中速效氮（或碳）源与迟效氮（或碳）源之间的比例来控制菌体生长与抗生素的合成协调。一般细菌 C/N＝6：1，而真菌的 C/N 可以达到 10：1，对每种微生物的最适配比需要通过试验确定。

（3）控制 pH 条件　培养基的 pH 必须控制在一定的范围内，以满足不同类型微生物的生长繁殖或产生代谢产物的需要。各类微生物生长繁殖或产生代谢产物的最适 pH 条件各不相同，一般来讲，细菌与放线菌适于在 pH 7~7.5 范围内生长，酵母菌和霉菌通常在 pH 4.5~6 范围内生长。值得注意的是，在微生物生长繁殖和代谢过程中，由于营养物质被分解利用和代谢产物的形成与积累，会导致培养基 pH 发生变化，若不对培养基 pH 条件进行控制，往往导致微生物生长速度下降或（和）代谢产物产量下降。因此，为了维持培养基 pH 的相对恒定，通常在培养基中加入缓冲剂，常用的缓冲剂是一氢和二氢磷酸盐（如 KH_2PO_4 和 K_2HPO_4）组成的混合物。K_2HPO_4 溶液呈碱性，KH_2PO_4 溶液呈酸性，两种物质的等量混合溶液的 pH 为 6.8。当培养基中酸性物质积累导致 H^+浓度增加时，H^+与弱碱性盐结合形成弱酸性化合物，培养基 pH 不会过度降低；如果培养基中 OH^-浓度增加，OH^-则与弱酸性盐结合形成弱碱性化合物，培养基 pH 也不会过度升高。

但 KH_2PO_4 和 K_2HPO_4 缓冲系统只能在一定的 pH 范围（pH6.4~7.2）内起调节作用。有些微生物，如乳酸菌能大量产酸，上述缓冲系统就难以起到缓冲作用，此时可在培养基中添加难溶的碳酸盐（如 $CaCO_3$）来进行调节，$CaCO_3$ 难溶于水，不会使培养基 pH 过度升高，但它可以不断中和微生物产生的酸，同时释放出 CO_2，将培养基 pH 控制在一定范围内。

在培养基中还存在一些天然的缓冲系统，如氨基酸、肽、蛋白质都属于两性电解质，也可起到缓冲剂的作用。

2. 原料来源的选择

在配制培养基时应尽量利用廉价且易于获得的原料作为培养基成分，特别是在发酵工业中，培养基用量很大，利用低成本的原料更体现出其经济价值。例如，在微生物单细胞蛋白的工业生产过程中，常常利用糖蜜（制糖工业中含有蔗糖的废液）、乳清（乳制品工业中含有乳糖的废液）、豆制品工业废液及黑废液（造纸工业中含有戊糖和己糖的亚硫酸纸浆）等作为培养基的原料。再如，工业上的甲烷发酵主要利用废水、废渣作原料，而在我国农村，已推广利用人畜粪便及禾草为原料，发酵生产甲烷作为燃料。另外，大量的农副产品或制品，如麸皮、米糠、玉米浆、酵母浸膏、酒糟、豆饼、花生饼等都是常用的发酵工业原料。

3. 灭菌处理

要获得微生物纯培养，必须避免杂菌污染，因此需对所用器材及工作场所进行消毒与灭菌。对培养基而言，更是要进行严格的灭菌。对培养基一般采取高压蒸汽灭菌，一般培养基用 103kPa，121.3℃条件下维持 15~30min 可达到灭菌目的。在高压蒸汽灭菌过程中，长时间高温会使某些不耐热物质遭到破坏，如使糖类物质形成氨基糖、焦糖，因此含糖培养基常在 54.9kPa，112.6℃，15~30min 进行灭菌，某些对糖类要求较高的培养基，可先将糖进行过滤除菌或间歇灭菌，再与其他已灭菌的成分混合；长时间高温还会引起磷酸盐、碳酸盐与某些阳离子（特别是钙、镁、铁离子）结合形成难溶性复合物而产生沉淀，因此，在配制用于观察和定量测定微生物生长状况的合成培养基时，常需在培养基中加入少量螯合剂，避免培养基中产生沉淀，常用的螯合剂为乙二胺四乙酸（EDTA）。还可以将含钙、镁、铁等离子的成分与磷酸盐、碳酸盐分别进行灭菌，然后再混合，避免形成沉淀。高压蒸汽灭菌后，培养基 pH 会发生改变（一般使 pH 降低），可根据所培养微生物的要求，在培养基灭菌前后加以调整。

在配制培养基过程中，泡沫的存在对灭菌处理极不利，因为泡沫中的空气形成隔热层，使泡沫中微生物难以被杀死。因而有时需要在培养基中加入消泡剂以减少泡沫的产生，或适当提高灭菌的时间。

二、培养基的类型及其应用

微生物种类不同，需要的营养物质不同。即使是同一种微生物，因培养目的或研究目的不同，配制的培养基也不同。所以培养基的种类很多，可从不同角度进行分类。

（一）根据培养基成分分类

根据培养基组成物质的化学成分是否完全了解可将培养基分为：

1. 合成培养基（synthetic medium）

合成培养基又称为限定性培养基（defined medium），是由化学成分已知的营养物质配制而成的培养基，因而它所含营养成分的化学性质和数量是已知的。如培养放线菌的高氏1号培养基及培养真菌的察氏培养基。合成培养基的优点是化学成分确定、实验的可重复性好，缺点是配制方法较麻烦、价格较高，与天然培养基相比其成本较高，微生物在其中生长速度较慢，一般用于实验室中进行微生物营养、代谢、遗传育种、菌种鉴定和生物测定等定量要求较高的研究。

2. 天然培养基（natural medium）

天然培养基又称为复杂培养基（complex medium），是采用动植物组织或微生物细胞或其提取物、粗消化产物制成的培养基。例如，微生物学实验中常用的牛肉膏蛋白胨培养基用于培养细菌，葡萄糖麦芽汁培养基用于培养酵母菌，马铃薯培养基用于培养真菌。配制这类培养基常用牛肉膏、蛋白胨、酵母膏、麦芽汁、玉米粉、马铃薯、牛奶和血清等营养价值高的天然物质。天然培养基的优点是取材方便，所含的化合物成分十分丰富，配制方便，能够满足很多种营养缺陷型微生物种类的营养要求。缺点是确切成分不完全了解，成分不稳定，导致营养成分难以控制，实验结果的重复性差。

3. 半合成培养基（semisynthetic medium）

既含有天然有机物，又含有已知成分化学药品的培养基称为半合成培养基。通常是在天然培养基的基础上适当加入无机盐类，或在合成培养基的基础上添加某些有机物制成。半合成培养基能更有效地满足微生物对营养物质的要求，适合培养大多数微生物。

（二）根据培养基的物理状态分类

1. 固体培养基（solid medium）

这种培养基一般要在液体培养基中加入凝固剂，通常是1.5%~2.0%的琼脂（也称洋菜），它是由海藻中提取得到的多糖，琼脂一般不为微生物所分解利用。

在一般的微生物培养温度下固体培养基呈固体状态。琼脂的熔化温度为96℃，凝固温度为45℃，因其熔点与凝固点相差较大，使用时很方便。固体培养基为微生物生长提供了一个营养表面，使微生物可以在其上形成单个菌落，因此固体培养基在微生物分离、鉴定、计数和保藏等方面起着重要的作用。

2. 半固体培养基（semisolid medium）

半固体培养基一般是在液体培养基中加入0.2%~0.7%的琼脂，呈柔软的糊状。半固体培养基常用于观察细菌运动、微好氧细菌的培养及噬菌体的效价测定等。

3. 液体培养基（liquid medium）

液体培养基不含任何凝固剂。在用液体培养基培养微生物时，通过振荡或搅拌可以增加培养基的通气量，同时使营养物质分布均匀。液体培养基常用于大规模的工业生产以及在实验室进行微生物生理代谢特点的基础理论和应用方面的研究。

（三）根据培养基的功能分类

1. 基础培养基（minimum medium）

尽管不同微生物的营养需求各不相同，但大多数微生物所需的基本营养物质是相同的。基础培养基是含有一般微生物生长繁殖所需的基本营养物质的培养基，牛肉膏蛋白胨培养基是最常用的基础培养基。基础培养基也可以作为一些特殊培养基的基础成分，再根据某种微生物的特殊营养需求，在基础培养基中加入所需营养物质。

2. 选择培养基（selective medium）

选择培养基是根据某种微生物的特殊营养要求或其对某化学、物理因素的抗性而设计的培养基，在培养基内加入某种化学物质以抑制不需要的微生物生长，而促进某种微生物的生长。可以在培养基中加入某种抑菌剂或杀菌剂来造成选择性，常用的有染料和抗生素，使所要分离的微生物快速生长繁殖，而其他菌生长被抑制。利用该培养基可以将某种或某类微生物从混杂的微生物群体中分离出来。例如，在培养基中加入青霉素或结晶紫的选择培养基，能抑制大多数G^+细菌的生长，以便分离出G^-细菌；分离产甲烷古细菌用的培养基通常都加有抑制细菌的青霉素。在分离真菌的培养基中加入链霉素可以抑制细菌和放线菌的生长，从而将真菌分离出来。在培养基中加入青霉素、四环素或链霉素，可以抑制细菌和放线菌生长，而将酵母菌和霉菌分离出来。

3. 加富培养基（enriched medium）

当待分离的混菌样品中某种微生物的数量很少时，如直接采用平板划线或稀释法进行分离则很困难，这时可通过在培养基中专门加入待分离微生物特别需要的营养物质，而使它们加富以达到选择性培养的目的，这种选择培养基称为加富培养基。加富培养基也称营养培养基，即在基础培养基中加入某些特殊营养物质制成的一类营养丰富的培养基，这些特殊营养物质包括血液、血清、酵母浸膏、动植物组织液等。加富培养基一般用来培养营养要求比较苛刻的异养型微生物。加富培养基还可以用来富集和分离某种微生物，这是因为加富培养基含有某种微生物所需的特殊营养物质，该种微生物在这种培养基中较其他微生物生长速度快，并逐渐富集而占优势，逐步淘汰其他微生物，从而容易达到分离该种微生物的目的。从某种意义上讲，加富培养基类似选择培养基，两者区别在于，加富培养基是用来增加所要分离的微生物的数量，使其形成生长优势，从而分离到该种微生物；选择培养基则一般是抑制不需要的微生物的生长，使所需要的微生物增殖，从而达到分离所需微生物的目的。

用于加富的营养物主要是一些特殊的碳源和氮源，如纤维素可被用于富集纤维素降解微生物，石蜡油用来富集分解石油的微生物，甘露醇用来富集自生固氮菌及用较浓的糖液富集酵母菌。此外，温度、氧气、pH 和盐度等理化因素也可用来选择某些特殊类型的微生物，如嗜热和嗜冷微生物、好氧和厌氧微生物、嗜酸和嗜碱微生物及嗜盐微生物等。

4. 鉴别培养基（differential medium）

这是一类在培养基中加指示剂，从而用肉眼就能使目的或待分离微生物的菌落与其他微生物菌落区别开来的培养基。与选择培养基相比较，此类培养基一般不加有抑菌剂而只含有指示剂。

最常见的鉴别培养基是伊红美蓝乳糖培养基（eosin-methylene blue，EMB），EMB 培养基的成分是：

蛋白胨	10g	伊红 Y	0.4g
乳糖	5g	美蓝	0.065g
蔗糖	5g	K_2HPO_4	2g
蒸馏水	1000mL	pH	7.2

EMB 培养基中的伊红和美蓝属于苯胺类染料，具有三方面的作用。首先它们起着抑制某些细菌（G^+细菌和一些难培养的 G^-细菌）生长的作用，其次是鉴别染色。由于大肠杆菌能强烈分解乳糖而产生大量的有机酸，故可与两种染料结合形成深紫色菌落，并且从菌落表面还可看到绿色金属光泽。而动物肠道内的沙门氏菌和志贺氏菌不能发酵乳糖，因而形成无色菌落，这样可将大肠杆菌与致病的沙门氏菌和志贺氏菌区别开来。EMB 培养基也可用于区分大肠杆菌和产气肠杆菌，在这个培养基上，大肠杆菌的菌落特征是菌落小，有绿色金属光泽，而产气肠杆菌菌落大，湿润，呈灰棕色。在低 pH 条件下，伊红和美蓝结合形成沉淀，起着产酸指示剂的作用。EMB 培养基在饮用水、牛乳的细菌学检验及遗传研究上有着重要的用途。常用的一些鉴别培养基参见表 3-10。

表 3-10 常用鉴别培养基

培养基名称	加入化学物质	微生物代谢产物	培养基特征性变化	主要用途
酪素培养基	酪素	胞外蛋白酶	蛋白水解圈	鉴别产蛋白酶菌株
明胶培养基	明胶	胞外蛋白酶	明胶液化	鉴别产蛋白酶菌株
油脂培养基	食用油、吐温、中性红指示剂	胞外脂肪酶	由淡红色变成深红色	鉴别产脂肪酶菌株
淀粉培养基	可溶性淀粉	胞外淀粉酶	淀粉水解圈	鉴别产淀粉酶菌株
H_2S 试验培养基	醋酸铅	H_2S	产生黑色沉淀	鉴别产 H_2S 菌株
糖发酵培养基	溴甲酚紫	乳酸、醋酸、丙酸等	由紫色变成黄色	鉴别肠道细菌
远藤氏培养基	碱性复红、亚硫酸钠	酸、乙醛	带金属光泽深红色菌落	鉴别水中大肠菌群
伊红美蓝培养基	伊红、美蓝	酸	带金属光泽深紫色菌落	鉴别水中大肠菌群

项目四 微生物对营养物质的吸收方式

微生物从外界摄取营养物质的方式随微生物类群和营养物质种类而异，其中绝大多数属于渗透吸收型微生物。在微生物对营养物质的吸收过程中，细胞壁对营养物质的运送作用不大，而细胞质膜由于有高度选择透过性而在营养物质的进入和代谢产物的排出上起着重要的作用。一般认为，细胞质膜以 4 种方式控制物质的运送，即被动扩散、促进扩散、主动运输和基团转位，其中尤以主动运输最为重要。

一、被动扩散

被动扩散也称简单扩散，它是由于细胞质膜内外营养物质的浓度差而产生的物理扩散作用。扩散是非特异性的，其速度取决于营养物的浓度差、分子大小、溶解性、极性、pH、离子强度和温度等因素。营养物的扩散能使细胞内外的浓度差不断减少，直到两者相等，即达到动态平衡。但实际上由于细胞内的营养物的消耗、呼吸作用使得营养物不断减少，从而推动被动扩散持续进行。被动扩散不需要膜上载体蛋白的参与，因此它不能逆浓度梯度运输养料，运输的速度也低，能够运送的养料种类也十分有限。已知以这种方式进入的物质主要有水、溶于水的气体和小的极性分子如尿素、甘油、乙醇、O_2 和 CO_2 等。

最新的研究发现，在 G^- 细菌细胞的细胞壁外壁层中存在有一种孔道蛋白，这种蛋白通常以三聚体形式垂直镶嵌于外壁层中，可使一些亲水性的小分子化合物进入到壁膜间隙。因此，在 G^- 细菌中，其细胞壁在物质的被动扩散过程中具有一定的屏障作用。

被动扩散与促进扩散中养料浓度梯度与进入细胞速度的关系见图 3-1。

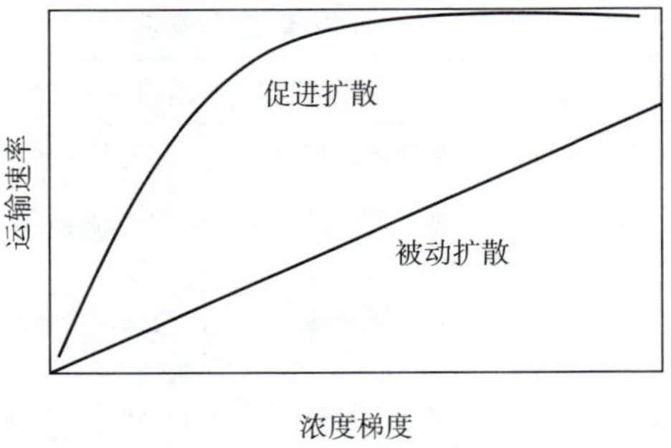

图 3-1 被动扩散与促进扩散中养料浓度梯度与进入细胞速度的关系（引自 Prescott et al.，2002）

二、促进扩散

促进扩散（图 3-2）也称协助扩散，与被动扩散不同，促进扩散的特点是养料通过与细胞质膜上的透酶（permease）或称载体蛋白的可逆性结合来加快养料的传递速度。透酶多为诱导酶，只有在环境养料成分的诱导下才能合成，并且透酶的活性受环境 pH 和温度的影响。促进扩散的动力仍然是养料在膜内外的浓度差，不消耗能量，同样也不改变最终达到内外浓度相等的动态平衡。由于在促进扩散中有透酶的参与，因而其具有以下 3 个特点：①特异性，即一定的透酶只能与一定的养料离子或结构相近的分子结合；②能提高养料的转运速度，提前达到动态平衡；③当养料浓度过高时，由于可被结合的透酶数量有限而表现出饱和效应。

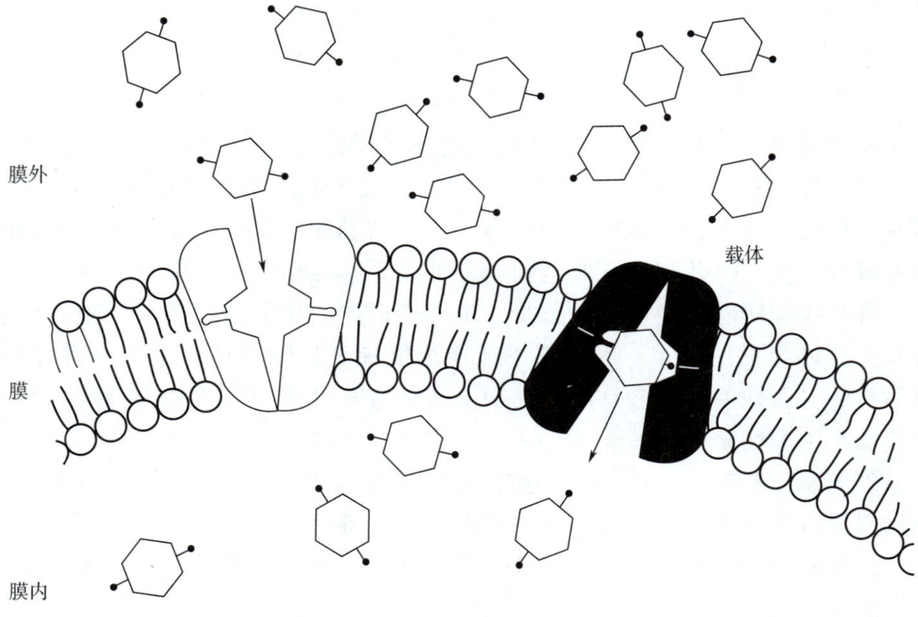

图 3-2 促进扩散示意图

用红细胞质膜为模型进行的研究表明，葡萄糖同透酶的结合导致透酶发生构型变化，并在其内部形成一个正好让葡萄糖分子通过的孔道，以将其运入细胞。已有人从沙门氏菌中分离出转运糖、氨基酸和硫酸盐的透酶，其分子质量为9000~40000u。

三、主动运输

主动运输是需要消耗能量，通过膜上的载体蛋白逆浓度梯度吸收营养物质的过程。其特点是：①具有养料和载体蛋白对应的专一性；②消耗能量；③能逆浓度梯度吸收；④能改变养料运输反应的平衡点。主动运输是广泛存在于微生物中的主要物质运输方式，其具体的方式有多种，也是使微生物在自然界稀薄的养料环境中得以正常生存的重要原因之一。

在主动运输中，载体蛋白与被运输养料的亲和性在细胞内外必须发生改变，即在细胞的外表面，载体蛋白与被运输物的亲和性高，而在内表面，载体蛋白与被运输物的亲和性低。在这一运输机制中，位于细胞质膜上的载体蛋白是通过改变构象，使其对被运输养料的亲和性发生改变。

主动运输的能量来源有两种方式。一种是质子动力（proton motive force, PMF）型。微生物在呼吸作用中，由基质上脱下来的电子经呼吸链传递给氧（无氧呼吸时传递给无机化合物）的过程中，H^+被排出膜外。此外，细胞内的 ATP 在 ATP 酶作用下，水解生成 ADP 的同时，也使 H^+排出膜外。由于 H^+被排出膜外及完整的膜对 H^+的不可透过性，从而产生了膜内外的电位差和质子浓度差，二者构成质子动力。载体蛋白与 H^+结合，利用质子动力将结合在其上的被运输物运送到细胞内。载体蛋白上结合的被运输物与 H^+同方向被运送到细胞内的过程，称为同向运输。进行同向运输的载体蛋白上除了 H^+结合位点外，还有一个与糖等养料结合的位点，当 H^+在进入细胞的同时也运入了糖等养料。

大肠杆菌就是通过这种形式向膜内运送乳糖、脯氨酸和丙氨酸等，粗糙脉孢霉（*Neurospora crassa*）也是通过同向运输方式吸收葡萄糖的。另一种称为逆向运输，它需要先完成 H^+与 Na^+的反向传递（即在 H^+进入细胞时将 Na^+排出），由此产生了 Na^+的电位差，然后再由 Na^+与养料一起进行同向运输而进入细胞。在这一运输机制中，代谢能没有直接消耗在养料运输上，而是用于建立膜内外离子浓度梯度。在大肠杆菌中，谷氨酰胺通过和 Na^+同向运输进入膜内，极端嗜盐古细菌也是通过和 Na^+同向运输运送亮氨酸和谷氨酸。在真核生物吸收糖和氨基酸时，Na^+同向运输也是重要的主动运输过程，但其能量来源通常是 ATP，而不是质子动力。

主动运输中能量来源的另一种方式称为 ATP 动力型，即钠钾泵。在主动运输中，钠钾泵是研究得最为深入的一种运输方式。它能在细胞质膜上以很高的效率向胞外排出 Na^+，同时向胞内吸入 K^+。研究表明钠钾泵实质上就是 Na^+-K^+-ATP 酶。钠钾泵的作用主要有 3 步：首先，ATP 酶的构型Ⅰ（E_1）在细胞内侧与 3 个

Na^+结合，同时激发酶消耗 ATP 的磷酸化；其次是磷酸化的 ATP 酶（E_2）发生构型变化，将 Na^+排至细胞外，并同时与环境中的 2 个 K^+相结合；最后由 K^+激发 E_2 的脱磷酸化而恢复成原来的 E_1，同时将 K^+运入细胞（图 3-3）。

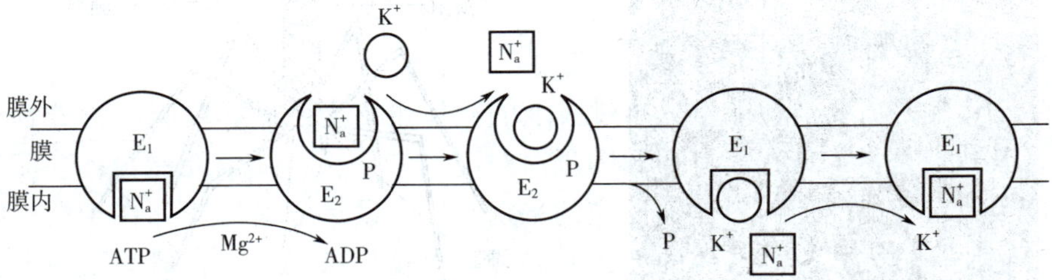

图 3-3　Na^+-K^+-ATP 酶系统示意图

另一些研究表明 Ca^{2+}也可以通过与钠钾泵类似的机制从细胞质向细胞外（如红细胞）或向肌浆内质网（如肌细胞）中传送，以维持细胞质中 Ca^{2+}的较低浓度。H^+也可借助于类似的机制从细胞质向溶酶体（如原生动物细胞）或向细胞外（如人和动物的胃细胞）传送，这样可以维持溶酶体（pH 为 4.5~5.0）或胃（pH 为 1.0 左右）中液体的高酸度来进行食物的消化作用。

当一种微生物在吸收某种营养物质时，通常有一个以上的运输系统在起作用。例如，大肠杆菌在吸收半乳糖时，至少有 5 种运输系统起作用。在吸收谷氨酸和亮氨酸时，各有 3 种运输系统起作用。而且，有两种运输系统用于吸收钾。当几个运输系统用于吸收同一营养物质时，其系统在能量来源、与营养物质的亲合性及其调控特性上都存在差异。可以设想，这种运输系统的多样性使得微生物提高了在多变的环境中竞争的能力。

四、基团转位

基团转位（group translocatlon）与其他主动运输方式的不同之处在于它有一个复杂的运输系统来完成物质的运输，而物质在起输过程中发生化学变化。基团转位主要存在于厌氧型和兼性厌氧型细菌中，主要用于糖的运输，脂肪酸、核苷、碱基等也可通过这种方式运输。目前尚未在好氧型细菌及真核生物中发现这种运输方式，也未发现氨基酸通过这种方式进行运输。

在研究大肠杆菌对葡萄糖和金黄色葡萄球菌对乳糖的吸收过程中，发现这些糖进入细胞后以磷酸糖的形式存在于细胞质中，表明这些糖在运输过程中发生了磷酸化作用，其中的磷酸基团来源于胞内的磷酸烯醇式丙酮酸（PEP），因此也将基团转位称为磷酸烯醇式丙酮酸-磷酸糖转移酶运输系统（PTS），简称磷酸转移酶系统（图 3-4）。PTS 通常由 5 种蛋白质组成，包括酶Ⅰ、酶Ⅱ（包括 a、b 和 c 三个亚基）和一种低相对分子质量的热稳定蛋白质（HPr）。酶Ⅰ和 HPr 是非特异性的细胞质蛋白，酶Ⅱa也是可溶性细胞质蛋白，亲水性酶Ⅱb与位于细胞膜上的酶Ⅱc相结合。在糖的运输过程中，PEP上的磷酸基团逐步通过酶Ⅰ、热稳定蛋白（HPr）的磷酸化与去磷酸化作用，最终在酶Ⅱ的作用下转移到糖上，生成磷酸糖释放于细胞质中。

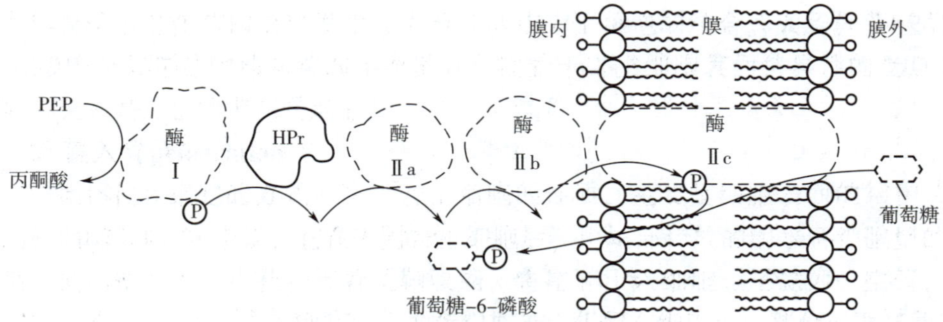

图3-4　大肠杆菌磷酸转移酶系统

除了上述4种吸收营养物质的途径外，还发现微生物吸收铁的方式。铁是微生物需要的一种微量元素，几乎所有的微生物在合成细胞色素和多种酶类时都需要。但是，由于环境中的三价铁离子（Fe^{3+}）及其衍生物是极难溶的，没有多少游离的铁可供运送入细胞内。目前已经发现，许多细菌和真菌能够分泌低相对分子质量的铁载体与Fe^{3+}结合，供细胞吸收。这些运送铁离子的铁载体分子通常是氧肟酸盐或儿茶酚盐化合物。许多真菌产生环状的氧肟酸盐，称为高铁环六肽，而大肠杆菌分泌环状的儿茶酚盐衍生物称为肠杆菌素。在进入细胞前，Fe^{3+}可能与3个铁载体基团结合，形成一个六配位的八面体复合物。一旦这种铁-铁载体复合物到达细胞的表面，它能与铁载体受体蛋白结合。然后，Fe^{3+}可从铁载体上释放出来，直接进入细胞，或者整个铁-铁载体复合物通过ABC转运蛋白输送到细胞内。对于大肠杆菌，铁载体受体蛋白位于细胞壁的外壁层。当Fe^{3+}进入壁膜间隙后，借助于转运蛋白穿过细胞质膜。Fe^{3+}在进入细胞后，就被还原成二价铁（Fe^{2+}），而被微生物吸收利用。

【同步练习】

1. 什么是营养？什么是营养物质？

2. 试述微生物营养中六大要素物质及其生理功能。

3. 微生物在利用碳源和氮源方面有哪些特点？异养微生物和自养微生物的能源物质是否相同？微生物常用的碳源和氮源有哪些？

4. 什么是生长因子？它主要包括哪几类化合物？是否任何微生物都需要生长因子？如何才能满足微生物对生长因子的需求？

5. 微生物有几大营养类型？划分它们的依据是什么？试各举一例。

6. 何谓培养基？配制培养基的基本原则是什么？

7. 实验室和发酵工业中常用的天然提取物（蛋白胨、牛肉膏、酵母膏、玉米浆和糖蜜等）主要能为微生物生长提供哪些营养要素？

8. 琼脂的哪些物理和化学性质使得它成为最有效的固体培养基凝固剂？

9. 什么是鉴别培养基？试以 EMB 培养基为例，分析其鉴别作用的原理。

10. 为什么要调节培养基的 pH？常用来调节培养基 pH 的物质有哪些？

11. 微量元素和生长因子两者在概念上有何相同点和不同点？

12. 什么是自养型微生物？自养型微生物与异养型微生物的能源物质是否相同？举例说明。

13. 什么是天然培养基、合成培养基？各有哪些应用？

14. 何谓固体培养基、半固体培养基？它们各有何应用？

15. 什么是选择培养基？试举一例并说明其中的选择原理。

16. 什么是被动扩散、促进扩散？二者之间有何异同？

17. 什么是主动运输？其特点有哪些？在主动运输中，其能量来源有哪些？

18. 同向运输何以区别于逆向运输？

19. 什么是基团转移？为什么说在基团转移过程中，并未在细胞内外建立物质浓度差，而在主动运输中有物质浓度差？

20. 铁在细胞代谢中起什么作用？微生物是如何吸收铁的？

学习单元四

微生物的生长

【知识目标】

1. 了解微生物生长的概念。
2. 理解环境条件对微生物生长的影响和控制方法，以及工业上常用的微生物培养技术。
3. 掌握几种常用的微生物生长量的测定方法，微生物的生长曲线及对生产实践的指导意义，微生物的诱变育种和常用的微生物菌种保藏方法。
4. 熟悉微生物的营养类型及其划分的依据。

【能力目标】

1. 能够运用微生物生长量的相关理论知识完成微生物生长量的测定。
2. 能够运用微生物生长规律的相关理论知识完成微生物生长曲线的绘制，并能够运用微生物的生长曲线来指导生产实践。
3. 能根据微生物菌种保藏的相关知识完成生产菌种的保藏工作。

知识讲解

生长是一个复杂的生命活动过程。微生物细胞从环境吸取营养物质，经代谢作用合成新的细胞成分，细胞各组成成分有规律地增长，致使菌体质量增加，这就是生长。随着菌体质量的增加，菌体数量也增多，这就进入到繁殖阶段。生长是繁殖的基础，繁殖是生长的结果。

微生物在各种环境下，其生长和生理活动实际上是对它们所处环境条件的一种反应。微生物怎样生长，什么因素影响它们的生长，什么因素促使代谢产物的生成，微生物如何对不良环境做出反应，又在什么条件下死亡？研究和解决这些问题，将为培养和发酵条件的优化打好基础。

微生物生长和繁殖有许多方式。细菌是裂殖，即每个母细胞体积增大最后分裂成两个相同的子细胞，众多无性的子细胞形成一个无性繁殖系。除了裂殖酵母外，多数酵母进行出芽繁殖，母细胞在繁殖周期内体积几乎没有变化，无数代出芽繁殖，形成菌落。丝状真菌的生长是以其顶端延长的方式进行的，在生长过程中产生繁茂的分枝而构成整体。

研究微生物的生长，需要从其个体生长和群体生长两个方面着手。

项目一　微生物的生长繁殖

一、微生物生长繁殖

（一）微生物个体细胞的生长

细菌在分裂的一个生长周期内，细胞质量和所有细胞组成均倍增，分裂所得两个子细胞与母细胞完全相同。因此除了单一倍增外，一般不可能指出细菌的“菌龄”。所谓细菌的菌龄，不是指个别细菌细胞的菌龄，而是指细菌培养物在培养条件下所度过的时间。

酵母的母细胞与子细胞实际上可以识别，因为母细胞产生每个子细胞都会留下一个芽痕，因此酵母细胞的群体（population）有一个连续变化的菌龄分布。

霉菌的生长特性是菌丝伸长和分枝，从菌丝体的顶端通过细胞间的隔膜进行生长。一旦一个细胞形成，就保留其完整性，并有一个相对于邻近细胞的菌龄。菌丝体既可以是长的和散开的，也可以是短的和高度分枝的，或者是两者的混合形式，这取决于培养的环境条件。当其在表面生长时，菌丝体盘结交叉，形成浓密的菌落。在深层培养中，菌丝体能以分散的菌丝形式存在，或者形成直径为0.1~10mm的菌丝团。菌落和菌丝团对霉菌生长极其重要，因为它们本身反过来也影响各个菌落和菌丝团细胞局部的物理化学环境。

细胞生长的标志在外观上是细胞由小长大，在细胞内部则是细胞物质的增加、细胞结构和细胞器的组建。关于细胞大小的变化容易理解，因为它是细胞物质增加的必然结果。因此细胞生长的中心问题是组成细胞的各种大分子化合物如何合成，这些大分子化合物又是如何分化成多种细胞结构和细胞器的。

就目前了解可知，细胞个体的生长可以归纳成染色体（或DNA）的复制、核糖体的生物合成、线粒体的生物合成、细胞壁的生物合成等几大部分。各种细胞结构、细胞器和其他细胞成分的协同复制和合成，构成了细胞的生长，在外观上表现为细胞的长大或体积的增加（图 4-1）。

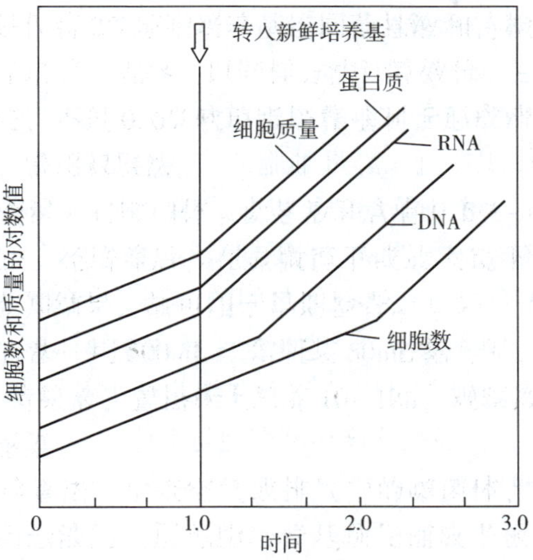

图 4-1　细胞生长过程中细胞数和胞内成分的变化

1. 细菌细胞的生长

在细菌细胞生长的过程中，主要的变化是细胞壁和细胞质的增生、DNA 的复制以及细胞分裂而成子代细胞。

（1）细胞壁的增生　革兰氏阳性菌的细胞壁的生长是细胞的赤道壁带（equatorial wall band）向两边扩充，而革兰氏阴性菌新合成的细胞壁物质是分散地插在原细胞壁物质之间（图 4-2、图 4-3）。

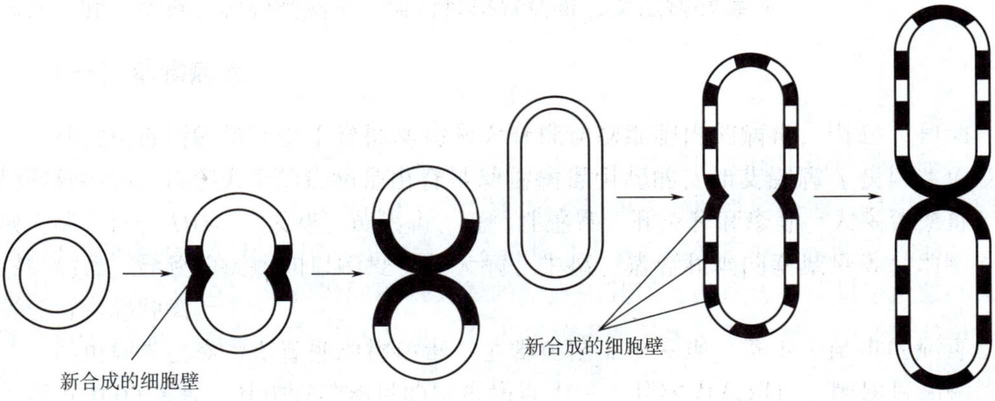

图 4-2　革兰氏阳性菌细胞壁的生长　　图 4-3　革兰氏阴性菌细胞壁的生长

（2）DNA 的复制和细胞分裂　细菌的环状 DNA 在进行半保留复制时是附在间体上的，以双向复制方式进行。DNA 复制完成后，两个 DNA 随着新的细胞壁和膜物质的增生而被分开。壁在两个 DNA 之间向心生长，最后会合而形成横壁。细胞分裂总是在 DNA 复制完成后发生。

2. 酵母菌细胞的生长

酵母细胞的生长几乎完全与芽的生长相联系，当子细胞与母细胞分离时，其体积已与成熟细胞的体积接近。酵母细胞的周期通常定义为一次细胞分裂与下次细胞分裂之间的时间。一个细胞周期可以分成四个期，即间隔期 G_1、DNA 合成期 S、第二间隔期 G_2 和有丝分裂期 M。间隔期 G_1 指的是有丝分裂与 DNA 合成之间的间隔；G_2 指的是 DNA 合成与有丝分裂之间的间隔。芽的突起正是 DNA 合成的开始。生芽位置的控制机制尚未清楚，它可能受核内纺锤体斑（spindle plaque）的方位的影响。然而在芽出现以前可以从外形和细胞壁上芽原基的增加来确定生芽的位置。在 G_2 期芽体增大，细胞核移到母细胞与芽体交界处；进入 M 期后细胞核分裂。酵母菌细胞的周期见图 4-4。

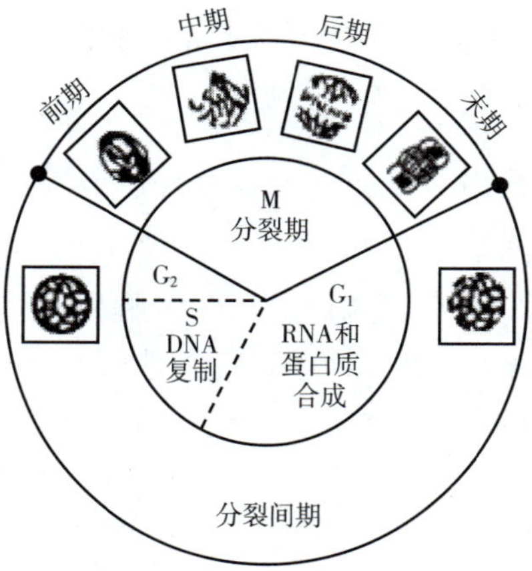

图 4-4　酵母菌细胞的周期

子细胞与母细胞之间的壁的完成，也就是胞质分裂（cytokinesis），发生在有丝分裂以后。然而细胞的分离可能在这时发生，也可能滞后好几个世代。

酿酒酵母新生芽的细胞壁几乎全部都是新合成的，只有很少老细胞壁的成分。粟酒裂殖酵母菌是裂殖的，但其细胞壁的增长却不同于细菌，它的新生壁是从细胞顶端延伸的。酵母芽的生长似乎就靠近初生的正在生长的芽壁。从酵母分离的泡囊中存在着两种有关壁的合成和裂解的酶，即甘露聚糖合成酶和 β-(1,3)-葡聚糖外切酶。小泡囊先把甘露聚糖转移到细胞质，随后又与所需要的酶（合成或分解壁的酶）一起转移到壁上。

3. 霉菌的生长

霉菌菌丝的生长主要以顶端生长的方式进行。有一种假设认为，菌丝的顶端生长需要网状高尔基体（dictyosome）和内质网等细胞器参加。在菌丝的亚顶端区含有大量的内质网和核糖体等细胞器，所以细胞膜物质、脂肪和蛋白质主要在亚顶端区合成。新的细胞膜物质在内质网合成后，通过泡囊（vesicle）转移到网状高尔基体近侧的潴泡（cisterna，内质网的液泡）中。在转移过程中促使膜由内质网型向细胞质型转化。网状高尔基体是这种转化的场所，当潴泡从高尔基体近侧移向远侧时，便逐渐成熟而以泡囊的形式被网状高尔基体分泌到细胞质中。分泌出来的泡囊从菌丝的亚顶端移向顶端，并在顶端积聚。当泡囊与菌丝顶端接触时，泡囊就与细胞膜融合，同时释放出胞壁分解酶与合成酶。分解酶使壁局部破坏，合成酶即在该处催化合成新壁成分，进而形成新壁。

（二）微生物群体生长规律

纯培养微生物的群体生长有规律性变化，掌握群体生长规律对生产实践具有重要意义。单细胞微生物的生长是以菌数的增加为指标，菌丝体状的微生物，通常以菌丝体积和质量的增加来衡量其生长。

1. 生长曲线

将一定数量的单细胞微生物，接种到一恒定容积的液体培养基中，在适宜条件下培养，定时取样测定菌数，可出现菌数随生长时间而呈规律性的变化。以菌数的对数值为纵坐标，生长时间为横坐标绘制成的曲线图，称为生长曲线。生长曲线可反映出单细胞微生物在培养基不更换条件下的生长、繁殖、衰老、死亡整个过程中的动态变化。这种在一个密闭系统内投入有限数量的营养物质后，接入少量微生物菌种进行培养，使微生物生长繁殖，在特定条件下完成一个生长周期的微生物培养方法叫分批培养法。只有在分批培养中，微生物的群体才表现出曲线式的生长规律（图 4-5）。

生长曲线分为延滞期、对数期、稳定期和衰亡期。

（1）延滞期　少量菌种被移接到培养基中，一般不立即繁殖的时期为延滞期。在开始培养的一段时间内，菌数不增加甚至可能还稍有减少。因菌体刚被接种到新环境中，需要新合成必需的酶、辅酶或某些中间代谢物，所以需要一段调整期以适应新的生活环境。该期的特点是：生长速度近乎零；菌体体积增长较快，如巨大芽孢杆菌在刚接种时，细胞长为 3.4μm，培养至 3.5h，其长为 9.1μm；至 5.5h 时，竟然达到 19.8μm；细胞代谢活力强，细胞中的贮藏物消失，RNA 含量高，原生质更均匀，嗜碱性强；对不良环境较敏感，易被杀死或引起变异。在实践中，如果延滞期较长，则会导致染菌概率增加，降低设备利用率，增加消耗，使生产成本上升，经济效益下降。

延滞期的长短与菌种特性、菌龄、接种量和培养条件有关。接种对数期的菌

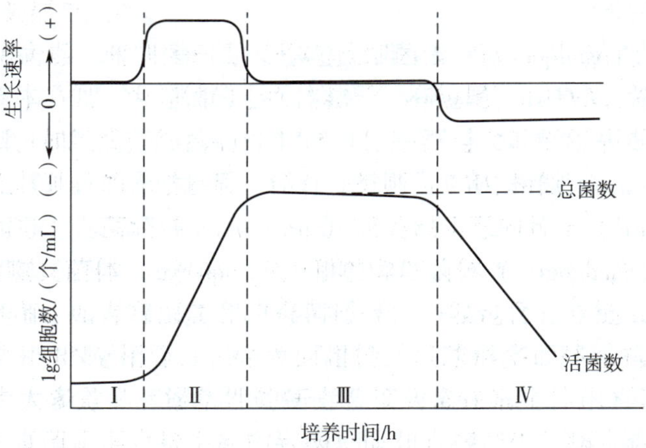

图 4-5 生长曲线

Ⅰ—延滞期 Ⅱ—对数期 Ⅲ—稳定期 Ⅳ—衰亡期

种、加大接种量、发酵培养基的成分与种子培养基的成分相近，并提供适宜培养条件，就能缩短延滞期。缩短延滞期就会缩短生产周期，提高生产效率。

在此期的后阶段，菌体细胞逐步进入生理活跃期，少数菌体开始分裂，曲线稍有上升。

(2) 对数期 菌体经过延滞期的调整后，以最快速度进行繁殖，每次繁殖间隔的时间缩到最短，菌体数目以几何级数迅速增加，曲线几乎直线上升，此期的菌体较小、整齐、健壮、染色均匀，代谢活跃，生长速率高，对营养的消耗最快。对数期的菌体形态、生理特性、细胞的化学组成比较一致，可作为代谢、生理等研究的好材料。对数期是繁殖噬菌体的最佳宿主菌龄，也是发酵生产中用作菌种的最好菌龄。若适当补充养分，排除不利因素，延长对数期，就能为获得高产量的菌体和代谢物奠定基础。

(3) 稳定期 又称恒定期或最高生长期。经过对数期后，培养液中营养物质被大量消耗，营养物质的比例失调，有害代谢产物逐渐积累，pH、氧化还原势等条件改变，阻碍了菌体正常生长。生活力开始减退，芽孢菌开始形成芽孢，少数菌体开始死亡，新增生的菌数与死亡菌数近乎相等，生长速率等于零，曲线停止上升，菌数达到最高水平。此期的菌体形态大小典型；生化反应相对稳定；细胞内开始积累代谢产物，是产生微生物产品的时期；此期菌体对不良环境的抵抗力较强。若以菌体为发酵产品，应在此期开始收获；若以代谢产物为发酵品，可采取延长此期的措施，当产量达最高水平时再收获。

(4) 衰亡期 由于生长条件继续恶化，死亡菌数超过新增生菌数，整个群体表现出负增长，曲线表现为明显下降。此期的菌体形态改变，出现如畸形、膨大等不规则的形态；对革兰氏染色反应不准确；有的菌体发生自溶，使培养液的浊度下降；有的微生物在此时产生或释放次级代谢物；芽孢杆菌开始释放芽孢。若以芽孢、孢子或伴胞晶体毒素为发酵产品，应在此期收获。

2. 丝状微生物群体的生长规律

霉菌和放线菌都是以菌丝顶端（伸长、分枝）进行生长，很难从细胞数目的增加来表示菌丝体的生长，而且它们的繁殖方式也不同于单细胞微生物。但从菌丝质量的增加以及生长导致培养液混浊度的变化来看，它们的群体生长同样也有规律性的变化。一般分为无明显生长期、最高生长期和停止生长期三个阶段，与单细胞微生物群体生长规律基本相似。

（三）掌握微生物生长规律对工业生产的指导意义

1. 缩短延滞期

微生物经接种后进入延滞期。酵母菌和细菌繁殖较快，一般只需几小时。霉菌繁殖较慢，需要十几小时；放线菌的延滞期需更长些。延滞期的存在使发酵周期延长，为提高设备的利用率及降低生产成本需缩短延滞期，其采取的措施是：通过摇瓶培养，扩大种子量使其达到对数期进行接种；加大接种量，通常接种量为10%，视具体情况可加大至15%~20%；在种子培养基中加入某些发酵培养基的成分，使微生物细胞更快适应新环境，例如用糖蜜作发酵原料时，可在末级摇瓶培养基中加入一半或少量的糖蜜作培养料。

2. 把握对数期

在需要获得菌体的发酵生产中（如酵母菌、单细胞蛋白发酵），则需连续流加或补加发酵原料，此时菌体随营养浓度增加而生长速率上升，从而可获得大量的菌体。

3. 延长稳定期

微生物发酵形成产物的过程与细胞生长过程不总是一致的。对于需获取初级代谢产物，如氨基酸、核苷酸、乙醇等的发酵，这些产物的形成往往与微生物细胞的形成过程同步，因此在稳定期的末期为最佳收获期。所以必须连续流加碳源和氮源，并以相关速度移走积累起来的代谢产物，从而可提高产量。对于另一些需获得次级代谢产物，如抗生素、细胞毒素、生物碱等的发酵来说，这些产物的形成与微生物细胞生长过程不同步，往往在稳定期的后期或在衰亡期。该类型发酵同样需流加营养物并把握好收获时间。

4. 监控衰亡期

微生物在衰亡期，细胞活力明显下降，同时由于逐渐积累的代谢毒物可能会与代谢产物起某种反应或影响产物的分离、提纯，或使其分解。因而必须掌握时间，在适当的时候结束发酵。

二、微生物生长的测定

在微生物实验及生产中，要及时了解微生物的生长情况，就需用各种方法进行定期测定。通常是直接或间接地测定群体的增长量，如直接测定菌体数量，间接测定细胞物质的质量或细胞生理活性等。

（一）测定单细胞微生物的数量

1. 总菌数的测定

该法的测定结果是样品中活菌数与死菌数的总和。

（1）血球计数板测定法　血球计数板测定法，是一种将一定稀释度的菌液置于血球计数板上，在显微镜下直接计数的方法。血球计数板上有计数室，计数室由若干小方格构成，每小方格的体积是 $1/4000mm^3$。当小方格充满菌液后，所含的菌数可在显微镜下数出，然后依据公式就可算出每毫升（$1000mm^3$）原菌液的含菌数。公式见式 4-1。

$$\text{菌数（个/mL）} = \text{每小方格的平均菌数} \times 4000 \times 1000 \times \text{稀释倍数} \tag{4-1}$$

该方法简便、快捷，但无法区别死菌与活菌，测定结果偏高。

（2）比浊法　这是一种快速简便的测定方法，原理是菌悬液中菌数越多，浊度越大。菌液的透光度或光密度可反映菌体数量。菌悬液的浓度在一定范围内与透光度成反比，与光密度成正比。可用浊度计、分光光度计等仪器测出菌液的浓度，然后再对照标准曲线，就可查出相似的菌数。培养液的颜色太深会影响测定结果。

2. 活菌数的测定

（1）平板菌落计数法　将定容的一定稀释度的菌液注入到无菌培养皿中，随即倒入约 45℃ 的琼脂培养基，混匀凝固后即成混合平板。将其在适温下培养出菌落，用肉眼数出菌落数，就可依据式（4-2）算出原菌液的含菌数。

$$\text{菌数（个/mL）} = \frac{\text{平板菌落平均数}}{\text{平板菌液注入量（mL）}} \times \text{稀释倍数} \tag{4-2}$$

此法是根据一个菌体形成一个菌落的原理设计的，常用于测定水、饮料、牛乳等中的活菌数。此法操作比较麻烦，技术要求高，也有一定误差，并非所有微生物都可以在实验条件下或实验期间内形成菌落。此外在操作过程中，可能会造成一些菌的衰亡或外界菌的传入。

（2）稀释培养法　这是一种统计的方法。原理是菌液经多次稀释后，菌数可随之减少直至没有。可从最后有菌生长的几个稀释度的 3~5 次重复中求最大概率数，所以又叫 MPN（最大可能数量）法。

一般是对未知菌液做连续 10 倍系列的稀释，根据估计，从最适宜的 3 个连续的 10 倍稀释液中各吸取 5mL 试样，接种到 3 组共 15 支装有培养液的试管中（每管接入菌液 1mL）。经培养后，记录每个稀释度出现生长的试管数，然后查 MPN 表，再根据样品的稀释倍数就可算出其中的活菌数。得到的结果是近似值或最大可能数。这是国内外食品卫生检测中检验大肠杆菌群普遍采用的一种方法。

（二）测定细胞物质的质量

细胞物质质量测定法更适合于菌丝体状的微生物。

1. 生物量的测定

生物量，又称菌体量，泛指某一系统中一切生物物质的总量，通常采用称重法测量。用离心式沉淀法将定容培养液中的菌体分离出来，洗净称重，即为湿重。若烘干称重则为干重。一般干重为湿重的20%~25%，大约1mg干菌相当于4~5mg湿菌。此法适用于菌体浓度较高，而且不含有菌体以外的干物质的样品。

2. 蛋白质含量的测定

细胞蛋白质量是比较稳定的，蛋白质含量可反映微生物的生长量。可以通过菌体含氮量的测定求出蛋白质的含量，并大致算出细胞物质的质量。从一定量培养物中分离出菌体，洗涤后用凯氏微量定氮法测定出总氮含量，其值乘以6.25，就是测得的粗蛋白的含量（蛋白质量=总氮量×6.25）。此法适用于菌数较高的样品，而且操作过程较繁。

测定微生物生长量的方法很多，其中的称重法、测浊度、测含氮量、平板菌落计数和血球计数板计数法是常用的。无论哪一种测定法，都有其优缺点和使用范围，应合理选用。

3. DNA 含量的测定

DNA 在各种细胞中，在各时期含量较为稳定，它也不会因加入营养物而发生变化。该方法较烦琐，费用高，但在某些情况下有其独特作用，如测定固定化载体的细胞。

（三）代谢活性的测定

在一定条件下，测定微生物细胞的代谢强度，如代谢作用所消耗的含碳或含氮化合物、氧或形成的二氧化碳、有机酸等物质的含量，可作为微生物生长状况的指标。

1. 呼吸强度的测定

利用一种特制的仪器——瓦氏呼吸仪，可测出一定量微生物细胞呼吸时氧的消耗量或二氧化碳的产生量，作为微生物生长量变化的一种指标。

2. 酸度的测定

糖类发酵产生酸的量，也与菌量的多少成一定比例。如乳酸的产量，即可作为乳酸细菌生长量的指标。

3. 糖量的测定

在含糖培养基中，微生物生长发育以糖为能源。测定培养基中的残糖量，也可作为微生物生长繁殖的指标。

4. 从发酵液的黏度来估算

在发酵过程中，发酵液的黏度随着菌体的生长及代谢产物的形成而显著增加，因而可测定发酵液的黏度来估算微生物生长情况。当发酵过程中感染杂菌，或菌体裂解时，则影响测定结果。

5. 从发酵的放热量估算

微生物在生长过程中放出热量是一种普遍现象，发热的能量平衡可用下列方程式表示：

$$Q_{积累}=Q_{发酵}+Q_{搅拌}-Q_{蒸发}-Q_{空气}-Q_{散热}$$

其中 $Q_{空气}$ 可忽略不算，通过动力学热量法可测出 $Q_{积累}$。

6. ATP 含量的测定

ATP 是细胞中储存能量的化学形式，它在各种微生物细胞中含量也较为稳定，一般是在 10^{-6}mol/L 数量级。细菌细胞的 ATP 含量为每克细胞干重含有 1mgATP。ATP 只存在于活细胞中，因细胞死亡后 ATP 会分解，因此它可以快速、灵敏地反映活菌量。

ATP 测定可以利用荧光素酶催化的生物发光反应：在氧气和 ATP 参与下，荧光素被氧化后释放出光子，光的强度与 ATP 含量成正比。此测定可用分光光度计或液闪仪等特殊仪器进行，该法可检测到 10^{-12}g/L 的 ATP 浓度，所以所需样品可很少。

$$荧光素+O_2+ATP\xrightarrow{荧光素酶}氧化荧光素+ATP+光$$

项目二 影响微生物生长的因素

微生物的生长代谢与周围环境有着密切的关系：一方面，微生物需要从环境中摄入生长和繁殖所必需的营养物质，并在一定环境条件下生存。环境条件的变化会引起微生物的形态、生理、生长、繁殖特征的变化。另一方面，微生物也通过向环境中排泄代谢产物等方式，适应甚至改变着环境。研究环境条件与微生物之间的相互关系，有助于了解微生物在自然界的分布与作用，也使人们有可能制定增进或降低甚至完全破坏微生物生命活动的有效措施。影响微生物生长的因素很多，主要包括生物的和非生物的。这里我们主要讨论物理、化学和生物因素对微生物的影响。

一、物理因素对微生物的影响

（一）温度

微生物的生命活动是由一系列极其复杂的物理化学反应组成的，而这些反应只有在一定温度范围内才能正常进行。因此，温度是影响微生物生长的最重要环境因素之一。

温度主要通过影响细胞膜的流动性和生物大分子的活性来影响微生物的生命

活动。随着温度的升高，细胞内酶促反应速度加快，代谢和生长也相应加快。同时，温度增高易导致胞内各种生物活性物质变性，使细胞功能下降，甚至导致细胞死亡。所以各种微生物都有 3 种基本温度：最低生长温度、最适生长温度、最高生长温度。

最低生长温度是指微生物能进行生长繁殖的最低温度界限。处于这个温度条件下的微生物生长很缓慢，若低于这个温度则完全停止生长。不同微生物的最低生长温度不一样，这与它们的原生质的物理状态和化学组成有关系，也可随环境条件而改变。

最适生长温度是指微生物生长繁殖速度最快的温度。不同微生物的最适生长温度不一样。

最高生长温度是指微生物生长繁殖的最高温度界限。在此温度之下，微生物细胞易于衰老和死亡，高于此温度，微生物不可能生长。微生物所能适应的最高生长温度与其细胞内酶的性质有关。

不同微生物生长的温度上限不同，真核生物生长的温度上限在 60℃左右，其中动植物的温度上限更低。如果超过了最高生长温度则会导致微生物死亡。这种致死微生物的最低温度界限，称为致死温度。致死温度与处理时间有关。在一定温度下处理的时间越长，死亡率越高。不同微生物的致死温度见表 4-1。

表 4-1　一些微生物的致死温度与致死时间

菌名	致死温度/℃	致死时间/min	菌名	致死温度/℃	致死时间/min
大豆叶斑病假单胞菌	48~49	10	普通变形菌	55	60
胡萝卜软腐欧文氏菌	48~51	10	黏质沙雷氏杆菌	55	60
维氏硝化杆菌	50	5	肺炎链球菌	56	5~7
白喉棒杆菌	50	10	伤寒沙门氏杆菌	58	30

多数细菌的营养细胞和病毒，在 50~60℃条件下 10min 可致死；嗜热脂肪芽孢杆菌的抗热性很强，121℃经 12min 才能致死；少数动物病毒也具有较强的抗热性，如脊髓灰质炎病毒在 75℃条件下 30min 才致死；噬菌体比其宿主细胞耐热，一般在 65~80℃失活。放线菌和霉菌的孢子比营养细胞耐热，76~80℃条件下 10min 才能被杀死。细菌的芽孢抗热性最强，通常 100℃以上处理相当长时间才能致死（表 4-2）。

表 4-2　一些细菌芽孢的抗热性

细菌种类	湿热灭菌温度/℃	杀菌所需时间/min	细菌种类	湿热灭菌温度/℃	杀菌所需时间/min
蜡状芽孢杆菌	100	6	肉毒梭状芽孢杆菌	120~121	10
枯草芽孢杆菌	100	6~17	嗜热脂肪芽孢杆菌	120~121	11
炭疽芽孢杆菌	105	5~10			

总体说来，微生物的生长温度范围很广，可在-10~95℃条件下生长，但是特定的某种微生物只能在一定温度范围内生长。根据最适生长温度的不同可将微生物分为3类：嗜冷微生物、嗜温微生物、嗜热微生物（表4-3）。温度对3类微生物生长速度的影响见图4-6。

表4-3　微生物的生长温度类型

微生物类型	生长温度范围/℃			分布区域
	最低	最适	最高	
嗜冷微生物				
专性嗜冷型	-12	5~15	15~20	地球两极
兼性嗜冷型	-5~0	10~20	25~30	海洋、冷泉、冷藏食品
嗜温微生物				
室温型	10~20	20~35	40~45	腐生环境
体温型	10~20	35~40	40~45	寄生环境
嗜热微生物	25~45	50~60	7~95	温泉、堆肥、土壤

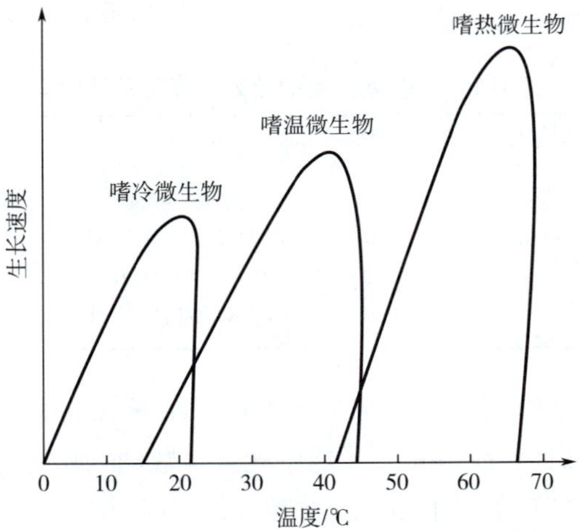

图4-6　温度对典型嗜冷微生物、嗜温微生物和嗜热微生物生长速度的影响

1. 嗜冷微生物

嗜冷微生物或称低温微生物，它们大多分布于地球的两极地区或海洋深处，还有的分布在冷泉中。引起冷藏食品腐败的往往属于这类微生物。嗜冷微生物可分为专性嗜冷微生物和兼性嗜冷微生物。专性嗜冷菌的最适生长温度在15℃左右或者更低，最高生长温度约为20℃，可在0℃以下甚至-12℃的环境中生长。它们生长在长年低温的环境中，当温度上升至室温时，即使短暂的时间，都会使它们死亡。兼性嗜冷菌最适生长温度为20℃左右，最高生长温度可达35℃甚至更高，

能在最低温度为0℃时生长，但生长很慢。兼性嗜冷微生物大多生长在冷水或土壤中，生长在冷藏食品上的微生物都是兼性嗜冷菌。

嗜冷微生物能在低温条件下生长的机理还不完全清楚，目前认为主要是以下两点原因：①嗜冷微生物的酶能在低温下有效地催化生化反应，而30~40℃时，酶反而很快失活；②它们膜中不饱和脂肪酸含量很高，使其在低温下仍可维持膜的半流动性，有效地维持主动转运过程，进行物质传输。

低温能抑制微生物生长。0℃以下时，微生物因体内水分冻结，生化反应无法进行而停止生长。0℃以上时，嗜温及嗜热微生物，由于细胞膜内饱和脂肪酸含量较高而膜流动性变差，营养物质无法进入细胞而生长停止。

有的微生物在冰点以下会死亡，主要原因可能是胞内水分凝结成冰晶，造成细胞脱水；冰晶还会造成细胞尤其是细胞膜的机械损伤。低温保藏菌种时，为防止机械损伤，常采用快速冷冻和在细胞悬液中加入保护剂，如甘油、酒精等，这样既可防止冰晶过大，又可降低细胞脱水。

由于低温对微生物生长有抑制作用，故广泛用于保藏食品和菌种。处于低温条件下的微生物，虽然代谢被抑制，生长繁殖停滞，但大多数仍可保持存活状态，一旦遇到合适的生活环境可生长繁殖。故低温的作用主要是抑菌，而不能运用低温手段来杀死大多数微生物。

应该注意的是：如果采用低温来保藏菌种，反复冷冻与融化会对细胞造成很大影响，导致存活率降低（表4-4）。

表4-4　不同冷冻方式对黏质赛氏杆菌的影响

一次连续冷冻后存活菌数/(个/mL)		交替冷冻融化后存活菌数/(个/mL)	
接种量	340000	接种量	340000
24h	42000	冻融一次	2600
30h	36000	冻融二次	280
48h	14000	冻融三次	15
96h	4900	冻融四次	0

2. 嗜温微生物

自然界绝大多数微生物属于嗜温微生物。这类微生物的最适生长温度在20~40℃，最低生长温度为10~20℃，最高生长温度为40~45℃。它们又可分为室温型和体温型。室温型微生物适于在20~25℃条件下生长，如：土壤微生物、植物病原微生物。体温型微生物多为人或温血动物病原菌。它们的最适生长温度与其宿主体温相近，在35~40℃，生长极限温度范围在10~45℃，人体寄生菌的最适生长温度为37℃左右。

有研究认为嗜温型微生物之所以不能在低于10℃的温度条件下生长，可能与蛋白质的合成和反馈抑制有关，低于10℃时，蛋白质的合成过程不能启动。另外，10℃以下的低温使很多酶对反馈非常敏感。

3. 嗜热微生物

这类微生物的最适生长温度为50~60℃，能在45~50℃温度条件下生长，而在环境温度低于35~40℃时，一般不能生长。嗜热微生物多存在于堆肥或温泉中，分布于温泉中的细菌，有的可在接近100℃的高温中生长。工艺中常用的德氏乳酸杆菌属于此类，其最适生长温度为45~50℃；嗜热脂肪芽孢杆菌在65~75℃时生长速率最大，30℃生长速率最小。

嗜热微生物的耐热性可能与这样一些特性有关：①菌体内的酶和蛋白质有较强的抗热性；②蛋白质的合成机构——核糖体和其他成分对高温也具有很强的抗性；③细胞膜中饱和脂肪酸含量高，膜在高温下能保持其稳定性并维持正常功能；④核酸有较高的热稳定性；⑤在较高温度促进下，能迅速合成生物大分子，以弥补高温造成的损伤。

微生物的抗热性与很多因素有关。一般说来，老龄的比幼龄的更耐热，原核生物耐热能力比真核生物强，非光合生物比光合生物强，构造简单的比构造复杂的强。在富含蛋白质的培养基上生长的细菌有较强的抗热能力。

微生物的耐热性在实践中有很重要的作用。嗜热微生物用于发酵有很多优点：高温发酵周期短、效率高，有利于非气体物质在发酵液中的扩散和溶解，还可防止杂菌污染发生，降低冷却发酵产生热量所需的成本。由嗜热微生物产的酶制剂，酶反应温度和耐热性都比嗜温微生物产的高。

（二）干燥

微生物的生命活动离不开水。干燥会导致细胞失水而造成代谢停滞甚至使微生物死亡。不同的微生物种类。干燥时微生物所处的环境条件、干燥的程度等均影响干燥对微生物的作用效果。一般来说，产生荚膜的细菌对干燥的抵抗力比不产生荚膜的细菌要强。细菌的芽孢、放线菌及霉菌的孢子对干燥的抵抗力比营养细胞要强。酵母菌的营养细胞对干燥有较强的抵抗能力，在失水后仍可保存几个月。革兰氏阴性细菌如淋病球菌对干燥特别敏感，几小时便死去；结核分枝杆菌特别耐干燥，干燥环境中，100℃条件下20min仍能生存；链球菌用干燥法保存几年而不丧失致病性。休眠孢子抗干燥能力很强，可在干燥条件下长期不死。

在干燥环境中，温度越高，微生物越容易死亡。缓慢干燥死亡较多，而高速度失水，不易死亡。幼龄菌对干燥的敏感性比老龄菌大，容易死亡。同种微生物在不同基质中干燥后，能保存其生活力的时间也不相同，例如：细菌在玻璃上干燥会很快死亡，而在肉汤、牛奶或含蛋白质、含糖的培养基中，虽经完全干燥，存活率仍较高。

干燥环境条件下，多数微生物代谢停止，处于休眠状态，严重时细胞脱水、蛋白质变性，引起死亡。因此，在实际工作中常用干燥法保存食品和食品发酵工业原料。生产、科研中用来保藏细菌、病毒、立克次氏体的真空冷冻干燥法及日常生活中用来保藏食品的烘干、晒干、熏干等方法，都是依据这一原理进行的。

（三）渗透压

水或其他溶剂经过半透性膜而进行扩散称为渗透。在渗透时溶剂通过半透性膜时的压力称为渗透压，其大小与溶液浓度成正比。

微生物的生活环境必须具有与其细胞相适应的渗透压。突然改变渗透压会使微生物失去活性；逐渐改变渗透压，微生物常能适应这种改变。不同的渗透压对微生物有不同的影响。

在等渗溶液中，即细胞内溶质浓度与胞外溶液的溶质浓度相等时，微生物保持原形，生命活动最好。常用的生理盐水（0.9%NaCl 溶液）即为等渗溶液。

在高渗溶液中，即细胞外溶液溶质浓度大于细胞内溶质浓度时，微生物细胞就会脱水，发生质壁分离，甚至死亡。因此常用高渗溶液来保存食品，如腌渍蔬菜肉类（用5%~30%的食盐）和制作蜜饯（用30%~80%的糖）。

在低渗溶液中，即微生物细胞内溶质浓度大于细胞外环境中溶质浓度时，微生物细胞会吸水膨胀，甚至破裂。低渗破碎细胞法就是根据这一原理来操作的，具体做法是：将洗净并离心得到的菌体投入 80 倍预冷的 5×10^{-4}mol/L $MgCl_2$ 溶液中，剧烈搅拌可使细胞内溶物释放到溶液中。

在自然界中，水中盐分浓度变化很大，但很多细菌能在不同渗透压的环境中生长。这主要是由于细菌能调节体内的离子浓度，以适应各种不同的渗透压力。其中，钾离子与渗透压调节作用最密切。当菌体处于高渗溶液内时，细胞能大量积累钾离子（可高出外环境 64~140 倍），反之则排出钾离子。

在培养微生物时，除了注意培养基的成分选择外，其浓度也很重要，否则，环境溶液中溶质浓度过高，渗透压就会很大，环境中的水将不能进入微生物细胞，造成胞内水分活度下降，形成生理干燥，细胞内的生物化学反应不能正常进行，细胞的代谢将会停止。

（四）表面张力

液体表面有种尽可能缩小表面积的力称为表面张力。液体培养基的表面张力与微生物的形态、生长、繁殖有着密切的关系。常温下，纯水的表面张力为 7.2×10^{-4}N/cm，而一般液体培养基的表面张力为 4.5×10^{-4} ~ 6.5×10^{-4}N/cm。多数微生物在这个表面张力下能正常生长，如将表面张力降低至 4.0×10^{-4}N/cm 以下，就会影响微生物的形态、生长和繁殖，使微生物的细胞增大变长，本来能形成菌膜的种类则趋向分散生长。一些无机盐可以增强溶液的表面张力，如矿泉水的表面张力比较大。许多有机酸、蛋白质、肥皂、多肽和醇等都能降低溶液的表面张力。

凡能改变液体表面张力的物质称为表面活性剂，它们可分为阳离子型、阴离子型和非离子型 3 类。表面活性剂加入培养基中，可影响微生物细胞的生长和分裂。阴离子表面活性剂有肥皂、十二烷基磺酸钠（SDS）等，其中肥皂是生活中常用的表面活性剂，具有一定的杀菌效力，但比较弱，对肺炎球菌、革兰氏阴性菌、细菌芽孢、结核分枝杆菌无效。一般认为，肥皂的作用是机械除菌，微生物附着于肥皂泡沫中被水冲洗掉。

阳离子表面活性剂主要有季铵盐类化合物等。这类表面活性剂有明显的抗菌活性，即使在高度稀释的情况下仍有广谱杀菌作用，包括对革兰氏阳性细菌、革兰氏阴性细菌、真菌、原虫、病毒等的杀菌活性。其作用机制可能有 3 个方面：①降低表面张力，便于机械除菌；②抑制酶，使蛋白质变性；③破坏细胞膜，造成渗漏。季铵盐类表面活性剂兼有杀菌和清洁的作用，并且使用时不受温度影响，低气味、无毒、无腐蚀性、穿透力好，因此在皮肤消毒、食品加工等方面作为卫生消毒剂，应用十分广泛。常用的季铵盐类化合物有洁尔灭、新洁尔灭、杜灭芬等。

一些高分子化合物，如聚醛类表面活性剂，是非离子型的。这类物质不电离，也没有抑菌活性。

发酵工业中常用表面活性剂作为消泡剂以消除泡沫，防止发酵罐因泡沫过多而发生跑液。过去常用植物油作消泡剂，近年来，已经采用消泡效果更好的聚醚类表面活性剂代替植物油。表面活性剂的另一主要用途是改变细胞膜的通透性，使胞内合成的代谢产物能够顺利排到胞外。这样，一方面降低了发酵产物在胞内的浓度，因而减小了产物抑制；另一方面则有利于提高发酵产物的产量并简化产物的分离提取。表面活性剂也常用于与微生物细胞膜结合的酶的提取，这些酶往往在细胞破碎后仍然很难从膜上脱离下来。

二、化学因素对微生物的影响

影响微生物生长的化学因子，除营养物质外，还有氢离子浓度和氧化还原电位。

（一）氢离子浓度

环境中的氢离子浓度可用 pH 来表示。环境中的 pH 对微生物生命活动的影响很大，主要作用是：引起细胞膜电荷的变化从而影响微生物对营养物质的吸收；影响代谢过程中酶的活性；改变营养物离子化程度及有害物质的毒性。

与温度对微生物的影响类似，每种微生物都有其生存最低 pH、最适 pH 和最高 pH。不同微生物对环境 pH 适应的范围不同（表 4-5）。在最适 pH 范围内酶活性最好，如果其他条件适合，微生物的生长速率也最高。

表 4-5 不同微生物对氢离子浓度的适应范围

微生物	pH		
	最低	最适	最高
氧化硫杆菌	1.0	2.0~2.8	4.0~6.0
嗜酸乳杆菌	4.0~4.6	5.8~6.6	6.8
大豆根瘤菌	4.2	6.8~7.0	11.0
褐球固氮菌	4.5	7.4~7.6	9.0
亚硝酸细菌	7.0	7.8~8.6	9.4
放线菌	5.0	7.0~8.0	10.0
酵母菌	3.0	5.0~6.0	8.0
黑曲霉	1.5	5.0~6.0	9.0

大多数细菌、藻类和原生动物生存的最适 pH 为 6.5~7.5，在 pH4~10 也可以生长；放线菌一般在微碱性即 pH7.5~8.0 条件下生长最适合；而酵母菌、霉菌适应于 pH5.0~6.0 的偏酸性环境。通常自然环境的 pH 为 5.0~9.0，适合大多数微生物的生长。少数微生物可在 pH 低于 2 和高于 10 的极端环境中生长。

微生物根据其最适生长 pH 的不同，可以分为嗜酸性微生物、嗜中性微生物和嗜碱性微生物。

1. 嗜酸性微生物

能够在 pH5.4 以下环境中生长的微生物称为嗜酸性微生物。真菌比细菌更耐酸，很多真菌最适 pH 为 5.0 甚至更低，有的种类甚至可在 pH2.0 条件下很好生长。有些细菌是专性嗜酸的，在中性 pH 环境根本不生长，如硫杆菌属、硫化叶菌属及热原体属。中性 pH 对专性嗜酸微生物有毒害作用，其机制可能是由于高浓度氢离子是膜稳定所必需的，当 pH 升高到中性时，导致这类微生物的原生质膜发生裂解，细胞破碎。

2. 嗜中性微生物

生长环境的 pH 范围是 5.4~8.5 的微生物称为嗜中性微生物。引起人类疾病的大多数微生物属于嗜中性微生物。

3. 嗜碱性微生物

生长环境的 pH 范围是 7.0~11.5 的微生物称嗜碱性微生物，它们通常存在于碱湖、含高碳酸盐的土壤等碱性环境中。大多数嗜碱性微生物是好氧性的非海洋细菌，很多是杆菌。有些极端嗜碱菌也是嗜盐菌，其中大多数是古细菌。

嗜酸或嗜碱微生物耐酸碱的机制主要在于细胞本身具有维持胞内 pH 接近中性的能力。嗜酸微生物在酸性环境中细胞膜可以阻止 H^+进入胞内，并不断将胞内 H^+排出胞外。而嗜碱或耐碱微生物，则可阻止 Na^+进入胞内并将其排出胞外，以维持胞内接近中性 pH。有些微生物具有不易渗透的细胞壁，可防止细胞膜在极端 pH 环境中受到损伤。

各种微生物在基质中生长，由于代谢作用而引起物质的转化，从而改变基质的氢离子浓度。例如：乳酸菌分解葡萄糖产生乳酸，增加了基质的氢离子浓度，pH 下降，基质被酸化。尿素细菌分解尿素后产生氨，pH 上升，基质被碱化。而肺炎克氏杆菌利用葡萄糖产酸，使基质 pH 下降到 5.0，当葡萄糖消耗尽后，菌体分解其酸性产物，并氧化它们成为 CO_2 或 H_2O，结果，pH 又回升到 7.0。

同一种微生物在不同的生长阶段和不同生理生化过程中，对 pH 也有不同的要求。例如：丙酮丁醇梭菌在 pH 为 5.5~7.0 时，以菌体生长繁殖为主，pH 为 4.3~5.3 时才进行丙酮和丁醇发酵。

同一种微生物由于培养液的 pH 不同，可能积累不同的代谢产物。在不同的发酵阶段，微生物对 pH 的要求也有差异。例如黑曲霉在 pH 为 2~3 的环境中发酵蔗糖，其产物以柠檬酸为主，只产极少量的草酸；当改变 pH 使之接近中性，则产生大量草酸，而柠檬酸产量很低。又如酵母菌生长的最适 pH 为 4.5~5.0，并进行乙醇发酵，不产生甘油和醋酸；如果使 pH 高于 8.0，发酵产物除乙醇外，还有甘油和醋酸。因此，在发酵过程中，根据不同的目的，常采用变动 pH 的方法，以提高生产效率。

虽然微生物可在较广 pH 范围的环境中生长，但各种微生物细胞内的 pH 多接近于中性。细胞中很多组分 DNA、ATP、叶绿素等能被酸性 pH 破坏，而 RNA 和磷脂类则对碱性 pH 敏感；细胞内酶作用的最适 pH 也多接近于中性，外基质中的酶和胞外酶作用的最适 pH 则接近环境 pH。

微生物在低于最低生长 pH 和高于最高生长 pH 的环境中都不能生长，所以，强酸或强碱具有杀菌作用。一些无机酸如硫酸、盐酸等杀菌力虽强，但腐蚀性太大，不适于作为杀菌剂。而某些有机酸如苯甲酸等可以作为防腐剂，在面包等食品中添加丙酸也可以防霉。酸菜、饲料青贮则是利用乳酸菌发酵产生的乳酸抑制腐败性微生物的生长，使之得以长久保存。强碱可以用作杀菌剂，但它们毒性广，其用途局限于对排泄物及仓库、棚舍等环境的消毒。强碱对革兰氏阴性细菌与病毒比对革兰氏阳性细菌作用强，如结核分枝杆菌抗碱力特强。实验室中对结核分枝杆菌做检查前，需先将待检样品（如痰）以强碱（4%KOH）处理 30min，使样品中的物质液化，这样的强碱条件是其他微生物所不能耐受的。

（二）氧化还原电位

氧化还原电位 Eh 对微生物生长有明显影响。环境中的 Eh 主要与氧分压有关，也受 pH 的影响。pH 低时，氧化还原电位高；pH 高时，氧化还原电位低。标准氧化还原电位 Eh 是 pH 7.0 时测得的。自然环境中，氧化还原电位的上限是 Eh=+0.82V，这是当环境中存在高浓度 O_2，而没有利用氧气的系统（呼吸链）的情况下测得的。氧化还原电位的下限是 Eh=-0.42V，是在富含 H_2 的环境中测得的。

微生物代谢活动常消耗氧气，并产生维生素 C、硫化氢、含硫氢化物等还原性物质（半胱氨酸、谷胱甘肽等），使 Eh 降低。向培养菌中通入空气或加入氧化剂可提高 Eh，加入还原性物质可以降低 Eh。分子氧在培养基中溶解度很低，影响微生物生长的是溶于水中的溶解氧。

根据微生物适合生长的环境将其分成好氧性微生物和厌氧性微生物。好氧性微生物，在 Eh 大于 0.1V 的环境中均可生长，最适 Eh 在 0.3~0.4V，厌氧性微生物只能在小于 0.1V 的环境中生长。

好氧微生物又可以分为专性好氧微生物、兼性好氧微生物和微好氧微生物。专性好氧微生物必须在有氧条件下生长，有完整的呼吸链，以氧气为最终电子受体，细胞内含超氧化物歧化酶（SOD）和过氧化氢酶。多数细菌和大多数真菌属于专性好氧微生物。

兼性好氧微生物在有氧和无氧的条件下都能生长，但在这两种情况下代谢途径并不相同，它在有氧的时候进行有氧呼吸，在无氧的情况下进行酵解或无氧呼吸，其产物也各不相同，例如谷氨酸发酵时，通气量充足产谷氨酸，通气量不足则产生乳酸或琥珀酸。兼性好氧微生物的细胞内也含有 SOD 和过氧化物酶。许多酵母菌和细菌属于兼性好氧微生物，如酵母菌、肠杆菌科的细菌等。

微好氧微生物只能在较低的氧分压下生活，一些氢单胞菌属、发酵单胞菌属和弯曲菌属的种及霍乱弧菌属于这一类。

厌氧微生物又分为耐氧性微生物和专性厌氧性微生物。耐氧性微生物不能利用氧气，但氧气的存在对它们无害，它们没有呼吸链，只能通过酵解获取能量，细胞内存在 SOD 和过氧化物酶，但缺乏过氧化氢酶，多数乳酸菌都是耐氧性微生物。专性厌氧性微生物不能利用氧气，氧气的存在对它们的生存能造成损害，即使短时接触空气，生长也会被抑制甚至致死；专性厌氧性微生物通过酵解、无氧呼吸或循环光合磷酸化等获取能量，细胞内缺乏 SOD 和细胞色素氧化酶，大多数还缺少过氧化氢酶。

培养厌氧性微生物时，要将环境中的氧气除掉。实验室采用真空培养，或在培养容器内加入焦性没食子酸吸去氧气，或在斜面上部覆盖无菌石蜡，使其与空气隔绝。在大生产中使用的固体培养基（如酿酒的粮糟）要压紧封泥，使用液体培养基则采用深层静止培养或无通风搅拌的密闭发酵罐。

影响培养基中氧化还原电位的因素很多，分子态氧的影响（空气的影响）尤为重要；其次是培养基中氧化还原物质的影响。而环境的氧化还原电位取决于多种氧化还原物质的综合影响。例如微生物琼脂平皿培养在接触空气的情况下，厌氧性微生物不能生长，如果在培养基中加入还原性物质（如半胱氨酸、硫代乙醇等）后同样接触空气，有些厌氧性细菌也能生长。但是微生物在生长过程中也可使其环境中的 Eh 发生一定程度的改变。由于呼吸消耗氧和积累了一些还原性物质，如抗坏血酸、H_2S 或有机硫氢化合物（半胱氨酸、谷胱甘肽、二硫苏糖醇等)，常会导致环境中氧化还原电位降低。例如好氧性化脓链球菌在液体培养基中生长时，能使培养液的氧化还原电位由 0.3V 逐级降低至 0.15~0.2V。因此，当好氧性微生物与厌氧性微生物生活在一起时，好氧性微生物能为厌氧性微生物创造有利的氧化还原电位（图 4-7)。

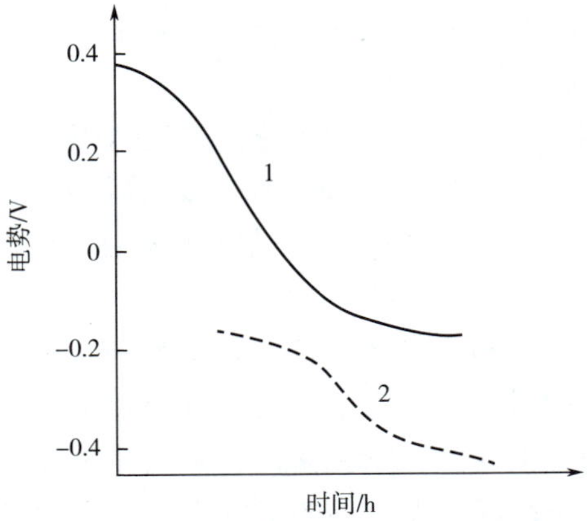

图 4-7　微生物生长过程中培养基氧化还原电位的变化

1—好氧性微生物　2—厌氧性微生物

项目三　灭菌与消毒

在工农业生产和人类生活中，微生物的生长繁殖有其有益的方面同时也可能产生危害，例如：在发酵工业中，杂菌的污染会造成生产水平下降，杂菌产生的某些物质、分解产物使目标产物难以提取；若污染了噬菌体，甚至会造成发酵菌体细胞溶解。在生活中，食物中污染的病原菌对人类的健康有着极大的威胁，因此人类必须对环境中的有害微生物施加影响，控制其生长繁殖。一般可通过消毒、灭菌、防腐等手段达到杀灭、抑制有害微生物的目的。

1. 灭菌

灭菌指利用物理或化学因素，使存在于物体上的所有活微生物，永久性地丧失其生活力，包括最耐热的细菌芽孢，这是一种彻底的措施。例如高温灭菌、辐射灭菌等。灭菌实质上还可分为杀菌和溶菌两种，前者指菌体虽死，但形体尚存；后者指菌体被杀死后，其细胞发生自溶、裂解等消失的现象（图 4-8)。

2. 消毒

消毒指杀死环境中一切病原微生物的过程。消毒采用的是较温和的理化因素，可达到防止传染病传播的目的。例如一些常用的对皮肤、水果、饮用水进行药剂消毒的方法，对啤酒、牛奶、果汁、酱油、醋等进行的巴氏消毒法等。

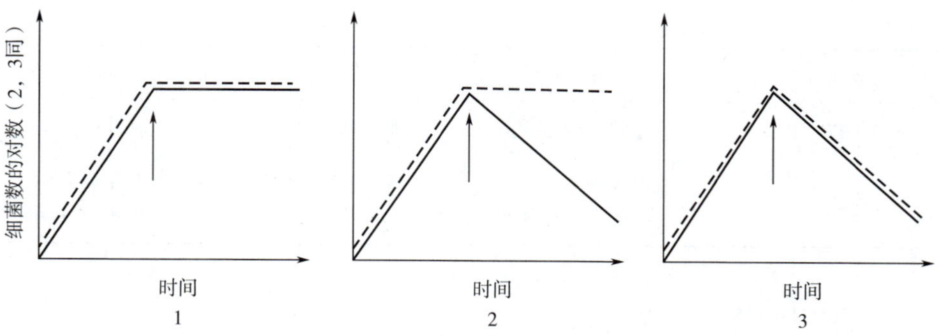

图 4-8 制菌、杀菌和溶菌的比较
（当处于指数生长期时，在箭头处加入可抑制生长的某因素）
1—制菌 2—杀菌 3—溶菌
┈┈总菌数 ——活菌数

3. 防腐

防腐指利用某些理化因子，使物体内外的微生物暂时处于不生长繁殖但又未死亡的状态。这是一种抑菌作用。防腐的方法很多，原理各异。例如：

①低温：利用 4℃以下的各种低温保藏食物、生化制品、生物制品、菌种等。

②缺氧：可采用抽真空、充氮或二氧化碳、加除氧剂等方法来防止食品和粮食等的霉腐、变质以达到保鲜的目的。

③干燥：采用晒干、烘干或红外线干燥等方法对粮食、食品等进行干燥保藏。此外，在密闭条件下，用生石灰、无水氯化钙、五氧化二磷、氢氧化钾、硅胶等作吸湿剂，也可很好地达到食品、药品和器材等长期防腐的目的。

④高渗：通过盐腌和糖渍等高渗措施来保存食物，在民间早已流传。

⑤高酸度：利用乳酸菌的厌氧发酵可使蔬菜防腐，如泡菜。

⑥高醇度：用白酒或黄酒保存食品，如：醉虾、醉枣等。

⑦加防腐剂：在有些食品如调味品、饮料、果汁中可加入适量的防腐剂来达到防霉腐的目的，如用苯甲酸来使酱油防腐，用山梨酸、脱氢醋酸作化妆品防腐剂等。

灭菌、消毒和防腐的比较见表 4-6。

表 4-6 灭菌、消毒和防腐的比较

比较项目	灭菌	消毒	防腐
处理因素	强理、化因素	理、化因素	理、化因素
处理对象	任何物体内外	生物体表、酒、乳等	有机质物体内外
微生物类型	一切微生物	有关病原菌	一切微生物

续表

比较项目	灭菌	消毒	防腐
对微生物作用	彻底杀灭	杀死或抑制	抑制或杀死
实例	加压蒸汽灭菌，辐射灭菌，化学杀菌剂	75%①酒精消毒，巴氏消毒法	冷藏、干燥、糖渍、盐腌、缺氧、化学防腐剂

一、常用的物理灭菌方法

（一）加热灭菌

微生物细胞的蛋白质、核酸等大分子对高温非常敏感。当环境温度超过微生物的最高生长温度，将会引起微生物死亡，所以，加热是最有效的控制微生物的物理因素。不同微生物的最高生长温度不同，不同生长阶段的微生物抗热性也不同，因此可根据不同对象，通过控制热处理的温度和时间达到灭菌或消毒的目的。常见的高温灭菌（消毒）方法主要有干热和湿热两大类。

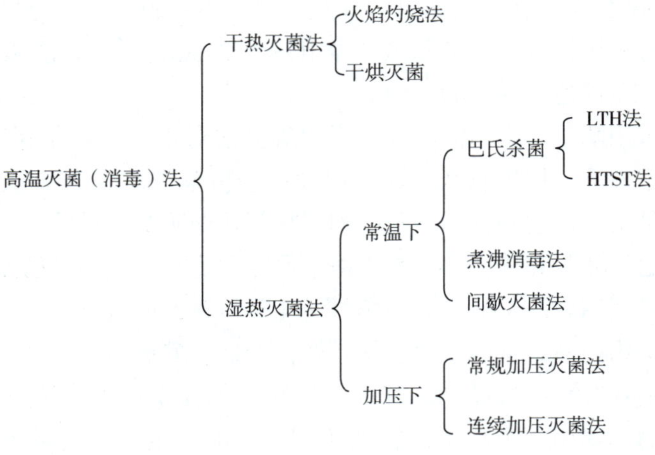

1. 干热灭菌法

干热灭菌时，微生物由于干热脱水导致蛋白质变性而死亡。

（1）灼烧法　即直接在火焰上灼烧灭菌。这种方法是最简单、最彻底的加热灭菌方法，该法由于对被灭菌物品破坏极大，所以使用范围有限，常用于接种工具和一些金属小工具及试管口等的灭菌。

（2）干烘灭菌　不宜直接用火焰灭菌的物品，如玻璃器皿、陶瓷制品等，则可采用在烘箱内利用热空气灭菌。一般烘箱内空气升温至150~170℃，维持1~2h。

① 全书酒精百分比统指体积分数。

一般营养体在100℃，维持1h即会死亡；而芽孢在160℃，维持2h才会全部死亡。操作时应注意烘箱内温度不要超过180℃，以防棉塞和包装纸等烤焦而燃烧。这种方法所需时间较长，且不适用于液体样品和培养基的灭菌。

2. 湿热灭菌法

湿热灭菌是利用热蒸汽灭菌。在相同温度下，湿热灭菌比干热灭菌效果好（表4-7），这是因为：①水蒸气具有更强的穿透力，能更有效地杀灭微生物（表4-8）；②水蒸气存在潜热，当蒸汽液化为水时可放出大量热量，故可迅速提高灭菌物品的温度，缩短灭菌时间；③蛋白质的含水量与其凝固温度成反比（表4-9），因此，湿热更易将蛋白质的氢键打断，使其发生变性凝固。湿热灭菌因为具有以上优点，被广泛应用于培养基和发酵设备的灭菌。

表4-7 干热与湿热灭菌法对不同细菌的致死时间比较

细菌种类	干热90℃	90℃，相对湿度分别为		细菌种类	干热90℃	90℃，相对湿度分别为	
		20%	80%			20%	80%
白喉棒杆菌	24h	2h	2min	伤寒杆菌	3h	2h	2min
痢疾杆菌	3h	2h	2min	葡萄球菌	8h	3h	2min

表4-8 干热和湿热灭菌法穿透力的比较

加热方式	温度/℃	加热时间/h	透过布的层数及其温度/℃		
			20层	40层	100层
干热	130~140	4	86	72	70以下
湿热	105	4	101	101	101

表4-9 蛋白质含水量与其凝固温度的关系

蛋白质含水量/%	蛋白质凝固温度/℃	灭菌时间/min	蛋白质含水量/%	蛋白质凝固温度/℃	灭菌时间/min
50	56	30	6	145	30
25	74~80	30	0	160~170	30

常用湿热灭菌法有下列几种：

（1）常压法

①巴氏杀菌法：最早由法国微生物学家巴斯德采用。这是一种中温消毒法，常用于牛乳、酿造酒、酱油、醋与食品的杀菌，此法可杀死物料中的无芽孢病原菌（如牛奶中的结核分枝杆菌或沙门氏菌），而不影响食品的营养和风味。具体做法可分为两类：第一类是经典的低温维持法（LTH），将待消毒的物品，在60~

62℃加热 30min 或 70℃加热 15min；第二类改良的方法是高温短时法，消毒时只需将待消毒物品（如牛乳）在 71.6℃保持 15s。近年来，由于设备的改良，尤其是采用流动连续操作系统（图 4-9）后，巴氏杀菌逐渐演化成一种采用更高温度、更短时间的灭菌方法，即超高温瞬时灭菌法，让牛乳等液体食品停留在 140℃左右（如 137℃或 143℃）的温度下保持 3~4s，急剧冷却至 75℃，然后经均质化后冷却至 20℃。这种方法能达到灭菌的目的，而且处理后的牛乳等饮料可存放长达 6 个月。

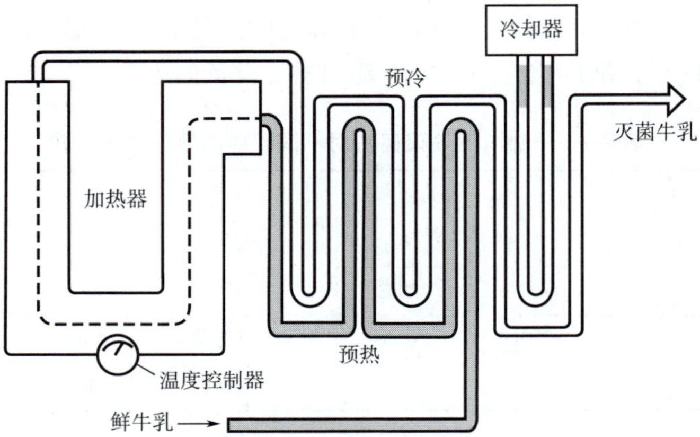

图 4-9　超高温瞬时灭菌法的操作流程图

②煮沸消毒法：仅是一种消毒方法，应用范围较广。物品在水中煮沸（100℃）维持 15min 以上，可杀死细菌和真菌的营养细胞，但不能杀死全部细菌芽孢和真菌孢子。延长煮沸时间或在水中加入 1%Na_2CO_3 或 2%~5%石炭酸可增加消毒效力。煮沸法方便易行，常用于家庭中消毒餐具、衣物和饮用水。

③间歇灭菌法：又称分段灭菌法或丁达尔灭菌法。适用于不耐高温的培养基、药液、酶制剂、血清等的灭菌。具体做法是将物品放在 80~100℃下蒸煮 15~60min，以杀灭其中所有微生物营养体，再搁置室温（28~37℃）下过夜，诱导其中残存的芽孢发芽，连续重复该过程 3 次以上。这种方法可以在较低的灭菌温度下达到彻底灭菌的良好效果。例如，培养硫细菌的含硫培养基采用此法灭菌可保证培养基内所含元素硫在 99~100℃下保持正常结晶型，若用 121℃加压法灭菌，就会引起硫的融化。

（2）加压法

①常规加压灭菌法：也称高压蒸汽灭菌法，是目前应用最广、最有效的灭菌手段。具体做法是：将待灭菌的物品放置在盛有适量水的专用加压灭菌锅内，盖上锅盖，打开排气阀，通过加热煮沸，让蒸汽驱尽锅内原有的冷空气，然后关闭锅盖上的阀门，再继续加热，使锅内蒸汽压逐渐上升，温度也随之上升至 100℃以

上。一般将蒸汽压升至 0.103MPa，此时温度是 121℃，维持 15～30min。有时待灭菌物品中有易被破坏的成分时，则可采用在较低温度（115℃，压力 0.075MPa）下维持 35min 的方法，灭菌完毕后应缓慢地放气减压，以免被处理容器内液体突然沸腾，弄湿棉塞或冲出容器。当压力降到零时，才能打开灭菌锅的盖子。加压蒸汽灭菌法适用于一切微生物化验室、医疗保健机构或发酵工厂对培养基、器材和其他物料的灭菌。

②连续加压蒸汽灭菌法：在发酵行业里也称“连消法”，仅用于大型发酵厂的大批培养基灭菌。其主要操作原理是让培养基在管道的流动过程中快速升温、维持和冷却，然后流进发酵罐。培养基一般加热至 135～140℃ 维持 5～15s。其优点是：采用高温瞬时灭菌，既彻底地灭了菌，又有效地减少了营养成分的破坏，从而提高了原料的利用率和发酵产品的质量和产量；在抗生素发酵中，它可比常规“实罐灭菌”（121℃、30min）提高产量 5%～10%；由于总的灭菌时间比分批灭菌法明显减少，故缩短了发酵罐的占用时间，提高了它的利用率；由于蒸汽的负荷均衡，故提高了锅炉的利用率；适宜于自动化操作，降低了操作人员的劳动强度。

（二）辐射灭菌

能量通过空气或者外层空间以波动方式传递称为辐射。在处理微生物工作中经常用到的是电磁辐射。电磁辐射的射线是电磁波，包括无线电波、红外线、可见光、紫外线、X 射线、γ 射线等。这些射线都以相同的速度传播，但波长不等，对微生物作用也各不相同（图 4-10）。

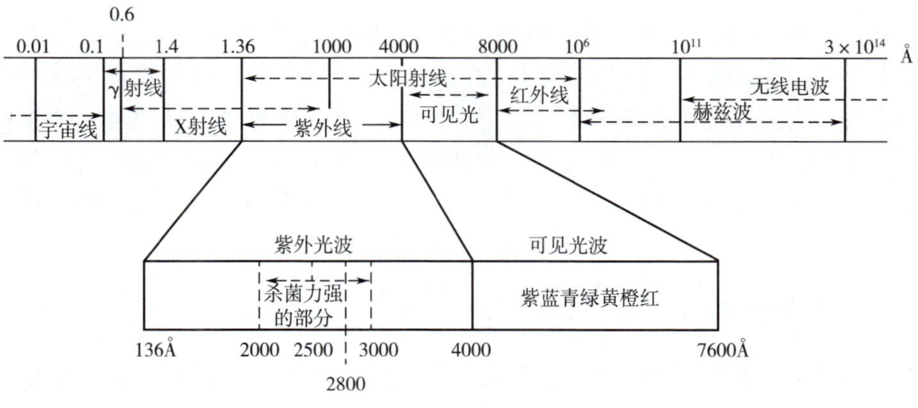

图 4-10　不同波长辐射与杀菌作用的关系

注：1Å = 10^{-10}m。

无线电波波长最长，对微生物的作用微弱。波长稍短的红外线，具有较高的热效应，但直接灭菌能力很差。可见光对微生物作用不大。波长较短的紫外线，则具有很强的杀菌能力。波长更短的 X 射线和 γ 射线，是高能电磁波，对物质有很强的穿透力和杀菌作用，它们能使被照射的物质产生电离作用，所以又称电离辐射。

紫外线是日光的一部分，波长在100~400nm，其中265nm波长的紫外光对微生物最具杀伤力。当微生物被照射时，细胞的DNA吸收能量，形成胸腺嘧啶二聚体，此时腺嘌呤无法正确配对，从而干扰DNA的复制和蛋白质的合成，造成微生物的死亡，若照射剂量或时间不足时，可能引起微生物变异。

不同的微生物或微生物的不同生理状态对紫外线的抵抗力是不同的。一般说来，革兰氏阴性菌对紫外线最为敏感，革兰氏阳性菌次之。营养细胞对紫外线的抵抗力弱于芽孢。酵母菌在对数生长期对紫外线的抵抗力最强，而在长期缺氧的情况下抵抗力最弱。

紫外线的穿透力很弱，易被固形物吸收，不能透过普通玻璃和纸张。因此紫外线只适用于表面消毒和空气、水的消毒。实际应用时，可以根据$1W/m^3$来计算剂量。若以面积来计算，30W紫外灯用于$15m^2$房间照射20~30min即可杀死空气中的微生物，因此紫外灭菌广泛应用于微生物化验室、医院、公共场所的空气消毒。

当空气相对湿度超过55%~60%时，紫外线的杀菌效果迅速下降。另外必须防止紫外线对人体的直接照射，以免损伤皮肤和眼结膜。紫外线可能诱导产生环境中的有害变化而间接影响微生物的生长，如使空气中产生臭氧，水中产生过氧化氢，培养基中产生有机的过氧化物等。

X射线和其他电离辐射是有效杀菌剂，但从经济角度考虑，常规消毒灭菌中很少应用。

微波是指频率在300MHz到300000MHz的电磁波，介于普通的无线电波和红外辐射之间。微波的杀菌作用主要是微波的热效应造成的。微生物在微波电磁场的作用下，吸收微波的能量产生热效应，同时，微波造成分子加速运动使细胞内部受到损害，从而导致微生物死亡。微波产生热效应的特点是加热均匀、热能利用率高、渗透能力强、加热时间短，可以利用微波进行培养基灭菌和酒精消毒等。

（三）过滤除菌

对于加热会改变其理化性质的溶液，都不适于用加热法灭菌而最好用过滤法除菌。即将液体通过某种多孔材料，如烧结陶瓷板、多孔玻璃和石棉丝等，使微生物与液体分离。目前通常使用的是膜滤器。

膜滤器采用微孔滤膜作材料，通常由硝酸纤维素制成，可根据需要使之具有0.025~25nm不同范围大小的特定孔径。当含有微生物的液体通过微孔滤膜时，大于滤膜孔径的微生物不能通过过滤膜而被阻拦在膜上，与通过的滤液分离开来。微孔滤膜具有孔径小、价格低，可高压灭菌、不易阻塞、滤速快、可处理大容量的液体等优点。但当滤膜孔径小于 0.22nm 时易引起孔阻塞，且过滤除菌无法滤除病毒、噬菌体和支原体。

过滤除菌可用于对热敏感液体的灭菌，如含有酶或维生素的溶液、血清等。发酵工业上应用的大量无菌空气，也是采用过滤方法获得的，使空气通过铺放多层棉花和活性炭的过滤器或者超细玻璃纤维纸，便可滤除空气中的微生物。过滤除菌还可代替巴斯德消毒用于啤酒的生产。

二、常用的化学消毒方法

许多化学药剂能抑制或杀死微生物，根据它们的效应，可分为三类：消毒剂、防腐剂和灭菌剂。但这三者之间，没有严格的界限，因用量而异。用量少时，可以防腐，称防腐剂；用量多时，可以消毒，称为消毒剂；更多一些，就可以起到灭菌作用称为灭菌剂。

理想的消毒剂应具有以下特性：①杀灭各种类型的微生物；②作用迅速；③不损伤机体组织或不具毒性作用；④其杀菌作用不受有机物的影响；⑤能透过被消毒的物体；⑥易溶于水，与水形成稳定的水溶液或乳化液；⑦当接触热、光或不利的天气条件时不易分解；⑧不损害被消毒的材料；⑨价格低廉，运输方便。

常用的消毒剂有以下几类。

1. 酸碱类物质

酸和碱可抑制或杀灭微生物，其作用原理在于极端酸碱条件可使蛋白质变性。如石灰以 1∶4 或 1∶8 配成糊状，消毒排泄物及地面；醋酸加热蒸发可以进行空气消毒；而苯甲酸、山梨酸和丙酸则是重要的食品防腐剂。

2. 氧化剂

氧化剂可作用于蛋白质的巯基使蛋白质和酶失活，强氧化剂还可破坏蛋白质的氨基和酚羟基。常用的氧化剂有：

（1）高锰酸钾　0.1%高锰酸钾溶液常用于皮肤、口腔和水果、蔬菜的消毒，2%~5%的溶液能杀死芽孢。在酸性溶液中，它的作用增强。有机物的存在会使它还原成二氧化锰而影响它的杀菌效力，高锰酸钾溶液浓度过高时对皮肤有刺激性。

（2）过氧化氢　过氧化氢俗称双氧水，是一种活泼的氧化剂，易分解成水和氧。常用浓度 3%的溶液进行伤口消毒。过氧化氢在组织细胞中通过触媒催化生成新生氧和水分子，发挥其杀菌作用，如下式：

$$H_2O_2 \xrightarrow{\text{触酶}} H_2O + [O]$$

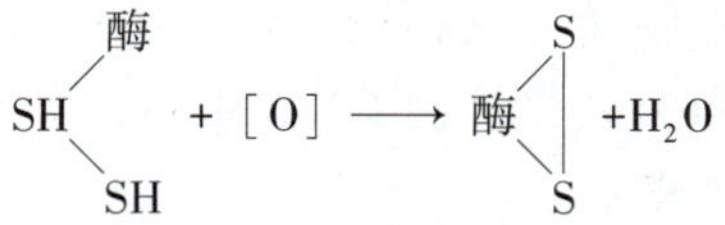

也有人认为过氧化氢释放水分子，其中的羟基（—OH）强烈吸引某些蛋白质中的氢原子，引起分子重排，导致微生物死亡。过氧化氢的缺点是容易因分解而

失效。

（3）氯　氯是最有效和应用最广泛的化学消毒剂，常用于自来水消毒，消毒剂量一般为0.2~1.0mg/kg。

（4）过氧乙酸　过氧乙酸是一种高效速效广谱和无毒的化学杀菌剂，可分解为醋酸、过氧化氢、水和氧。过氧乙酸适用于各种塑料、玻璃制品、棉布、人造纤维制品的消毒，也可用于水果蔬菜等的表面消毒。据报道，0.001%浓度的过氧乙酸水溶液能在10min内杀死大肠杆菌。

3. 有机化合物

（1）酚类　酚类能凝固菌体蛋白质，还能作用于细胞膜上的酶类，造成细胞膜渗漏导致微生物死亡。苯酚俗称石炭酸，是评价其他防腐剂或消毒剂的标准消毒剂。一般情况下其对革兰氏阳性菌作用敏感，高浓度时能杀灭革兰氏阴性菌。2%~5%的溶液作为消毒剂用于器械及喷雾消毒，0.5%的溶液可用于消毒皮肤、桌面及用具等。

（2）醇类　醇类具有较强的杀菌能力。最常用的是乙醇（俗称酒精）。75%的乙醇是有效的皮肤消毒剂。它的杀菌机制是使蛋白质变性和溶解脂肪，使细胞膜破裂。乙醇同时也是强的脱水剂。丙醇、丁醇、戊醇均有更强的杀菌效力，但价格昂贵又不与水混溶；甲醇对组织有毒性，故一般不作为消毒剂。

（3）甲醛　醛类的作用主要是使蛋白质烷基化，改变酶或蛋白质的活性，使菌的生长受到抑制或死亡。常用的醛类是甲醛。0.1%~0.2%的甲醛溶液能杀死细菌繁殖体，5%的甲醛溶液能杀死芽孢。40%甲醛的水溶液称福尔马林，具有抑菌和杀菌作用。生产中常以2%的甲醛溶液浸泡器械或以10%的溶液熏蒸消毒厂房。

（4）表面活性剂　表面活性剂可以破坏菌体细胞膜的结构，造成胞内物质泄漏、蛋白质变性、菌体死亡。肥皂为常用阴离子表面活性剂，其主要作用是机械性地移去微生物；新洁尔灭是人工合成的季铵盐阳离子表面活性剂，常用于皮肤、器皿及空气的消毒，使用浓度为0.1%~0.25%。

三、影响灭菌和消毒的因素

由于微生物的种类、菌龄、细胞的构造和所处的环境不同，所以会造成灭菌消毒的效果差异。下面就一些主要的影响因素加以叙述。

1. 不同的微生物对热的抵抗力和对消毒剂的敏感性不同

细菌、酵母菌的营养体、霉菌的丝状体对热较敏感，60℃ 30min就可以被杀死。而抗热性很强的好热性脂肪芽孢杆菌，营养细胞在80℃以上还可以生长。噬菌体比寄主细胞的抗热性强，大肠杆菌60℃ 30min可以被杀死，但大肠杆菌噬菌体需要100℃ 10min才能被破坏。

放线菌、酵母菌、霉菌的孢子比营养细胞抗热性强，在80~90℃ 30min以上才能被杀死。细菌芽孢的抗热性更强，如枯草芽孢杆菌的芽孢在100℃ 20min方被杀死。

不同的微生物对消毒剂有不同的敏感性，这主要是与其细胞的结构有关。消毒剂只有透入细胞膜，使蛋白质发生变化，才能有杀菌作用。例如，抗酸性菌对消毒剂的抵抗力较非抗酸菌强。

不同菌龄的细胞，其抗热性、抗毒力也不同。在同一温度下，对数期的菌体细胞抗热力、抗毒力较小，稳定期的老龄细胞抗性较大。

2. 灭菌处理剂量对微生物的影响

灭菌处理剂量包含有两个量，一是处理时的强度；二是处理方法对微生物的作用时间。所谓强度，在加热灭菌中指灭菌的温度；在辐射灭菌中指辐射的剂量；在化学药剂消毒中指的是药物的浓度。一般来说，强度越高，作用时间越长，对微生物的影响越大，灭菌程度越彻底。在实际工作中，必须明确灭菌所需的强度和时间，并在操作中充分地加以保证。

3. 微生物污染程度对灭菌的影响

待灭菌的物品中含菌数越多时，灭菌越是困难，灭菌所需的时间和强度均应增加。这是因为微生物群集在一起，加强了机械保护作用，而且抗性强的个体增多了的缘故。

4. 温度的影响

除了加热灭菌完全依靠温度作用外，其他灭菌方法也都受到温度变化的影响。一般地说，在以上所提到的几种灭菌方法中，温度越高，灭菌效果越好。菌液被冰冻时，灭菌效果则显著降低。

5. 湿度的影响

熏蒸消毒、喷洒干粉，喷雾与空气的相对湿度合适时，灭菌效果最好。例如，喷洒干粉时，只有在较高的湿度下，才能使药物潮解，发挥作用。

此外，在干燥的环境中，微生物常被介质包被而受到保护，使电离辐射的作用受到限制，这时，灭菌所需的电离辐射剂量就必须加强了。

6. 酸碱度的影响

大多数的微生物在酸性或碱性溶液中，比在中性溶液中容易被杀死。例如，pH 低时，微生物对电离辐射更为敏感，灭菌所需时间缩短。

另外，酸碱度的变化还会严重影响杀菌因子的作用。如戊二醛、新洁尔灭在碱性条件下杀菌效果好，而含氯消毒剂、酚类消毒剂则在酸性条件下使用效果较好。

7. 介质对灭菌的影响

微生物所依附的介质对灭菌效果影响较大。介质成分越复杂，灭菌所需的强度越大。培养基中的蛋白质、糖和脂肪等物质对微生物都有一定的保护作用。这些物质包围在微生物外面，可防止各种消毒灭菌因子的穿透，并且消耗掉一些杀菌因子。条件许可时，应将需灭菌的物品先清洗，然后再灭菌。

8. 穿透条件的影响

杀菌因子只有同微生物细胞相接触，才可发挥作用。在灭菌时，必须创造穿透条件，保证杀菌因子的穿透。例如，固体培养基不易穿透，灭菌时所需时间应较液体培养基长；湿热蒸汽的穿透能力比干热强；环氧己烷的穿透力比甲醛强。

高浓度的石炭酸和酒精能凝固细胞膜的表层或其周围的蛋白质，从而影响它们渗入微生物体内的能力。因此，必须在使用时注意石炭酸和酒精的合适浓度。

9. 氧的影响

氧的存在能加强电离辐射的杀菌作用。当有氧存在时，产生的H·可与氧产生有强氧化作用的H_2O·和H_2O_2，与无氧照射时相比，杀灭作用要强2.5~4倍。

项目四 微生物的分离和纯培养

一、无菌技术

在自然界中，微生物是肉眼看不见的微小生物，而且分布很广，无处不在，因此，微生物进行研究与应用时，必须防止被其他微生物污染。将微生物分离、转接及培养时防止被其他微生物污染的技术称为无菌技术。

（一）对使用的器具、设备及培养基灭菌

凡微生物研究及生产过程中所使用的器具（如试管、吸管、三角瓶、平皿）、设备（如发酵罐）以及培养微生物用的培养基必须进行严格的灭菌。其中常用的方法是高压蒸汽灭菌及高温干热灭菌。灭菌后可做无菌检查。

（二）创造无菌环境

在操作及培养微生物过程中，必须在无菌条件下进行。

（1）在火焰中上部的无菌区进行接种和分离，将接种针或耐热器具进行灼烧可达无菌效果。

（2）利用无菌箱、超净工作台或无菌室进行操作，在使用前可用甲醛熏蒸空间及用紫外线灭菌，使空气及物品表面的微生物被杀死。操作人员必须穿工作服，戴口罩、帽子及换鞋，用75%乙醇消毒双手。

（3）好氧培养中，所用试管及三角瓶的口端加上棉塞、硅胶塞或多层纱布，这样既能进入空气，又把外界的微生物及尘埃隔除在外。对于好氧的发酵生产，则通入经过滤的无菌空气。

二、微生物的分离方法

在自然界中筛选出有用的微生物，生产中挑选出优良菌种，对被污染的菌种

进行纯化均要进行微生物的分离。因此掌握微生物的分离技术是科研与生产中不可缺少的重要手段。下面介绍几种微生物的分离方法。

（一）平皿划线分离法

将已灭菌的琼脂培养基倒入无菌的平皿中，冷却凝固后用接种针蘸取少量的被分离菌，在培养基表面进行划线（图 4-11），经培养后形成菌落。在划线开始的部位菌落较密集，往往形成菌苔，而在划线的末尾部位，常可见到单个孤立的菌落，此单个菌落可能由一个细胞繁殖而来，故能达到分离的目的。

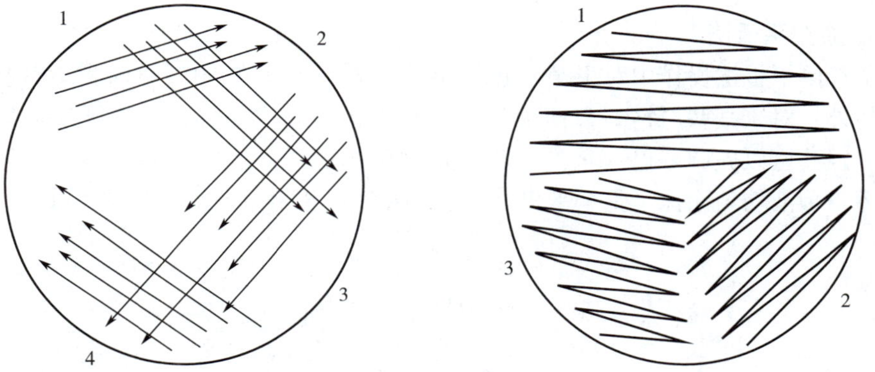

（1）交叉划线　　（2）连续划线

图 4-11　划线分离法

1—第一次划线区　2—第二次划线区　3—第三次划线区　4—第四次划线区

另外可用 L 形的玻璃棒（玻璃涂布棒）蘸取少量的菌体，在培养基表面涂布，亦可得到分离的效果，对严格好氧的微生物来说应采用此法。

（二）稀释分离法

1. 液体稀释法

首先将待分离的微生物接种到液体培养基中，经培养后测定其单位体积的含菌数，使稀释后的一定体积（如 0.5mL 或 1mL）液体中大约只含 1 个细胞，则将该菌液接种 1mL 至盛有液体培养基的试管中，静置培养 24~48h 后观察。如果管底只出现 1 个菌落，则可达分离目的。这种方法适用于细胞较大的微生物。

2. 稀释倒平板法

这是最常用的纯种分离方法。先将待分离的菌体做一系列的稀释（如 1∶10、1∶100、1∶1000…），然后分别取不同稀释度的菌液少许与已灭菌熔化并冷却至 50℃的琼脂培养基相混合，摇匀后倾入已灭菌的平皿中，待琼脂凝固后保温培养一定时间即可见到平板上长出一些单个分散的菌落，这一菌落可能是由 1 个细胞繁殖而成的，见图 4-12。

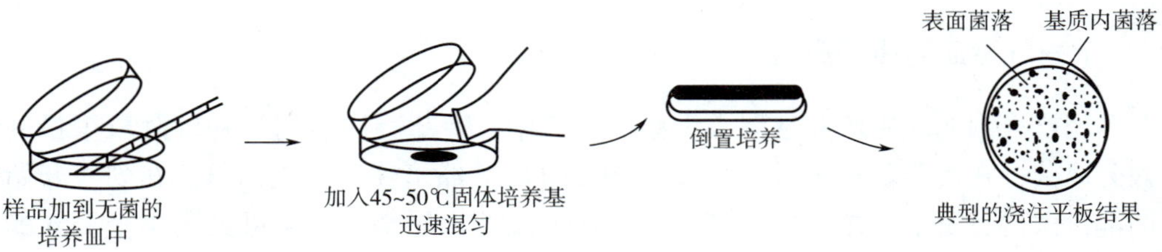

图 4-12　稀释后用平板分离细菌单菌落

3. 涂布平板法

稀释倒平板法操作中对于某些热敏感菌来说，可能在 50℃的琼脂培养基中死亡。另外，对于某些严格好氧菌因被固定在平板中间或底部，由于缺氧而影响其生长。因此可以先制好已灭菌的平板，把已稀释的样品滴加入平板表面，用无菌玻璃棒将菌液均匀涂抹于整个平板上，经培养后可长出单菌落，见图 4-13。

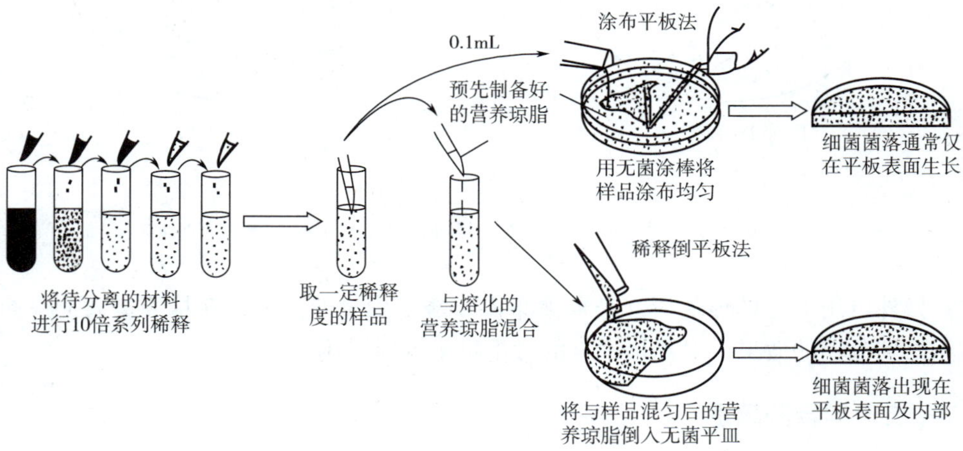

图 4-13　涂布平板法

（三）单细胞（单孢子）挑取法

前述的方法不能有目的地选取所需要的微生物个体，现还可以采用显微技术，通过显微挑取器选出所需的细胞或孢子。

具体方法是把显微挑取器安装在显微镜上，用极细的毛细吸管或显微针、钩、环等挑取单个细胞或孢子。若没有显微操作仪时，也可以把菌液多次稀释，把一小滴放在显微镜下观察，选取只含 1 个细胞的该液滴进行培养，可得到分离效果。此法要求一定的装置，操作技术也有一定难度，多限于高度专业化的科研中采用。

也可以将营养琼脂培养基和稀释样品混合后，倒入无菌平皿，培养后既可长出单菌落。

三、接种

接种技术是微生物学实验及研究中的一项最基本的操作技术。接种是用接种环或接种针分离微生物，或将纯种微生物在无菌操作条件下由一个培养器皿移植到盛有已灭菌并适宜该菌生长繁殖所需要的培养基的另一器皿中。由于打开就可能引起器皿内部被环境中的其他微生物污染，因此微生物所有实验的所有操作均应在无菌条件下进行。根据不同的实验目的及培养方式可以采用不同的接种工具和接种方法。常用的接种工具有接种针、接种环、接种铲、无菌玻璃涂棒、无菌移液管、无菌滴管或移液枪等，常见的接种方式有以下几种（表 4-10）。

表 4-10　微生物的接种方式

菌种	培养基	接种工具	接种方法
细菌	固体斜面培养基	接种环	自试管底部向上端轻轻划一直线或之字形曲线
	半固体培养基	接种针	穿刺接种，中心垂直插入，再退回
	液体培养基	接种环	液面以下，接触管壁
放线菌	斜面	接种环	自试管底部向上端轻轻划一直线或之字形曲线
酵母菌	斜面	接种环	自试管底部向上端轻轻划一直线或之字形曲线
霉菌	斜面、平板	接种钩	点植

（一）斜面接种

斜面接种是从已长好微生物的菌种试管中挑取少许接种至空白斜面培养基上。

（二）液体接种

液体接种是由斜面菌种或液体菌种接种到液体培养基（如试管或锥形瓶）中的方法。

（三）穿刺接种

穿刺接种常用来接种厌氧菌，是检查细菌的运动能力或保藏菌种的一种接种方法。具有运动能力的细菌，经穿刺接种培养后，能沿着穿刺线向外运动生长，故形成的菌的生长线粗且边缘不整齐；不能运动的细菌仅能沿穿刺线生长，故形成细而整齐的菌生长线。

（四）平板接种

平板接种即用接种环将菌种接至平板培养基上，或用移液管、滴管将一定体积的菌液移至平板培养基上，然后培养。平板接种的目的是观察菌落形态，分离纯化菌种，活菌记数以及在平板上进行各种实验。常见方式有斜面接平板、液体接平板和平板接斜面。

此外，根据实验的不同要求，可以有不同的接种方法。如做抗菌谱试验时，可用接种环取菌在平板上与抗生素线条相垂直划线；做噬菌体裂解试验时可在平板上将菌液与噬菌体悬液混合涂布于同一区域等。

四、微生物的培养

（一）分批培养

此内容见本学习单元微生物的生长——微生物的生长繁殖章节里的微生物生长曲线知识点。

（二）连续培养

在上述的分批培养中，因培养基一次性加入，营养物质的消耗及有害代谢物的积累，限制了微生物的旺盛生长。在生产实践和科学研究中，常需要微生物的生长期保持在对数期。当一定培养器内的微生物生长到对数期后期时，以一定速度连续流进新鲜培养基，又以同样流速不断流出培养物，使培养物达到动态平衡，使其中的微生物长期保持在对数期和稳定的生长速率上，这样的方法为连续培养法。

连续培养是在连续培养器中进行的，连续培养器按控制方式可分为恒浊器和恒化器。

1. 恒浊器

恒浊器是一种根据培养器内微生物的生长密度，借光电控制系统来控制培养液的流速，以使得菌体密度高、生长速度恒定的连续培养器。在恒浊器中，当培养基的流速低于微生物生长速度时，菌体密度增高，这时通过光电控制系统的调节，可促使培养液流速加快；当浊度低于指标时，流速减慢，浊度增加。以此来达到恒密度的目的。

在恒浊器中的微生物，始终能以最高生长速率生长，可连续为生产提供一定生理状态的菌体和与菌体相平行的代谢产物。

2. 恒化器

恒化器是一种使培养液流速保持不变，使培养液浓度和微生物生长速率相对恒定的一种连续培养装置。在一定范围内，微生物的生长与营养物的浓度成正比。当某一种营养物质的浓度较低时，就会抑制微生物的生长，成为限制生长因子，当生长限制因子得到恒定量的补充时，微生物也保持恒定生长率。调节生长限制因子的浓度，就可调节微生物的生长速率。

恒化连续培养就是在通过控制某种所必需的营养物质，使其始终成为生长限制因子的条件下而进行的。多种物质都可作为恒化连续培养中的生长限制因子，这些物质必须是微生物生长所必需，而在一定浓度范围内决定微生物生长速率。如氮源中的氨基酸、碳源中的葡萄糖、麦芽糖以及生长因子、无机盐等是常用的生长限制因子。

恒化培养所用的培养基成分中，要将某一种必须营养物质的浓度控制在较低水平，使其成为生长限制因子，这样微生物的生长率取决于生长限制因子的浓度。随着微生物的生长，限制因子浓度降低，以至影响微生物的生长速率，但同时通过恒定流速不断得到补充，故能保持恒定的生长速率，使新鲜培养基的流速与微生物的生长速率处于相平衡状态。

恒化连续培养主要用于实验室科学研究中，尤其用于与生长速率相关的各种理论研究。由于在自然界中，微生物一般处于营养物质低浓度下，生长比较慢，恒化培养与之有类似之处。恒化培养作为研究自然条件下，微生物生态体系的模拟实验是很有价值的。

连续培养法还用于发酵工业中，如丙酮-丁醇发酵就是采用了连续发酵法。连续发酵法取消了分批发酵中各批之间的间隔时间，从而缩短了生产周期，提高了设备利用率；还便于自动控制，减少动力消耗及体力劳动，产物也较均一。但连续发酵中的杂菌污染、菌种退化等问题还有待于解决。

（三）补料分批培养

在生产实践中，完全封闭式的分批培养或纯粹的连续培养较为少见，更多见的是两者的折中形式——补料分批或流加发酵。补料发酵是根据菌株生长和初始培养基的特点，在分批培养的某些阶段适当补加部分配料成分或碳源，以提高菌体或代谢产物的产率。补料分批发酵的特点有以下几点。

1. 减弱底物抑制和产物抑制

微生物的生长会受到高浓度底物和逐步过量产生的代谢产物的抑制，若将初始底物浓度降低，就会限制菌体密度和产物浓度的提高。但采用间歇补料，通过不断地流加限制性底物就可克服该缺点，可以避免葡萄糖效应对微生物生长和产物积累的影响。流加补料还可稀释降低代谢产物的浓度，减轻其抑制生长作用。

2. 增加次级代谢产物的产量

次级代谢产物常常在生长平衡期才开始合成，与稳定期的细胞密度和延续时间密切相关。但间歇发酵的平衡期比较短，因营养物质已大量消耗，可同化量很少，很快就进入衰亡期。通过补料可延长平衡期，增加次级代谢产物的产量。

3. 提高发酵的细胞密度

补料发酵时不断地向发酵罐补偿限制性底物，微生物始终能获得充分的营养，菌体密度就可以增加，合理改进发酵工艺，细胞密度可以达到 10% 以上干细胞，可大大提高产率。

4. 可以使培养条件保持相对恒定

发酵过程中的培养环境会随着代谢作用的进行而变化，如培养基的 pH，这时可流加氨水或通氨来恒定 pH，还补充了氮源。

由于上述优点以及操作方便，所以补料分批培养在发酵工业中得到了广泛的应用。

（四）同步培养

微生物在一般的培养过程中，虽有时以一定速率生长，但并非所有菌体均同时进行分裂，即使在分裂最快的对数期内也是如此，即培养中的菌体不是全部处于同一生长阶段。通常所得的生长、生理生化特性数据实际上是群体的平均值。而研究微生物某一阶段的生理性状或生化活性，要求微生物群体必须处于相同的生长阶段。使培养中的微生物同时进行分裂，生长发育在同一阶段的培养方法为同步培养法。进行同步培养的方法有诱导法和选择法。

1. 诱导法

诱导法是一种通过控制环境条件（如温度、光线、营养条件等），诱导微生物同步生长的方法。最常用的是温度控制。例如先将细菌放在低于最适生长温度条件下，保持一段时间，使其缓慢代谢，但不分裂，然后将培养温度升至最适温度，就易使菌体同时分裂。

诱导法是在非正常条件下迫使菌体同步分裂，都会干扰菌体的正常代谢。得到的同步生长菌体只能维持 1~2 代，以后群体又表现为不同步的杂乱生长。

2. 选择法

选择法是一种用机械法选出大小相同的菌体后加以培养，使其同步生长的方法。常用的是选择性过滤法或梯度离心法，将大小不等的微生物分开，取同样大小的菌体培养，即可得到同步生长的微生物。选择法不影响菌体的代谢。

无论采用哪种方法，每次处理后的微生物最多只能维持 2~3 代的同步生长，在以后培养过程中会很快丧失其同步性。

（五）高密度细胞培养

高密度细胞培养一般是指在液体培养中细胞含量超过常规培养 10 倍以上的发酵技术。在采用毕赤氏酵母进行高密度细胞发酵时，生物量达到 100g/L（以干重计），代谢物的产量也大为提高，所以该技术能大大提高生产率，并提高产物的分离和提取效率。但要达到高密度细胞培养（high cell density culture），不仅要选育合适的菌种，而且在培养工艺技术上必须作相应的改进，如培养基的成分和比例的优化；补料技术的采用；溶氧浓度的提高和防止有害产物的生成等。

（六）双菌或混菌培养

现代发酵工业以纯种发酵为主，而传统的固态法白酒和酱油的发酵都是多菌培养发酵的结果。在自然界微生物之间的共生与互生关系也是双菌与多菌共同生存的常态，这种关系反映了微生物存在着代谢“接力棒”的依赖状态，能相互改善生存条件。

维生素 C 的二步法生产是发酵工业双菌发酵的典型例子。如采用欧文氏菌和棒状杆菌进行串联发酵，先将 D-葡萄糖转化成 2，5-二酮基-D-葡萄糖酸，再进一步转化产生 2-酮基-L-古龙酸。另一路线是以葡萄糖高压加氢制成的 D-山梨醇作为发酵的主要原料，利用生黑葡萄糖酸杆菌或弱氧醋酸杆菌先进行第一步发酵，所生成的 L-山梨糖（醪液）于 80℃加热几分钟后再加入消过毒的辅料（玉米浆、尿素及无机盐等），即可开始第二步的混合菌株发酵。初期 pH 约为 7.0，两株菌生长均很正常；当作为伴生菌的芽孢杆菌开始形成芽孢时，产酸菌株开始产酸。

许多发酵是纯菌株无法实现的，只有混合菌株才能完成，所以采用混菌培养有可能获得新型的或优质的发酵产品，有时比单菌培养反应更快、更有效、更简便，当然混菌培养的反应机制较复杂。

【同步练习】

1. 名词解释：最高生长温度、专性好氧菌、兼性好氧菌、巴氏杀菌、间歇灭菌法。
2. 什么是微生物的生长？测定微生物生长有哪些方法？
3. 什么是微生物的生长曲线？它是如何绘制的？
4. 微生物生长曲线可分为哪几个阶段？各阶段的生长特点是什么？
5. 比较各种微生物数量测定法的优缺点。
6. 在测定微生物菌数时，用“MPN”表示什么？
7. 平板菌落计数法是否可把样品的活菌完全测出来？为什么？
8. 用比浊法测定微生物数量时，哪些因素会导致误差？
9. 微生物培养过程中 pH 变化规律如何？怎样调整？
10. 试列表比较灭菌、消毒和防腐的异同，并各举实例若干。
11. 为什么高浓度的糖或盐可以用于食品的防腐？为什么把它们归为物理防腐而非化学防腐？
12. 湿热灭菌与干热灭菌等具体操作方式各有哪些？各有什么特点？哪类灭菌方式更有效？
13. 下列物品各选用什么方法灭菌？试说明理由。

①培养基；②玻璃器皿；③室内空气；④酶溶液。

14. 试述常用杀菌剂的杀菌机制。

15. 什么叫无菌技术？为什么微生物的接种、分离和培养过程均需采用无菌技术？

16. 对微生物进行单细胞分离有哪些方法？单细胞分离的意义是什么？

17. 用三角瓶进行好氧微生物液体培养时，为什么要将其置于摇床中？

18. 用发酵罐进行好氧发酵时，如何保证菌体有充足的氧气？

19. 什么是分批培养？什么是连续培养？各有何优缺点？

20. 什么是恒化连续培养？什么叫恒浊连续培养？

21. 在工业上有哪些成功的连续发酵的实例？举例说明。

22. 什么叫混菌培养？为什么要采用混菌培养？举两例说明。

23. 在发酵生产中，为什么要尽量缩短延滞期？具体可采用哪些措施？

24. 在发酵生产中，为什么常采用连续流加或间歇补充营养料的工艺？

25. 在乙醇发酵与青霉素发酵中其代谢产物的形成各有何特点？分别说明在生产中采取什么措施实现高产？

学习单元五

微生物的代谢与发酵

【知识目标】

1. 了解分解代谢、合成代谢和能量代谢的概念。
2. 掌握能量代谢的机理以及生物氧化的类型。
3. 理解微生物的分解代谢，掌握糖分解代谢的四种途径。
4. 掌握微生物的发酵途径及其在发酵工业中的应用。
5. 理解初级代谢与次级代谢的概念。

【能力目标】

1. 能够运用微生物分解代谢、合成代谢和能量代谢的理论指导生产，获得初级代谢产物和次级代谢产物。
2. 能够通过转化代谢途径提高目的产物的产量。

知识讲解

新陈代谢（metabolism）简称代谢，是指细胞内发生的各种生化反应的总称，它主要由分解代谢（catabolism）和合成代谢（anabolism）两个过程组成。

新陈代谢=分解代谢+合成代谢

分解代谢即异化作用，是指细胞将大分子物质降解成小分子物质，并在这个过程中产生能量。一般可将分解代谢分为三个阶段：第一阶段是将蛋白质、多糖及脂类等大分子营养物质降解成氨基酸、单糖及脂肪酸等小分子物质；第二阶段是将第一阶段产物进一步降解成更为简单的乙酰辅酶 A、丙酮酸以及能进入三羧酸循环的某些中间产物，在这个阶段会产生一些 ATP、NADH 及 $FADH_2$；第三阶段是通过三羧酸循环将第二阶段产物完全降解生成 CO_2，并产生 ATP、NADH 及 FADH。第二、三阶段产生的 ATP、NADH 及 FADH 通过电子传递链被氧化，可产生大量 ATP。

合成代谢即同化作用，是指细胞利用简单小分子物质合成复杂大分子物质的过程，在这个过程中所利用的小分子物质来源于分解代谢过程中产生的中间物质或环境中的小分子营养物质。

在代谢过程中，微生物通过分解代谢产生化学能，光合微生物还可以将光能转换为化学能，这些能量除了用于合成代谢，微生物的运动和运输外，另外还部分以热和光的形式释放到环境中。

无论是分解代谢还是合成代谢，代谢途径都是由一系列连续的酶促反应构成的，前一步反应的产物是后续反应的底物。细胞通过各种方式有效地调节相关酶促反应，来保证整个代谢途径的协调性与完整性，从而生命活动得以正常进行。因此，酶在整个代谢过程中具有十分重要的作用。

项目一 微生物的酶

酶（enzyme）是活细胞内产生的具有高度专一性和催化效率的蛋白质，又称为生物催化剂。酶与一般的无机催化剂相对，具有催化效率高和高度专一性的特点。大分子的营养物质需经微生物产生的胞外酶分解成小分子化合物，才能被吸收利用。进入细胞内的营养物质也要通过酶的作用将其分解，并释放出能量。可以说，没有酶就没有生命。

一、酶的特性

（一）高效性

酶比无机催化剂的催化效率高千万倍，甚至亿万倍。如蔗糖酶可使比本身重 20 万倍的蔗糖分解。一分子的过氧化氢酶 1min 能催化分解 500 万个过氧化氢分子，比铁催化过氧化氢的效率高 100 亿倍。

（二）专一性

酶的专一性，就是指酶对作用的底物有严格的选择性，某一种酶只对某一类物质起作用，或某一种物质起作用，促进一定的反应生成一定的产物。根据酶对底物选择程度的不同，有以下三种情况。

1. 绝对专一性

这类酶的专一性很高，除了特定的底物外，不能作用于其他物质，如脲酶，只能催化尿素水解成 NH_3 和 CO_2，而不能催化甲基尿素水解。

2. 相对专一性

这类酶专一性程度较低，能够作用于分子结构相类似的化合物如脂肪酶不仅水解脂肪，也能水解简单的酯类；磷酸酶对一般的磷酸酯都有作用，无论是甘油的还是一元醇或酚的磷酸酯均可被其水解。

3. 立体异构专一性

有不少有机物，都有立体异构特性，当底物含有一个不对称碳原子时，一种酶只能作用于其旋光异构体中的一种，而对于其对映体则全无作用。如 α-淀粉酶只能水解淀粉中 α-1,4-糖苷键，不能水解纤维素中的 β-1,4-糖苷键；L-乳酸脱氢酶的底物只能是 L 型乳酸，而不能是 D 型乳酸。而延胡索酸酶只能催化延胡索酸（反丁烯二酸）生成苹果酸，而不能催化顺丁烯二酸反应。

（三）反应条件温和

酶在常温常压下的细胞内就能顺利催化各种反应。如广泛分布在土壤中的固氮微生物可在常温、常压条件下，将大气中的分子态氮固定成氨，不断使土壤增加氮素含量。而在工业上用化学法合成氨时，无机催化剂需要在 20000～30000kPa 和 500℃条件下才能进行。在自然界，如果没有雷电这种强有力的放电作用，空气中氮素的固定是根本不可能的。

（四）敏感性

酶是蛋白质，酶促反应要求一定的 pH、温度等温和的条件，但剧烈条件反而使酶失活，如强酸、强碱、有机溶剂、重金属盐、高温、紫外线、剧烈震荡等任何使蛋白质变性的理化因素都可能使酶变性而失去其催化活性。适宜温度和酸碱度是酶保持最高活性的重要因素，超过适宜范围，会降低酶的催化速度。不同的酶所需的最适温度和酸碱度是不同的（表 5-1）。

表 5-1　几种酶的最适温度和最适 pH

名称	最适温度/℃	最适 pH
液化淀粉酶	85～94	6.0～6.5
糖化淀粉酶	54～56	4.8～5.0
蛋白酶	50～55	7.0～8.0
碱性蛋白酶	50	10.0～11.0
脂肪酶	40	7.5
纤维素酶	45	4.5
果胶酶	50	3.0～3.5
核糖核酸酶	37	6.2
葡萄糖氧化酶	30～38	5.6

（五）可调节性

酶是生物体的组成成分，和体内其他物质一样，不断在体内新陈代谢，酶的催化活性也受多方面的调控。例如，酶的生物合成的诱导和阻遏、酶的化学修饰、抑制物的调节作用、代谢物对酶的反馈调节、酶的别构调节以及神经体液因素的调节等，这些调控保证酶在体内新陈代谢中发挥其恰如其分的催化作用，使生命活动中的种种化学反应都能够有条不紊、协调一致地进行。

二、酶的分类及其应用

（一）酶的分类

微生物体内的酶类与高等生物基本相似，但某些微生物也有特殊的酶类。如纤维素酶，有纤维素酶的微生物对纤维素有特殊的分解能力。再如固氮酶，使固氮微生物表现出独特的固氮能力。

1. 按组分分

根据酶的组成成分，可分为单纯酶和结合酶两类。

（1）单纯酶（simple enzyme）　是基本组成单位仅为氨基酸的一类酶。它的催化活性仅仅决定于它的蛋白质结构。脲酶、消化道蛋白酶、淀粉酶、酯酶、核糖核酸酶等均属此类。

（2）结合酶（conjugated enzyme）　是除蛋白质部分（酶蛋白 apoenzyme）外，还需要非蛋白质的物质，即所谓酶的辅助因子（cofactors），两者结合成的复合物称做全酶（holoenzyme），即：

全酶　=　酶蛋白　+　辅助因子
（结合蛋白质）（蛋白质部分）（非蛋白质部分）

（3）酶的辅助因子　酶的辅助因子可以是金属离子，也可以是小分子有机化合物。常见酶含有的金属离子有 K^+、Na^+、Mg^{2+}、Cu^{2+}（或 Cu^+）、Zn^{2+}和 Fe^{2+}（或 Fe^{3+}）等。它们或者是酶活性的组成部分，如羧肽酶 A 中的锌离子；或者是连接底物和酶分子的桥梁；或者在稳定酶蛋白分子构象方面所必需，如脂肪酶中的金属钙和天冬氨酸转氨甲酰酶分子中的锌离子等。

2. 按反应类型分

根据不同的催化反应类型可分为水解酶类、氧化还原酶类、转移酶类、裂解酶类、异构酶类与合成酶类等。

3. 按活动部位分

根据酶在细胞中的活动部位，可分为胞外酶和胞内酶。

胞外酶是细胞产生后分泌到细胞外进行活动的酶，主要是水解酶类，如纤维素酶、淀粉酶和蛋白酶等。胞外酶能将外界复杂营养物质分解为可溶性的简单成分，便于微生物吸收利用，在微生物的营养中起重要作用。在细胞内部起作用的酶为胞内酶。大多数酶是胞内酶，它们在细胞内有严格的活动区域，从而使微生物的生理活动在时间上和空间上都有次序地、高度协调地进行。对于微生物来说，胞外酶与胞内酶同等重要。

（二）酶在生产中的主要应用

自 19 世纪末德国化学家毕希纳（Edward Buchner）证明酵母无细胞提取液能使糖发酵产生酒精，第一次提出酶的名称以来，人类已经发现并鉴定出 3000 多种酶。酶作为一种催化剂，已被广泛地应用于轻工业的各个生产领域。近几十年来，随着酶工程的迅猛发展，酶在生物工程、生物传感器、环保、医药等方面的应用也日益扩大，可以说酶已成为国民经济中不可缺少的一部分，现实生活中，人们的衣、食、住、行及其他方面的新技术几乎都离不开酶（表 5-2）。

表 5-2　常见的酶在生产中的主要应用

应用领域	使用的酶	用途
洗涤剂工业	碱性蛋白酶类	(加酶洗衣粉等)易于洗去衣物上的血渍、奶渍等污渍,但其不能用于丝、毛等天然蛋白质纤维类织品的洗涤
	淀粉酶类	餐厅洗碗机的洗涤剂,用于去除难溶的淀粉残迹等
烘烤食品	真菌产生的 α-淀粉酶	催化淀粉降解成可被酵母利用的糖,用于面包等食品的制作等
	蛋白酶类(饼干松化剂)	制作饼干过程中,水解面粉中的蛋白质;乳制品生产中,水解乳清蛋白。有利于食品中蛋白类营养的消化吸收
酿酒工业	淀粉酶、蛋白酶、葡聚糖酶	将酿酒原料淀粉和蛋白质降解成能被酵母利用的单糖、氨基酸和肽,从而提高乙醇的产量
	β-葡聚糖酶	分解 β-葡聚糖,降低麦汁黏度,加快麦汁过滤速度,避免因 β-葡聚糖引起的啤酒混浊
	木瓜蛋白酶	去除啤酒储存过程中生成的混浊物
乳制品工业	凝乳酶	奶酪生产的凝结剂,并可用于分解蛋白质
	乳糖酶	降解乳糖为葡萄糖和半乳糖,获得没有乳糖的牛乳制品,有利于乳品的消化吸收
果汁生产	果胶酶、纤维素酶	处理果肉,提高出汁率,缩短出汁时间,提高果汁质量
制糖工业	淀粉酶等	将淀粉转化为葡萄糖及各类糖浆
	葡萄糖异构酶	用于将葡萄糖转化为甜度高的果糖,生产高果糖浆
纺织工业	淀粉酶	广泛地应用于纺织品的退浆,其中细菌淀粉酶能忍受 100~110℃ 的高温操作条件
	纤维素酶	代替沙线处理制作牛仔服的棉布,提高牛仔服质量
制革工业	胰蛋白酶类	除去毛皮中特定蛋白质使皮革软化,也可用于皮革脱毛

续表

应用领域	使用的酶	用途
医药行业	胰蛋白酶	用于促进伤口愈合和溶解血凝块,还可用于去除坏死组织,抑制污染微生物的繁殖
	青霉素酰化酶	将易形成抗药性的青霉素改造成杀菌力更强的氨苄青霉素
	溶菌酶(黏多糖溶解酶)	破坏革兰氏阳性菌细胞壁而杀死细菌,止血消肿、加快伤口愈合
	蛋白酶等(多酶片)	治疗消化不良,许多酶还可作为诊断试剂

项目二 微生物的产能代谢——呼吸作用

一切生命活动都是耗能反应,微生物也不例外,能量代谢是新陈代谢的核心。生物细胞内物质的分解、氧化、释放能量是代谢的异化作用过程。微生物从外界吸收营养物质,除了在同化作用中用以组成细胞物质外,大部分作为能源物质,在呼吸作用中被氧化释放能量,供生命活动需要。就是在同化作用中合成的物质,也常作为能源物质,在呼吸作用中再被氧化释放出能量。呼吸作用是包括一系列生物化学变化和能量转移的生物氧化作用,由氧化还原酶类所催化。

呼吸作用,是有机物质在胞内酶的作用下,经过一系列连续的氧化还原反应,被逐步分解放出能量的过程。体内发生的许多重要反应都是氧化还原反应,反应的结果是一种物质被氧化,另一种物质被还原,同时伴有能量放出。呼吸作用是一种以脱氢为基础的氧化还原反应。一种物质失去氢,被氧化,为供氢体,必然有另一种物质得到氢,被还原,称受氢体,在氢的转移中释放能量。氧化和还原是不可分的两个相反的反应,可用下列通式表示:

$$\text{基质}+\text{脱氢酶}\longrightarrow\text{氧化的基质}+\text{脱氢酶—2H}+\text{能量}$$

$$\text{脱氢酶—2H}+\text{受氢体}\longrightarrow\text{还原的受氢体}+\text{脱氢酶}$$

一、微生物的呼吸类型

微生物的氧化作用,可根据最终受氢体的不同,将微生物的呼吸分为:有氧呼吸、分子内无氧呼吸和分子外无氧呼吸三种类型。

(一)有氧呼吸

有氧呼吸是指微生物氧化底物时,以分子氧作为最终受氢体的氧化作用。有氧呼吸是区别于无氧呼吸作用的。

有氧呼吸作用是好氧微生物和兼性微生物在有氧条件下进行的氧化方式。化能异养微生物以有机物为呼吸作用底物;化能自养微生物以无机物为呼吸作用底物。

在以氧为最终受氢体的有氧呼吸作用中存在两种形式：一是将底物彻底氧化，如以 1 分子葡萄糖彻底氧化成 CO_2 和 H_2O，可释放出 2870kJ 的能量，生成 38 分子 ATP。

$$葡萄糖+O_2 \longrightarrow CO_2+H_2O+能量$$

另一种形式是由底物脱下的氢与氧相结合，产物为脱氢底物和 H_2O_2，如葡萄糖在青霉菌的葡萄糖氧化酶催化下，氧化成葡萄糖酸，并生成 H_2O_2。

$$葡萄糖+H_2O+O_2 \longrightarrow 葡萄糖酸+H_2O_2+能量$$

工业上已应用这种不彻底的呼吸作用，利用青霉菌的葡萄糖氧化酶生产葡萄糖酸。

（二）分子内无氧呼吸

分子内无氧呼吸也称发酵，是指微生物细胞将有机物氧化释放出来的电子和氢直接交给底物——本身未完全氧化的某种中间产物，同时释放能量并产生各种不同的代谢产物。在这种条件下，有机化合物只是部分被氧化，因此，也只有少部分能量被释放出来。

各种类型的微生物都能进行分子内无氧呼吸，即发酵作用，好氧微生物在进行有氧呼吸过程中，也先要经过酵解阶段产生丙酮酸。发酵的种类很多，可发酵的底物有糖类、有机酸、氨基酸等，其中以微生物发酵葡萄糖最为重要。生物体内葡萄糖被降解为丙酮酸的过程称为糖酵解，主要分为四种途径：EMP 途径、HMP 途径、ED 途径和磷酸解酮酶（HK）途径。

在发酵业常利用微生物的这种呼吸作用，获得大量代谢产物，如酒精、乳酸、丙酮等。在植物和人体细胞内有时也发生这种呼吸过程，如水果放久了产生酒味。人体剧烈运动时由于耗能太多，为了供能，肌肉细胞被迫进行无氧呼吸，产生的乳酸常使人感到腰酸腿胀。

工业常称的发酵是指利用微生物的代谢作用，把底物转化成中间产物，获得工业产品。它可以在有氧条件下进行，也可在无氧条件下进行，均称为发酵。因此，在微生物生理学中所说的发酵与工业上所说的发酵是有区别的。

（三）分子外无氧呼吸

这是以无机氧化物，如 NO_3^-、NO_2^-、SO_4^{2-}、$S_2O_3^{2-}$ 或 CO_2 等代替分子氧作为最终受氢体的氧化作用。这类微生物氧化有机物时，体内的特殊酶系能活化无机氧化物中的氧，使之与氢结合生成水，无机物本身被还原，并伴随有磷酸化作用，产生 ATP，底物被彻底氧化。但和有氧呼吸相比，能量产生较少。如以 1 分子葡萄糖彻底氧化成 CO_2 和 H_2O，可释放出 2870kJ 的能量；而以 KNO_3 为最终电子受氢体进行分子外无氧呼吸时，仅放出 1757kJ 的能量。因为有部分能量随电子转移到 NO_3^-，而生成 NO_2^-，NO_2^-进一步被还原成 N_2 或 NH_3 而排出体外。

$$葡萄糖+O_2 \longrightarrow CO_2+H_2O+能量（2870kJ）$$

$$葡萄糖+NO_3^- \longrightarrow CO_2+H_2O+N_2+能量（1757kJ）$$

微生物进行分子外无氧呼吸会造成有效态养料的流失，如稻田中的氮肥会因硝酸盐还原而损失一半左右；也会使硫酸盐还原为硫化氢，浓度高时易产生烂秧现象。但对整个自然界物质循环来说，微生物的分子外无氧呼吸也是不可缺少的重要环节。

各呼吸类型的比较见表 5-3。

表 5-3　各呼吸类型的比较

呼吸类型	酶系统	受氢体	基质分解度	释放能量
有氧呼吸	脱氧酶 氧化酶	O_2	彻底	多
分子内无氧呼吸	脱氢酶	有机物	不彻底	少
分子外无氧呼吸	脱氢酶、特殊氧化酶	无机氧化物	彻底	较多

二、不同呼吸类型的微生物

（一）好氧微生物

生活中需要氧，以有氧呼吸进行生物氧化的微生物为好氧微生物。这类微生物在自然界的分布最广，种类与数量最多，大多数细菌、所有的放线菌和霉菌都属此类型。如农业上常用的白僵菌、苏云金杆菌、赤霉菌和“5406”等都是好氧微生物，培养时应供给充足的氧气。

（二）厌氧微生物

生活中不需要氧，只能以分子内无氧呼吸（发酵作用）进行生物氧化的微生物，为厌氧微生物，它们是严格的厌氧菌。这类微生物体内缺乏分解过氧化氢的接触酶，在有氧条件下，体内形成的过氧化氢会有毒害作用。如产甲烷细菌、乳酸细菌、醋酸梭菌等都是该类型的，培养时应隔绝氧气。

这类微生物目前在各种发酵工业中也有应用，如生产乳酸、丙酮、丁醇等。农业上的沼气发酵也大有可为。

（三）兼性厌氧微生物

在有氧条件下进行有氧呼吸，在无氧条件下进行分子内无氧呼吸或分子外无氧呼吸的微生物，为兼性厌氧微生物。这类微生物在有氧或无氧条件下都能生活，所以兼性厌氧微生物有两种类型。一种类型是在有氧条件下进行有氧呼吸，在无氧条件下进行分子内无氧呼吸。酵母菌是典型的兼性厌氧微生物，在有氧条件下进行好氧呼吸，将葡萄糖彻底氧化成 CO_2 和水，释放大量的能量；无氧时行无氧呼吸，将葡萄糖分解为乙醇和 CO_2，CO_2 的产量只是有氧呼吸的30%，释放能量只有有氧呼吸的8%。又如大肠杆菌在有氧条件下生产大量 CO_2 和少量有机酸，而在无氧呼吸中则生成大量乳酸、乙酸、甲酸及琥珀酸等有机酸和乙醇等，只有少量 CO_2。

另一种类型是在有氧条件下进行有氧呼吸，在无氧条件下进行分子外无氧呼吸。如反硝化细菌在有氧时进行有氧呼吸，在无氧条件下以无机物 NO_3^- 中的氧为受氢体，将硝酸盐还原成氮气。当土壤板结或长期积水都易使反硝化细菌进行分子外无氧呼吸，造成大量氮素流失。

三、微生物呼吸作用的本质

微生物的呼吸作用可归纳为以下几点：

（1）任何类型的呼吸作用，都包括基质的脱氢及将氢转移给受氢体的过程。呼吸作用的氧化作用，主要是以脱氢方式完成的。

（2）有氧呼吸和无氧呼吸的根本区别，在于它们具有的酶系统不同。无氧呼吸微生物只有脱氢酶系统，它的受氢体是呼吸过程中的中间产物，氧化不彻底，释放能量少。有氧呼吸微生物不仅有脱氢酶系统，还有氧化酶系统，它们的受氢体是被氧化酶活化了的分子氧，氧化彻底，不积累中间产物，释放能量多。

（3）以有机物作为最终受氢体的无氧呼吸，即生理上所称的发酵。发酵也是释放能量的过程。发酵根据产物和进行的代谢途径的不同而有各种类型，其中以乙醇发酵、乳酸发酵等为最重要。乙醇发酵与酿酒、酒精生产、发面等有密切关系；乳酸发酵与牛奶变酸、做泡菜和制作青贮饲料等有关。

（4）兼性厌氧微生物具有两套酶系统，在缺氧条件下进行无氧呼吸，在有氧条件下则进行有氧呼吸。另一类特殊的兼性厌氧微生物，除具有好氧微生物的酶系统外，还具有一类能活化 NO_3^-、NO_2^-、SO_4^{2-}、$S_2O_3^{2-}$ 或 CO_2 等分子中氧的特殊的酶系统。它们在无氧条件下，以硝酸盐或硫酸盐中的氧为受氢体，从而使硝酸盐或硫酸盐还原。

（5）呼吸过程中产生的一系列中间产物，有的积累于环境中，有的为微生物合成自身物质提供原料。产生的能量，一部分用于合成作用，一部分用于维持生命活动；剩余部分则以热能（少数为光能）的形式释放出来。

四、生物热的利用

生物热是微生物在生物氧化过程产生，并以热能的形式向环境中释放出来。由于这些热是在各个反应中逐步释放出来，一般不会造成环境中升温过高，但如果在通风不良或密闭的环境中，这些热量可逐渐积累，使环境温度升高。

生物热在农业生产的应用：

（1）堆肥　堆肥初期，无芽孢细菌、芽孢细菌和霉菌等中温好氧微生物旺盛繁殖，有机质迅速分解，产生大量的热。随着温度的上升，好热微生物逐渐代替了中温性微生物，温度持续上升。上升到60℃时，好热放线菌、芽孢杆菌和梭菌占了优势，它们分解纤维素和果胶类物质的能力很强，于是这些物质得到分解。温度上升到70℃以上时，大多数好热微生物大量死亡或进入休眠状态。由于刚死亡微生物所含的各种酶的作用，有机物质的腐解仍能进行，但是时间不长，产生的热量很快减少。当产热小于堆肥的散热时，堆温下降。然而下降到70℃以下时，处于休眠状态的好热微生物又恢复生长，产热又增加了。这样堆温就处于一个自然调节的延续较久的高温期，于是就使堆肥腐熟了。

（2）沤肥　沤肥与堆肥不同，进行活动的微生物以厌氧和兼性厌氧的细菌为主。由于浸水的关系，水的比热容大，升温作用不明显。沤肥过程中释放出来的大量气体是二氧化碳、甲烷及氢等可燃气体的混合物，通称沼气。如果能将沤肥与生产沼气结合起来那就更好了。

（3）温床　酿热温床用马粪、稻草、麦秸等加水填积，能使床温在一定时间内保持在20~30℃，这也是微生物通过呼吸放热的作用。

项目三　微生物的代谢产物

微生物从环境中吸收营养物质，经过代谢作用，部分被同化成菌体组成部分或以贮藏物形式积存起来，部分被利用转化后排出体外，这些都是微生物的代谢产物。由于微生物的种类繁多，代谢类型多样，因而产生的代谢产物也是非常丰富。其中有许多代谢产物被广泛应用于人们的生产生活中。我们一般把微生物的代谢产物分为初级代谢产物和次级代谢产物两大类。

一、初级代谢产物

初级代谢是指微生物从外界环境中吸收各种营养物质，通过分解代谢和合成代谢，生成维持生命活动的物质和能量的过程。在初级代谢过程所产生的对微生物是必需或有用的物质，如有机酸、蛋白质、核酸、酒精、甘油等称为初级代谢产物。微生物的初级代谢产物被广泛用于食品酿造工业等方面，如酒类、食醋、味精、酸乳、酸菜等的生产都是对初级代谢产物的利用。

二、次级代谢产物

次级代谢是相对于初级代谢而提出来的。一般认为次级代谢是指微生物在一定的生长时期，以初级代谢产物为前体，合成一些与微生物的生命活动无明显关系的物质或合成量远远超过自身需要的物质的过程。这一个过程的产物，即为次级代谢产物。次级代谢产物大多是分子结构复杂的化合物，根据其作用可分为：

抗生素、生长激素、维生素、毒素和色素等类型。

（一）抗生素

微生物产生的可选择性抑制或杀死某些生物的物质，称为抗生素。微生物产生抗生素有专一性，即一定种类的微生物只能产生一定种类的抗生素。

从20世纪40年代第一种抗生素——青霉素被生产以来，微生物合成的抗生素类物质已经报道的有1000多种。各类微生物中都有许多种分别能产生各种抗生素，各种抗生素对于产生它们的微生物本身只是无用之物积存于细胞中或分泌于细胞外。其中放线菌产生抗生素种类最多，链霉素、金霉素、红霉素、庆大霉素、土霉素等都属于此类。细菌类产生的抗生素有芽孢杆菌属的一些种产生多黏菌素、短杆素和胶毒素等。霉菌中除点青霉产生青霉素外，还有头孢霉产生头孢霉素，荨麻青霉和黑青霉产生灰黄霉素等。

（二）生长激素

能刺激动植物生长或性器官发育的激素物质称为生长激素。它是一类具有高度生理活性的物质，极少量存在就有显著的生物效应。有些微生物可以产生较高浓度的某些植物激素，如水稻恶苗病菌（赤霉菌）产生的赤霉素（九二〇），茭白黑粉菌产生的吲哚乙酸，丝核菌和轮枝霉属的一些种也产生同赤霉素相似的物质，“5406”还能同时产生抗生素和生长激素。

微生物还能产生刺激家畜生长的动物激素，如玉米赤霉菌产生的玉米赤霉烯酮，可促进动物子宫生长，有类似雌性激素的作用。小剂量的玉米赤霉烯酮，可促使牛羊等牲畜快速生长。

（三）维生素

维生素是维持生命活动不可缺少的重要物质。动物无合成维生素的能力，或合成不足，需通过食物获取。维生素是生理学上的概念，不是化学上的同类物。有些微生物能合成远远超过它们自身需要量的这种或那种维生素，而大量地分泌到细胞之外。例如，丙酸细菌属和芽孢杆菌属的一些种以及放线菌中的链霉菌属和一些高温种能产生维生素 B_{12}；醋酸杆菌产生维生素C；分枝杆菌利用碳氢化合物为代谢基质能产生吡哆醇；酵母菌能产生B族维生素；人体肠道内有些细菌能合成维生素B和维生素K，不断供人体吸收；多种霉菌类产生核黄素和 β-胡萝卜素等。目前，医药上需要的各种维生素主要是应用各种微生物合成提取的。

（四）毒素

微生物的一些代谢产物对动植物细胞有毒杀作用的称毒素。毒素大多是蛋白质类物质。能产生毒素的微生物很多，某些细菌、放线菌和真菌都可产生相应的毒素。毒素可分为内毒素和外毒素两种，内毒素是保留在细胞内的毒素，外毒素是被细胞分泌于细胞外的毒素。毒素大多具有抗热性，有的在 280℃温度下才被破坏。例如，毒性白喉棒状杆菌产生的白喉毒素，破伤风梭菌产生的破伤风毒素，肉毒梭菌产生的肉毒素等。黄曲霉、青霉产生的黄曲霉毒素不仅对一些害虫有致死作用，而且对人有致癌作用。再如被广泛应用于害虫防治的苏云金杆菌产生的伴孢晶体内毒素，对鳞翅目类害虫有毒，产生的热稳定性外毒素对双翅目类害虫有毒。

(五) 色素

各种微生物在代谢中合成各种有色的次生代谢产物，积累在细胞内或分泌到细胞外。不溶性色素可使菌落呈各种颜色，水溶性色素能使培养基着色。不同微生物产生不同的色素，如灵杆菌和红色小球菌细胞含有花青素类物质，使菌落呈红色；金黄色葡萄球菌的菌落呈金黄色；绿脓杆菌的菌落呈绿色。

有的色素用于肉类制品、酒、豆腐乳和一些饮料的上色。如紫色红曲霉产生的红曲霉素，对 pH 变化稳定，耐光耐热性强，不受金属离子的影响，几乎不受氧化还原反应的影响，对蛋白质的着色性良好，对人体健康安全无害，是许多食品的着色剂。

微生物的代谢产物虽然已被利用，但大部分尚未很好地利用。这是一项大的微生物资源，有极其广阔的应用前途。农牧业上常用的微生物代谢产物见表 5-4。

表 5-4 农牧业上常用的微生物代谢产物

类别	名称	代谢产物	用途
细菌	苏云金杆菌	伴孢晶体毒素	杀虫
	苏云金杆菌	热稳定性外毒素	杀虫
	乳酸杆菌	乳酸	畜产品加工
	费新尼亚浸麻梭菌	果胶酶	麻类脱胶
	枯草芽孢杆菌	蛋白酶	农牧产品加工
	枯草芽孢杆菌	液化淀粉酶	农牧产品加工
放线菌	各种链霉菌	井冈霉素等	农用抗生素
真菌	白地霉	核酸降解液	农用激素
	赤霉菌	赤霉素	农用激素
	茭白黑粉菌	吲哚乙酸	生长激素
	白庸核菌	菌核素	生长激素
	白僵菌	白僵菌素、草酸钙结晶	杀虫
	荨麻青霉、黑青霉	灰黄霉素	抗生素
	木霉	纤维素酶	发酵饲料
	根霉、曲霉	糖化淀粉酶	农产品加工
	曲霉	蛋白酶	农产品加工

项目四 微生物的发酵生产

在人工控制条件下，微生物通过自身代谢活动，将所吸收的营养物质进行分解、合成，产生各种产品的生产工艺过程，称为发酵，这与微生物生理学上的发酵不同。

一、微生物发酵的类型和产品

（一）发酵类型

根据微生物的呼吸类型，发酵可分为两类：

1. 好氧性发酵

进行这种发酵的都是好氧微生物，发酵过程中需要通入一定量的空气。微生物农药、微生物肥料以及各种放线菌产生抗生素的发酵，都属于好氧性发酵。

2. 厌氧性发酵

进行这种发酵的都是厌氧微生物，在发酵过程中不需供给氧气。例如，由乳酸细菌引起的乳酸发酵，丙酮丁醇芽孢梭菌引起的丙酮丁醇发酵。有些兼性厌氧微生物，例如酵母菌，也可以在无氧条件下进行厌氧性发酵，产生大量的酒精。沼气细菌利用有机物进行的沼气发酵，也是一种厌氧性发酵。

（二）发酵产品

微生物发酵产品一般可分为三类。

1. 微生物菌体

通过发酵可以获得大量菌体，制成产品用于生产。例如苏云金芽孢杆菌是目前农业上广泛应用的杀虫细菌，将其发酵培养，得到大量有效的芽孢和伴孢晶体制成菌药。再如根瘤菌、固氮菌能把空气中分子态氮同化为可被植物吸收的氮素养料，将它们发酵培养后，获得菌体制成菌肥。酵母菌体含有丰富的蛋白质、核酸、脂肪和维生素，可以从中提取多种药用产品，如农用核酸，也可直接作为食品和饲料。

2. 微生物产生的酶

微生物种类很多，它们具有各种酶系统。将微生物培养后，可以把细菌分泌到发酵液中的酶提取出来，制成酶制剂，或通过固体发酵制成酶曲，以利用其分解比较复杂的有机物，并将分解产物作为生产其他物质的原料。例如，纤维素酶可应用于发酵饲料；蛋白酶可应用于制革、蚕丝脱胶等。

3. 微生物的代谢产物

微生物的代谢产物与农业关系密切的是各种抗生素。目前我国已能生产 40 多种抗生素产品，产量占世界第一位。

二、微生物发酵的一般工艺

（一）斜面菌种培养

将保藏的菌种移植到斜面培养基上，使其活化。这是生产微生物产品的第一步，其主要任务是为生产提供活性强、纯度高的优质菌种。该菌种也叫一级种。

（二）种子扩大培养

种子扩大培养是一种将活化的斜面菌种扩大到三角瓶、克氏瓶或罐头瓶中培养，使菌种大量生长繁殖的过程。目的是繁殖足够的菌种数量（二级种子），以满足生产对菌种的需求。有时为满足大规模生产，还需对二级种子再扩大。工业发酵中，种子扩大都是在种子罐内进行的。

（三）发酵

发酵是一种将二级种子移植到大量培养料中，使其发酵成各种产品的过程。创造促使菌体大量生长繁殖与积累代谢产物的各种条件，获得高产优质的产品，是发酵过程的主要任务。发酵方式有固体发酵和液体发酵。

1. 固体发酵

将配有一定水分的天然固体培养料灭菌后接入菌种，控制各种环境条件进行培养，就可得到相应产品。菌肥、微生物农药、食用菌等生产都是采用的固体发酵。

2. 液体发酵

将菌种接到无菌液体培养基中，使其发酵，所用的容器可小到瓶、坛、缸，大到水泥池和发酵罐。在发酵罐中进行液体发酵是发酵工业常用的。进行液体深层好氧性发酵时，必须有搅拌通气设备。

（四）产品处理

发酵结束后，应根据不同的发酵产品进行不同的处理，将其制为成品。若产品是食用菌可直接采摘。若以活菌体为产品（如菌农药、菌肥料等），采用固体发酵的可将发酵料晾干，若以菌体成分为产品，可将其晒干或者烘干。采用液体发酵的，可用过滤或离心法使菌体与发酵液分开，或将发酵液直接拌入吸附剂，将其制成菌粉。若产品是酶或代谢物，应根据其性质采用不同提取法（蒸馏、沉淀等）提取。处理后的各种发酵产品还必须进行质量检查，符合要求时才能成为成品。

整个生产工艺可概括为：

原始菌种⟶斜面菌种培养⟶种子扩大培养（液体或固体）⟶发酵（固体或液体）⟶产品处理⟶质量检验⟶成品

味精生产工艺流程如图 5-1 所示。

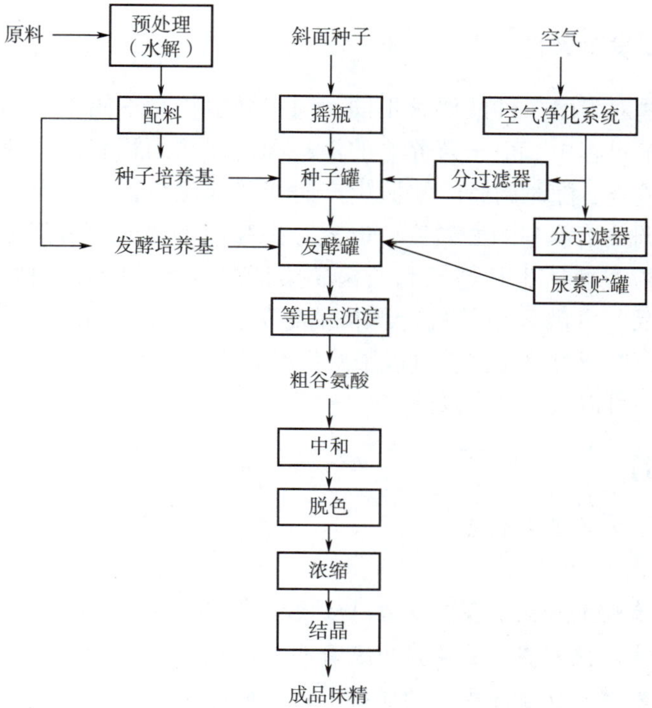

图 5-1　味精生产工艺流程图

三、发酵工艺条件的控制

发酵条件适合与否是发酵成败的重要影响因素。因发酵条件既能影响微生物的生长，又能影响代谢物的生成。如在酵母菌的乙醇发酵中，若条件不同或改变培养基的组成，都可以使发酵过程变得无效或者使乙醇发酵转向甘油发酵，得不到所需要的乙醇产品。

（一）调控培养基的组成和各成分的比例

培养基的成分是微生物生长和产生发酵产物的物质基础。培养基的组成、各成分的比例应根据发酵的目的进行选调。如种子培养基是为了繁殖菌种，氮源要充足。发酵培养基既要有适量速效碳源或氮源，以促进菌体生长，又要有充足的迟效碳源或氮源，以利于发酵产物的形成，从而也可避免速效碳源或氮源在体内产生分解代谢产物的阻遏。

在配制发酵培养基时，还应控制影响细胞膜透性的物质的浓度，以利于代谢物的分泌。例如生长因子浓度的高低对谷氨酸发酵过程影响较大，当其浓度高时，会导致细胞膜透性降低，对谷氨酸在细胞内积累产生抑制作用，不利于谷氨酸的合成。

（二）控制发酵条件

各类微生物对发酵条件的要求不同，同一微生物在不同生长阶段的要求也不一样，而且发酵过程中，由于营养物的消耗和代谢物的积累都会使各种条件发生变化，应经常检查，随时调整，掌握生产时机。除注意温度、湿度、气体的协调外，还要及时调整培养基的酸碱度，以充分提高微生物的发酵能力。生产中还要经常用显微镜检查菌体生长情况和杂菌感染情况。使用优质菌种，加大接种量，培养基及其用品、发酵环境等进行严格消毒灭菌，是减少杂菌污染的重要保证。此外，生产中还常通过测定残糖量以了解发酵程度，当残糖量降至0.5%时，表明发酵是彻底的，可以及时结束发酵。

【同步练习】

1. 酶是什么？有哪些特点？
2. 什么是代谢？
3. 微生物有哪些呼吸类型？这些呼吸类型有何异同点？
4. 什么是生物热？在农业生产中有哪些应用？
5. 微生物发酵与其生理学上的发酵有何区别？
6. 什么是初级代谢产物？什么是次级代谢产物？
7. 微生物发酵的类型有哪些？举例说明。
8. 次级代谢产物主要有哪几类？举例说明。

学习单元六

微生物的遗传与菌种的保藏

【知识目标】

1. 了解微生物遗传变异的基础知识。
2. 理解微生物菌种选育的方法与机制，微生物菌种衰退的原因与预防。
3. 掌握菌种复壮的方法，菌种保藏的原理与方法。

【能力目标】

具备选育菌种和保藏菌种的能力。

知识讲解

项目一 遗传与变异

一、遗传与变异现象

在自然界，各种生物都存在遗传和变异的现象，微生物也不例外。所谓遗传是指子代表现出与亲代相同或相似的性状的现象。例如某种细菌经细胞分裂或真菌孢子经萌发所形成的新个体，在形态特征、生理特性等方面都和亲代相似，从而形成了各类群微生物不同的特定“种”和特征。但是，不论哪一种微生物，亲代和子代以及子代各个体之间，在形态结构和生理特性上总会有所差异，这种现象称作变异。

遗传与变异是存在于同一生物体的一对基本矛盾。遗传是暂时的、相对的，是矛盾的次要方面，只有借助于遗传，各种生物在自然界才能保持物种的相对稳定性。而变异则是矛盾的主要方面，是绝对的，是不断发生的。只有借助于变异，生物才能更好地适应不断变化的外界环境条件，这就是自然界所谓的适者生存的法则。同时，也正是因为生物的变异性，才使我们有可能培育出性能更加优良的新菌种。

二、遗传和变异的物质基础

遗传的物质基础是蛋白质还是核酸，曾是生物学中激烈争论的重大问题之一。根据现代遗传学研究，一切生物遗传变异的物质基础都是核酸。核酸是许多核苷酸聚合而成的高分子化合物。每个核苷酸均由核糖（或脱氧核糖）、碱基及磷酸组成。如果核苷酸中的戊糖是脱氧核糖（$C_5H_{10}O_4$），称脱氧核糖核酸（DNA）；如果核苷酸中的戊糖是核糖（$C_5H_{10}O_5$），则称核糖核酸（RNA）。

（一）遗传物质——DNA

1. DNA 是主要的遗传物质

前人有很多实验都充分证明 DNA 是主要的遗传物质。1952 年赫尔希（A. D. Hershey）和蔡斯（M. Chase）曾做过噬菌体感染试验：T_2 噬菌体由蛋白质和 DNA 组成。由于蛋白质分子含硫而不含磷，DNA 分子则恰恰与此相反，故可用^{35}S 和^{32}P 分别标记大肠杆菌，然后用 T^2 噬菌体感染，即可分别得到标有^{35}S 的 T^2 噬菌体和^{32}P 的 T^2 噬菌体。正式实验时，把标记的噬菌体与其寄主大肠杆菌混合，经短时间（如 10min）保温后，T^2 噬菌体完成了吸附和侵入过程，然后，在组织搅碎器中剧烈搅拌，以使吸附在 T^2 噬菌体外表的蛋白外壳脱离细胞并均匀分布。接着进行离心沉淀，再分别测定沉淀物和上清液中的同位素标记。结果发现，几乎全部的^{32}P 都和细菌一起出现在沉淀物中，而几乎全部的^{35}S 都在上清液中。这意味着噬菌体的蛋白质外壳经自然分离后仍留在细胞外部，只有 DNA 才进入寄主体内。同时，由于最终能释放出一群具有与亲代同样的蛋白外壳的完整的子代噬菌体，所以说明只有 DNA 才是其全部遗传信息的载体。

DNA 在真核微生物中主要集中于染色体上，在原核微生物中则集中于核质中。有些病毒没有 DNA，只有 RNA，遗传物质就是 RNA。

2. DNA 结构

DNA 是一种高分子化合物。它是由 4 种核苷酸组成，每一种核苷酸都含环状碱基、脱氧核糖和磷酸根 3 种组分。4 种核苷酸的差异仅仅在于碱基不同，4 种碱基分别是：腺嘌呤（A）、鸟嘌呤（G）、胞嘧啶（C）、胸腺嘧啶（T）。

Watson 和 Crick 在 1953 年提出了 DNA 双螺旋结构模型，对 DNA 分子的空间结构、DNA 的自我复制、DNA 的相对稳定性和变异性以及 DNA 对遗传信息的储存与传递都有了较好的解释，极大地促进了近代核酸结构与功能的研究工作，为分子遗传学奠定了坚实的基础。

按照这一模型，DNA 分子结构是两条成对的、方向相反的多核苷酸链彼此以一定的空间距离在同一轴上互相盘旋而形成的双螺旋式扶梯结构（图 6-1）。其中脱氧核糖分子（D）和磷酸分子（P）以交替的形式形成主链，4 种不同的碱基则和脱氧核糖相连接。两条链的两个碱基之间则以氢键连接，如一个个梯蹬。虽然氢键的连接很弱，但因数量大，可以维护 DNA 分子稳定的螺旋形式。

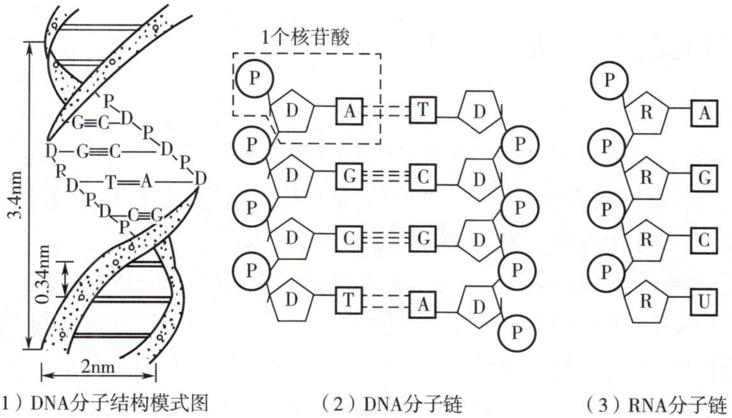

图 6-1　DNA 和 RNA 分子结构示意图

由氢键连接的碱基组合称为碱基配对。即腺嘌呤 A 必与胸腺嘧啶 T 配对，胞嘧啶 C 必与鸟嘌呤 G 配对，这种配对规律称为碱基互补规律。DNA 分子中共有 4 种碱基对，即 A—T、T—A、G—C 和 C—G。A 与 T 之间可以形成两个氢键，G 与 C 之间可以形成三个氢键。

一个 DNA 分子可以含有几十万或几百万个碱基对，各对碱基上下之间的距离为 0. 34nm，每个螺旋包含 10 对碱基，共长 3. 4nm，各对链间的距离为 2nm。就一条磷酸糖链来说，4 种碱基的排列顺序和数量均不受限制，因而提供了 DNA 分子结构的多样性。

对于任一特定菌株的 DNA 分子，其碱基顺序是固定不变的，从而表现出了遗传的相对稳定性。一旦 DNA 的个别部位发生了碱基排列顺序的变化，例如在特定的部位，丢掉或增加了一个或一小段碱基，则将会导致死亡或出现遗传性状的变异。可见，碱基的排列就蕴藏着遗传信息。一个 DNA 分子所含有的碱基不下几十万或几百万对，4 种碱基可以有无穷无尽的排列方式出现，这无穷无尽的核苷酸排列顺序是生物界多种多样遗传性状的分子基础。

3. DNA 的复制

由于 DNA 是遗传信息的载体，在合成 DNA 时，决定其结构特异性的遗传信息只能来自其本身，因此，必须由原来存在的分子为模板来合成新的分子，即进行自我复制。DNA 的双链结构对于维持这类遗传物质的稳定性和复制的准确性都是非常重要的。DNA 的复制过程如下：首先是 DNA 的双链从一端开始，氢键逐渐裂开分成两条单链，然后以每条单链为模板，按照碱基配对原则逐渐复制出另一条新链，这样，在 DNA 聚合酶的催化下，一个 DNA 分子最终复制成两个结构完全相同的 DNA 分子，从而准确地完成了遗传信息的传递。在新复制的 DNA 双链中有一条链来自亲代 DNA 分子，另一条链是新合成的，所以把这种复制方式称为半保留复制。这种半保留式的复制方式，就保证了生物遗传性的相对稳定。

（二）遗传因子——基因

1. 基因

基因（gene）是由丹麦生物学家 W. L. Johannsen 于 1909 年提出来的，他用“基因”这个术语来代替孟德尔的“遗传因子”，但还只是提出了遗传因子的符号，没有提出基因的物质概念。直到 20 世纪 50 年代以后，“基因”才有了一个较明确的概念。概括地说，“基因”是一个具有遗传因子效应的 DNA 片段，是遗传物质的最小单位。基因是 DNA 分子长链中的一个片断，有特定的碱基排列顺序，控制着特定的蛋白质（例如酶）的合成，从而控制相应的遗传性状。

一个 DNA 分子中含有许多基因，不同基因所含碱基对的数量（一般约 1000 个碱基对）和排列顺序都不相同，从而控制了不同的遗传性状。如果一个基因的碱基组成或排列顺序发生变化，那么这个基因将失去其正常功能，并导致生理缺陷、性状改变或死亡。

生物的遗传性状虽然都由基因控制，但是基因并不等于遗传性状。任何一种遗传性状的表现都是在基因控制下个体发育的结果，即从基因型到表现型必须通过酶催化的代谢活动来实现，而酶的合成直接受基因控制。

2. 基因存在形式

在真核细胞中，DNA 和组蛋白等共同构成在普通显微镜下就可以看到的染色体，少则几条，多则几十条或更多，大多是成对的棍棒状，外面包有一层膜，位于细胞核内。在原核细胞中，DNA 不和蛋白质结合，通常也称染色体，单纯由一根 DNA 链构成，外面没有膜包围。

原核细胞中，除染色体外，还存在另一类较小的环状 DNA 分子，它们独立于染色体之外，也携带少数遗传基因，这样的 DNA 构造称为质粒。此外，在真核生物如高等植物、酵母菌和真菌中的线粒体以及绿色植物的叶绿体都含有 DNA，携带着相应的基因。

在正常情况下，基因在染色体上做直线排列，且各有其特定位置。如果染色体上某些基因缺失、重复或改变了原有的排列顺序，都会引起某些遗传性状的变异。

染色体上含有许多不同的基因，少则几个，多的达几百或几千个，是遗传信息的主要贮存场所，这些信息要通过形成各种酶或组成细胞结构的蛋白质才表现出来，形成生理上和形态上的各种性状。因此，就某一性状来说，有基因型和表现型之分。基因型是遗传性状的潜在形式，表现型是遗传性状的表现形式。由基因型转化为表现型的过程，称为基因的表达。

三、遗传信息的传递

（一）遗传信息的转录——RNA 的合成

DNA 的半保留复制解决了遗传物质的连续性和遗传信息的准确传递。那么作为遗传物质的 DNA 又是怎样控制蛋白质的合成从而控制性状的发育和表现的呢？

现代遗传学和生物化学研究表明：DNA 分子中某一个特定的基因所储存的遗传信息，是通过指导特定 RNA 的合成，即 RNA 在合成时以 DNA 分子中的一条链作为模板，按照碱基互补的原则（即 A—U，C—G，T—A）准确将 DNA 的遗传信息携带出来，这一过程称为转录。转录出来的 RNA，根据其在蛋白质合成中的作用和功能不同，又可分为三种类型：

1. 信使 RNA（mRNA）

信使 RNA 约占细胞中 RNA 总量的 5%左右。所有的 mRNA 都是单链的多聚核苷酸，它是以 DNA 的一条单链为模板，在 RNA 聚合酶的催化下，按碱基互补的原则合成的。然后透过核膜进入细胞质。由于它是某一特定蛋白质合成的模板，具有传递 DNA 分子上的遗传信息的作用，故称信使 RNA。

2. 转运 RNA（tRNA）

转运 RNA 约占细胞中 RNA 总量的 15%左右。tRNA 存在于细胞质里，在蛋白质合成过程中转运特定的氨基酸到核糖体上参与多肽链的合成。

3. 核糖体 RNA（rRNA）

核糖体 RNA 约占细胞中 RNA 总量的 80%左右。rRNA 是细胞质中核糖体中的基本成分，而核糖体是蛋白质合成的主要场所。

（二）遗传信息的翻译——蛋白质的合成

蛋白质的特异性是建立在其特定氨基酸多肽链序列之上的，其合成是以 mRNA 作为模板，在 tRNA 和 rRNA 的共同参与下完成的。那么由 A、U、G、C 4 种碱基所组成的 mRNA 的核苷酸又是怎样决定某一特定蛋白质中氨基酸的种类和排列顺序呢？现在人们知道是通过遗传密码来实现的，即 mRNA 分子中每三个相邻的碱基决定一种氨基酸，这样相邻的三个核苷酸，就称为密码子。

（三）中心法则

根据以上的叙述，我们可以把 DNA、RNA 和蛋白质间的相互关系概括为下列三点：

（1）DNA 双链拆开，以每条单链为模板，按照碱基配对的原则，合成新的互补链，这是 DNA 的半保留复制，完成遗传信息的世代传递。

（2）以 DNA 双链中的一条为模板，互补地合成 mRNA，这就是遗传信息的转录。

（3）按 mRNA 上的密码子顺序，将氨基酸合成为蛋白质，这就是遗传信息的翻译。

遗传信息的传递方向是单向的，即由 DNA 复制 DNA；DNA 转录为 RNA；然后由 RNA 翻译为特定的蛋白质，这就是通常所称的“中心法则”。但是后来发现某些肿瘤病毒的 RNA 也可作为模板，通过反向转录而合成 DNA，因而对“中心法则”的单向传递做了补充。

四、变异是微生物育种的基础

遗传物质 DNA 在复制过程中，由于某些内在或外在的原因，会发生出错，或 DNA 损伤后会发生错误的修复，使子代 DNA 发生了变化，从而引起突变，在特定环境中则表现出表型的改变。微生物自身也会产生诱变物质，使微生物产生自发突变。在自然环境中存在着能引起突变的物质，当微生物偶然与之接触时便会发生自发突变。自发突变使得生物体的遗传物质结构或数量发生了改变，也就是发生了变异。

（一）利用自发突变育种

1. 从生产中选育

在日常的大生产过程中，微生物也会以一定频率发生自发突变。富于实际经验和善于细致观察的人们就可以抓住这类良机来选育优良的生产菌种。例如，从污染噬菌体的发酵液中有可能分离到抗噬菌体的自发突变株。

2. 定向培育优良品种

定向培育一般指用某一特定因素长期处理某微生物的群体，同时不断对它们进行移种接代，以达到累积并选择相应的自发突变株的目的。这是一种古老的育种方法。但是，自发突变的频率较低，变异程度轻微，所以用这种方法育种十分缓慢。

（二）诱变育种

诱变育种是指利用物理或化学诱变剂处理均匀而分散的微生物细胞群，促进其突变率显著提高，然后采用简便、快速和高效的筛选方法，从中挑选少数符合育种目的的突变株以供生产实践或科学实验之用。在上述诱变与筛选两个主要的环节中，筛选的重要性更为突出。

诱变育种具有极其重要的实践意义。当前发酵工业和其他微生物生产部门所使用的高产菌株，几乎毫无例外都是通过诱变育种而明显提高其生产性能的。

诱变育种除能提高代谢产物的产量外，还可达到改进产品质量、扩大品种和简化生产工艺等目的。从方法上来说，它具有简便易行、工作进度快和收效显著等优点，故仍是目前广泛使用的一种育种手段。

1. 诱变育种中应该考虑的几个原则

（1）出发菌株的挑选　出发菌株是指用于育种的起始菌株。选择时要注意：具有有利性状（如高产、生长速度快、营养要求粗放、标记明显等）及对诱变剂的敏感性。

（2）敏感期和合适对象的选择　敏感期，如菌体的对数期，孢子或芽孢的萌发前期；合适对象，如孢子、芽孢，因其多为单核状态。处理前制成单孢子或单细胞悬液，其目的是：能均匀接触诱变剂，并能减少诱变后性状的分离及退化现象。

（3）诱变剂的选择　一般的原则是诱变剂应具有使用的方便性和有效性。诱变后的菌株，如其生产能力比亲本有明显提高称为正变株，反之称为负变株。获得高正变株出现率的就是有效诱变剂。为了提高诱变效率，常用两种诱变剂交替使用的方法，如紫外线和可见光、紫外线和亚硝基胍等。检验诱变剂有效性的常用方法，如检测营养缺陷型的回复突变率、抗药性突变率等。诱变剂多为致癌剂，故使用时要小心。

（4）诱变剂量的选择　各种诱变剂有不同的剂量表示方式。剂量在这里一般指强度与作用时间的乘积。由于诱变剂常常是用来提高突变率、扩大产量变异的幅度和使产量变异向正变的方向移动，因此，凡在提高诱变率的基础上，既能扩大变异幅度，又能促使变异移向正变范围的剂量，就是合适的剂量。在大多数情况下，用高剂量诱变剂处理获得的负突变率高，在偏低的剂量中正突变率反而较高，因此目前处理剂量已从以前采用的死亡率90%～99.9%降低到死亡率30%～80%。但有时也有采用高剂量的情况，因为在多核细胞中，高剂量诱变时，除个别核发生突变外，其他核均被致死，可形成较纯的变异菌落，同时也造成遗传物质的巨大损伤，可以减少回复突变。

（5）初筛　即粗筛。筛选量大犹如大海里捞针，故采用的方法需简便、快速。最常用的有透明圈法、抑菌圈法和颜色变化等方法。如在筛选纤维素酶时，有人发现用刚果红将其底物（羧甲基纤维素）染色，可大大提高用透明圈法检测的敏感性。

（6）复筛　即精细筛选，也就是对突变株的生产性能作比较精确的定量测定。通常选用液体摇瓶培养方法，直接检测所需的产物量。

筛选是一项繁杂的工作，要选择出优良菌株真犹如大海捞针，故必须进行多次初筛和复筛，并需设计出合理的筛选方案。

2. 营养缺陷型的筛选

营养缺陷型指某一菌株在诱变后丧失了合成某种营养成分的能力，主要是指合成维生素、氨基酸及嘌呤、嘧啶的能力，使其在基本培养基（能够满足野生型菌株最低限度需要的培养基）中不能正常生长，而必须在此培养基中加入相应物质才能生长的突变株。

在诱变后通常通过中间培养、淘汰野生型、营养缺陷型检出、营养缺陷型鉴定等步骤，最终筛选出营养缺陷型。

（1）中间培养　对数生长期中，单核细胞常出现双核现象，多核细胞的核也成倍增加，人工诱变对数期的细胞时，突变通常发生在一个核上，所以其变异或非变异的细胞必须经过一代或几代繁殖才能分离，这种纯种变异细胞出现的推迟现象称为分离延迟现象，这个培养过程称为中间培养。在细菌中用完全培养基（在基本培养基中同时加入蛋白胨和酵母膏的培养基）或补充培养基（在基本培养基上补加一些生长因子如氨基酸、维生素、嘌呤、嘧啶等化合物的培养基）培养过夜即可。

（2）淘汰野生型　淘汰野生型即浓缩缺陷型。中间培养后的细胞中除营养缺陷型菌株外，仍含有大量野生型菌株，为便于筛选，须将野生型细胞大量淘汰以浓缩营养缺陷型细胞，常用抗生素法和过滤法。抗生素法即在培养基中加入青霉素，在这样的培养基中，野生型细菌细胞中的蛋白质等物质继续在合成增大，可是细胞壁却不再增大，造成细菌破裂死亡；缺陷型细菌在基本培养基中不生长，而不被杀死。过滤法是使能在基本培养基上生长形成菌丝体的野生型留在滤膜上，不能生长的营养缺陷型细胞则能透过滤膜。由此可见，缺陷型能否被浓缩，关键是细胞在基本培养基中能否生长。为了准确地表现性状，必须使细胞在浓缩前耗尽体内或体表的营养，故需用基本培养基洗涤，然后再用基本培养基加抗生素培养。

（3）营养缺陷型检出　浓缩后得到的营养缺陷型比例虽加大，但不是每株都是营养缺陷型，还需进一步分离，常用的方法有以下几种。

①逐个测定法：把经过浓缩的缺陷型菌液接种在完全培养基上，待长出菌落后将每一菌落分别接种在基本培养基和完全培养基上。凡是在基本培养基上不能生长而在完全培养基上能生长的菌落就是营养缺陷型。

②夹层培养法：先在培养皿上倒上一层不含菌的基本培养基，待冷凝以后加上一层含菌的基本培养基，冷凝以后再加上一层不含菌的基本培养基。经培养出现菌落以后在培养皿底上把菌落做上标记，然后再加上一层完全培养基，再经培养以后出现的菌落多数是营养缺陷型。

③限量补给法：将经诱变剂处理的细菌接种在含有微量补充养料的基本培养基上。野生型迅速长成为比较大的菌落，缺陷型则较慢地长成较小的菌落。

④影印培养法：将经处理的细菌涂在完全培养基的表面，待出现菌落以后用灭菌丝绒将菌落影印接种到基本培养基表面。待菌落出现以后比较两个培养皿，

凡是在完全培养基上出现菌落而在基本培养基上的同一位置上不出现菌落者，便可以初步断定是一个缺陷型。

以上这些方法都可以应用在微生物的营养缺陷型的检出中，不过具体方法应随着研究的对象不同而改变。

(4) 营养缺陷型鉴定　营养缺陷型的种类很多，选出后需要鉴定。常用生长谱法，即在基本培养基中加入某种物质时，能生长的菌便是某种物质的缺陷型。方法是把待测微生物（10^6~10^8 个）混合在基本培养基中倒入培养皿，待冷凝后在标定的位置上放置少量氨基酸、碱基等结晶或粉末。经培养以后就可以看到在缺陷型所需要的化合物的四周出现浑浊的生长圈。

为了进一步简化鉴定的程序，可以把几种化合物合成一组进行测定。例如可以把 21 种化合物合成六组（表 6-1）。

表 6-1　营养缺陷型鉴定 21 种化合物分组设定

组别	化合物代号					
甲	1	7	8	9	10	11
乙	2	7	12	13	14	15
丙	3	8	12	16	17	18
丁	4	9	13	16	19	20
戊	5	10	14	17	19	21
己	6	11	15	18	20	21

在一个培养皿上放上六组化合物，就可以测定一个营养缺陷型菌株对于 21 种化合物的需要情况。例如在放有丙组化合物的地方有生长反应，可以知道这一缺陷型需要化合物 3 [图 6-2(1)]；如果生长反应出现在丙、丁之间，说明这一缺陷型需要丙、丁这两组中的化合物各一种 [图 6-2(2)]；如果在丙组和丁组位置上都出现生长反应，那就说明这一缺陷型需要化合物 16 [图 6-2(3)]。

（1）需要化合物3　（2）需要丙、丁两组中的化合物各一种　（3）需要化合物16

图 6-2　营养缺陷型的生长谱鉴定

（三）原生质体融合育种

原生质体融合就是将双亲株的微生物细胞分别通过酶解去壁，使之形成原生质体，然后在高渗条件下混合，并加入物理的、化学的或生物的助融条件，使双亲株的原生质体间发生凝集和融合的过程。通过细胞核融合而发生基因组间的交换、重组，从而在适宜条件下再生出微生物细胞壁，获得重组子。

微生物细胞融合的研究开始于 1976 年。其一般原理和主要过程是先准备两个有选择性遗传标记的突变株，在高渗溶液中，用适当的脱壁酶（如细菌可用溶菌酶或青霉素处理，放线菌可用溶菌酶或相应的脱壁酶，真菌可用蜗牛酶或相应的脱壁酶等）去除细胞壁，再将形成的原生质体离心聚集，并加入促融合剂 PEG（聚乙二醇）促进融合，然后在高渗溶液中稀释，涂在能使其再生细胞壁或进行分裂的培养基上，待形成菌落后，通过影印接种法，将其接种到各种选择性培养基上，最后鉴定是否重组子（图 6-3）。

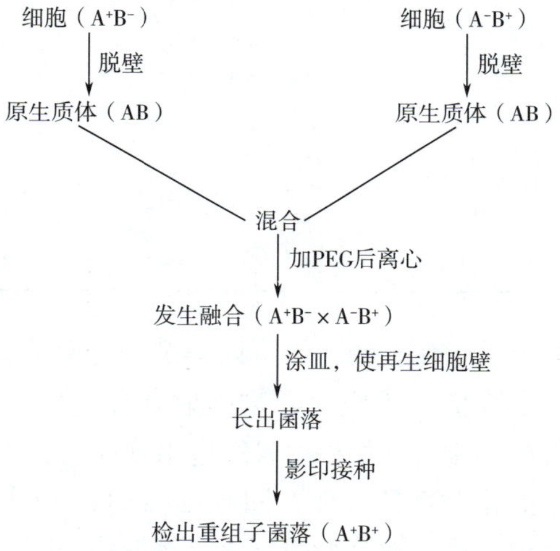

图 6-3　原生质体融合过程

原生质体融合打破了微生物的种属界限，可以实现远缘间菌株的基因重组。在实际应用中主要用于改良菌种特性，提高目的产物的产量，使菌种获得新的性状，合成新的产物等。如原生质体融合可使遗传物质传递更为完整、获得更多基因重组子的机会。借助聚合剂可同时将几个亲本的原生质体随机融合在一起，从而获得综合几个亲本性状的重组体。可与其他育种方法相结合，如把常规诱变和原生质体融合等所获得的优良性状，组合到一个单株中。这些均可加速育种进程。

（四）基因工程

基因工程是指用人工方法，通过体外基因重组和载体的作用，使新构建的遗传物质组合进入新个体，并在此新个体中得以稳定地遗传和表达的过程。

基因工程的主要目的是通过优良性状相关基因的重组，获得具有高度应用价值的新物种。为此必须从现有生物群体中，根据需要分离出可用于克隆的此类基因。这样的基因通常称为目的基因。

根据实验需要，待分离的目的基因可能是包含转录启动区、基因编码区和终止区的全功能基因，甚至是一个完整的操纵子或由几个功能基因、几个操纵子聚集在一起的基因簇；也可能是只具基因的编码序列，甚至是只含启动子或终止子等元件的DNA片段；而且不同基因组类型的基因大小和基因组成也各不相同。因此分离目的基因应采用不同的途径和方法。

目前获得目的基因的方法主要有化学合成法、基因文库法和cDNA文库法。

获得的目的基因即外源DNA要进入受体细胞，必须有一个适当的运载工具将其带入细胞内，并载着DNA一起进行复制与表达，这种运载工具称为载体。要使目的基因有效地导入受体细胞，必须选用合适的受体细胞、合适的克隆载体和合适的基因转移方法。

受体细胞经转化或转导处理后，真正获得目的基因并能有效表达的克隆子一般来说只是一小部分，而绝大部分仍是原来的受体细胞，或者是不含目的基因的克隆子。为了从处理后的大量受体细胞中分离出真正的克隆子，要进行一系列的筛选和鉴定。实验室中常用的筛选手段有：①插入失活；②菌落原位杂交；③免疫学方法。

基因工程是现代生物科学的一个巨大成就，引起人们的极大重视，在工农业生产、医学领域的应用上有着广阔的前景。

项目二　微生物的选种

一、从自然界中选种

自然界的菌种资源十分丰富，迄今食品发酵工业上使用的菌种，最初都是从自然界分离得到的，自然界中微生物种类异常之多，估计不少于几十万种，但目前已为人类研究及应用的不过千余种，可见这项自然资源的可利用潜力之大。

从自然界分离筛选新菌种的一般步骤是：采样、增殖培养、纯种分离和生产性能测定。如果产物与食品制造有关，还需对菌种进行毒性鉴定。

（一）采样

采样是根据微生物的生态特点从自然界取样分离所需菌种的过程。采集含菌样品前，先应调查一下自己打算筛选的微生物在哪些地方分布最多。例如，到堆积枯枝、落叶和朽木的地方分离产纤维素酶的菌种，从果皮上、果树下的土壤中分离酒精酵母，从豆科植物根系周围的土壤中分离根瘤菌，从油田附近土壤中得到石油酵母，从污泥中得到甲烷产生菌，从海洋中可分离得到耐盐和低温生产菌等。土壤是微生物生活的大本营，尤其细菌和放线菌在土壤中存在得更多。就是水和空气中的微生物也是从土壤中散发出去的。如果预先不了解某种生产菌的具体来源，一般可以从土壤中分离。由于1g表土中含微生物约有几百至几十亿个，而且微生物种类也随土质有所不同，因此，我们在采样时应注意以下几个方面。

1. 土壤中有机质的含量

一般有机质较多的土壤，土质就肥，其中微生物数量也多，反之亦然。过于肥沃的土壤，往往细菌的含量过多，而放线菌却比较少。因此，在寻找拮抗性放线菌时，一般可采集园田或耕作过的农田土，而要分离拮抗性真菌时，由于他们对碳水化合物需要量较大，故可到植物残体丰富的枯枝落叶层下的土壤或沼泽土中去寻找。

2. 采土的深度

采土的深度不同，其通风、养分、水分、光照等情况就不同。表层土由于日光直接照射，水分很少，受外界因素影响较大，不利于微生物生长，所以微生物种类和数量均少，一般离表层5~20cm深处的土含微生物最多。

3. 植被情况

土壤的植被情况与微生物的类型有着一定关系。如果园土壤中酵母较多，豆科植物下的土根瘤菌较多。在采样时应加以注意。

4. 季节与气候

由于春秋两季温度、湿度对微生物生长繁殖最合适，因此，土壤中微生物数量最多，所以春秋两季采样是合适的。在采样时，还应注意水分的问题。土壤中水分过多，往往造成缺氧状态，因此，即使有适宜的温度和湿度，也不会利于好氧微生物（如酵母和霉菌）的生长。放线菌也在水分较少的情况下繁殖得好。由此可知，一般应避免雨季采土，而以温度适中。雨季不多的秋初为好。除此以外，土壤的酸碱度也应注意，细菌和放线菌在中性或微碱性土壤中较多，而酵母菌和霉菌则在偏酸性土壤中居多。

5. 采样方法

采土样方法多在选好适当地点后，用无菌小铲除去表土，取离地面5~15cm处的土几十克，装入预先消毒过的牛皮纸袋中或塑料袋中，扎好，标记，记录采样时间、地点、环境情况等，以备考查。一般土壤中芽孢杆菌、放线菌和霉菌的孢子忍耐不良环境能力较强，因此不太容易死亡。但是由于采样后的环境条件与天然条件有着不同程度的差异，微生物总要逐渐死亡而减少，种类也会起变化，所以应尽快分离。

总的来说，我国南方各省的气候适宜，土质较肥沃，故微生物的种类和数量较多；而北方的黄土、砂土中则拮抗性放线菌较少，但东北的肥沃黑钙土中也有丰富的拮抗性放线菌。

（二）增殖培养

根据微生物的营养特性可以知道，如果自然菌样中含有某一物质较多，则其中含有能分解这一物质的微生物一般也较多。如果原有菌样中这类微生物不多，则可人为地加入相应的基质以促使它们生长繁殖。所谓增殖培养就是给菌种提供一些有利于所需菌株生长或不利于其他菌株生长的条件以促使所需菌株大量繁殖，从而有利于分离它们。如果一次增殖量还太少，就可以再次或多次进行增殖培养，直至达到分离要求。当然，如果样品中需要的菌种类型本来就多，就不需要增殖，可以直接进行分离。

进行增殖培养可以依据预定的技术路线和菌种特性，人为地采用一定的限制因素，以便使所需类型的菌种增殖后在数量上占优势。人为的限制因素须根据具体情况确定。常用两个方法，一是控制一定的养分，二是控制一定的培养条件。例如，碳源利用的控制，可选定糖、淀粉、纤维素或石油等，以其中的一种为唯一的碳源。那么只有能利用这一碳源的微生物才能大量生长，而其他微生物就可能死亡或被淘汰。如果控制增殖培养基的 pH，也有利于排除不需要的微生物，例如把土样加入到含糖浓度高的培养基中，并把 pH 调到 4 以下，就可使酵母菌得到增殖；在筛选碱性脂肪酶产生菌时，将增殖培养基的 pH 调至 9，可抑制嗜酸性或嗜中性菌的生长，提高分离效率。控制增殖培养的温度，也是提高分离效率的一条途径。

（三）纯种分离

纯种分离的目的是从含有混杂各种微生物的样品中，分出我们所需要的菌种，尽管通过增殖培养，但微生物仍处于混杂生长状态。在增殖过程中，即使培养条件不适合大多数微生物的繁殖，但它们并不完全死亡。微生物的孢子，特别是细菌的芽孢，能在没有养分的情况下长久地保存活力，一遇到适合的条件就能生长繁殖。因此，通过增殖培养，具有某一特性的微生物大量存在，但它们不是唯一的，仍有其他类型的微生物与之共存。就是在具有某种相同特性的微生物中，也仍然存在其他特性上有差异的不同菌株。例如，在以尿酸为碳源、氮源和能源进行培养时，从土壤中分离出的 6 株嗜尿酸梭状芽孢杆菌和 3 株柱形孢子梭状芽孢杆菌中，免疫特异性和某些酶的性质就有差异，同一菌种不同菌株间的某些酶的性质上也有差异。所以，经增殖培养后得到的难免是一群各类微生物的混合体。为了取得所需微生物的纯种，增殖培养后就必须进行分离纯化。

分离纯种的方法很多，常用的有划线分离法、稀释分离法、单孢直接挑取法和菌丝尖端切割法。划线法是比较简便常用的分离纯化方法，即用接种环挑取少量菌种在固体培养基表面做有规则的划线，如扇形划线法、方格划线法及平行划线法等，菌样经过多次从点到线的稀释，最后经培养得到单菌落。稀释法是将含菌样品经过多次充分稀释，使每一微生物都远离其他微生物，吸取 0.2mL 菌液至平板上，用涂布棒均匀涂布，经培养后即可生长出单菌落。单孢直接挑取法是从待分离材料中只挑取一个细胞或孢子来进行培养。将一台显微挑取器装置在显微镜上，把一滴样品置于载玻片上，用装在显微挑取器上的极细的毛细吸管在显微镜下对准一个单独的细胞或孢子，直接挑取移接在培养基上培养，就可得到纯培养物。菌丝尖端切割法是借助于放大镜，将不产生孢子而又生长迅速的霉菌，用无菌解剖刀在菌丝尖端割下，再移于培养基上培养，即得纯菌株。

为了提高筛选工作效率，增殖培养的选择性控制条件还应进一步应用，而且应控制得细一点，好一点。因为微生物种类繁多，生长时温度、pH、化学药品及营养的要求都有差异，所以在分离纯种时，为了达到良好的筛选效果，必须同时选择和控制培养条件。具体分述如下：

1. 控制营养成分

所谓营养成分，主要指碳源、氮源、维生素和无机盐类。不同微生物对营养物质的需求是不同的。异养型微生物只能利用现成的有机碳源，如葡萄糖、蔗糖、纤维素、淀粉、麦芽糖、碳氢化合物等。自养型微生物则能以 CO_2 为唯一碳源。一般微生物能很好地利用蛋白质及水解产物，如蛋白胨、多肽、氨基酸和豆饼粉、花生饼粉、麸皮等为有机氮源。只有固氮菌才能直接利用空气中的氮，对于维生素和一些金属离子，各种微生物的要求也不完全相同。由于各种微生物对营养要求有差异，所以控制分离培养基中的营养成分对提高分离效果是有帮助的。如果我们要分离分解纤维素细菌，可以把纤维素作为唯一碳源，能在这种培养基上生长繁殖的细菌，就说明具有很好的分解纤维素的能力。如果用淀粉作为唯一的碳源，则具有淀粉酶类的微生物就能很好地生长繁殖。当然并不是说在其他培养基上就不可能分离出产纤维素酶或淀粉酶的微生物，只是在这种营养条件下能更快、更准确地把它们分离出来罢了。这里还应指出，产生诱导酶类的微生物，必须要有某种分解底物存在时才能产生这类酶或者产得更多。所以在发酵培养基中控制营养成分就显得更为重要。

在一般情况下，也可以按照各大类微生物常用的培养基进行分离，例如，分离细菌时常用牛肉膏蛋白胨琼脂培养基，分离放线菌常用淀粉琼脂培养基，分离酵母、霉菌常用麦芽汁培养基等。

2. 控制培养基酸碱度

不同的微生物生长繁殖的最适 pH 不同。细菌、放线菌一般要求中性或偏碱性的培养基（pH 7.0~7.2），酵母和霉菌一般要求偏酸性的培养基（pH 4.0~6.0）。所以，结合一定的营养，将培养基调至一定的 pH，更有利于排除不需要的微生物类型。对于筛选一些产有机酸类型的菌种，采用控制 pH 的方法更为有效。例如，用酸性滤纸法筛选柠檬酸产生菌，就是利用含 90% 甘薯粉醪和 10% 的柠檬酸的培养基，使 pH 在 2.0~2.5。将这种培养基和土壤稀释液相混合，用无菌毛细管吸取少量，点布在铺于培养皿中的灭菌滤纸上（2~3 层），在 30℃条件下培养，所得菌种几乎全是产柠檬酸的黑曲霉。在用含 40%葡萄糖浓度的培养基分离耐高渗透压酵母时，若 pH 控制在 2.0~4.0，则分离出来的几乎全是耐高渗酵母。

当然，用调节 pH 的方法来控制分离不同类型的微生物是有局限性的。例如，有些细菌会产酸，它就能在较酸的培养基中出现，而不少酵母、霉菌在中性培养基上也能良好地生长。另外，固体培养基的 pH 低于 4.0 时，琼脂就水解，造成分离的困难。

3. 控制培养温度

不同种类的微生物最适生长温度是不同的。一般嗜冷性微生物最适生长温度在 10℃左右，嗜温性微生物在 25~28℃或 37℃，嗜热性微生物在 55℃。除特殊要求外，我们筛选的主要是嗜温性微生物。但在食品发酵工业上，由于微生物代谢过程中发热量大，从操作来讲，就希望菌种耐高温。所以，在筛选分离时可适当提高培养温度，若此温度下菌种能保持生产性能不变，那么筛选得到的这类菌将会对生产有所促进。在筛选高温微生物时，可将培养温度提高到 50~60℃，甚至更高，那么嗜冷、嗜温微生物就可大量淘汰，就能较快地分离获得高温微生物。

4. 添加抑制剂

分离用的培养基，除了要控制营养、调节 pH 和温度外，还可添加一些专一性抑制剂，这样可提高筛选效果。例如，在分离放线菌时，可先在土壤样品的悬浮液中加 10%酚数滴，以抑制霉菌和细菌的生长。添加一些抗生素对某些微生物更有专一性的抑制作用，如分离酵母和霉菌，在培养基中添加一定量的青霉素、链霉素或新霉素可抑制细菌的生长。抗生素的抑制作用会因其种类、浓度和菌种的不同而有差异。一般的抑制剂对芽孢和孢子的作用力弱，对营养细胞作用力强，所以应区别对象，灵活添加。

另外，在分离霉菌时，特别是菌丝蔓延的根霉、毛霉等，菌落有时很快连成一片，不易挑取单菌落。若在培养基中添加去氧胆酸钠 0.1%左右，可以防止菌丝蔓延，便于挑取。

5. 热处理

每一种微生物都有它的最高生长温度，超过最高生长温度就不能生长和繁殖，甚至死亡。热处理就是根据芽孢对热的耐性而淘汰不产芽孢的细菌和其他微生物。一般不产芽孢的细菌和其他微生物的营养型细胞，在 60~70℃温度下 10min 被杀死，而芽孢则能抵抗 100℃或更高的温度。如果要筛选芽孢杆菌，就可将样品稀释液经过 80℃，10min 的水浴处理，将不产芽孢的营养细胞杀死，然后再进行分离，这样就可提高筛选效率。

6. 通气条件的控制

前面介绍的方法都是分离好氧性微生物，要分离厌氧性微生物就要采用厌氧培养法。如生产丙酮-丁醇的梭状芽孢杆菌、白酒生产上增香用的丁酸菌等就要采用厌氧培养法。厌氧分离和培养的方法很多，现介绍几种。

（1）培养皿厌氧培养法　取一个无菌培养皿，在盖上铺上一薄层灭菌脱脂棉，将 1g 焦性没食子酸放于其上。将熔化的琼脂培养基倒平板，冷却后在固体培养基上划线需分离或培养的厌氧菌种。在盖上滴加 10%的 NaOH 溶液，不能使溶液溢出棉花，立即将已接种的平板倒置在培养皿盖上，必须将脱脂棉全部罩住，焦性没食子酸反应物不能与培养基表面接触，并用熔化的石蜡将皿缝密封，造成皿内无氧状态，然后进行培养。

（2）试管无氧培养法　根据微生物厌氧程度的不同可有 3 种方法。一种方法是用一支两头开口的试管，灭菌后一端塞入无菌橡皮塞，然后倒入灭过菌的熔化固体培养基，距管口 2~3cm，塞橡皮塞让其冷却，然后用无菌操作将菌种穿刺接种再塞上橡皮塞，外加塑料盖，置 37℃培养箱培养 48h 后，打开两端的塞子，用无菌玻棒将固体培养基推出，小心将生长的菌落分离并接入斜面。第二种方法是在前一种方法的基础上加入一定的化学吸收剂，用焦性没食子酸和 10%NaOH 吸收试管中的氧气。第三种方式是大小试管法。在大试管中放入少许棉花和焦性没食子酸，然后在小试管内进行穿刺接种，再迅速滴入 10%的 NaOH 于大试管中，并立即把小试管放入大试管中，塞上橡皮塞。

厌氧培养的方法很多，除上面介绍的用焦性没食子酸和 NAOH 吸收氧气外，还有庖肉培养法和厌氧罐培养法等。

（四）生产性能测定

在菌种分离中，获得大量的各种纯菌种，虽然它们可能有一些共同的特点，但不一定具有生产上所要求的性能，只有进一步进行生产性能的测定，才能确定哪些菌株适合生产要求，可用于生产。例如，选生产酶制剂的一种菌种，首先要测定该菌种产生酶的活力大小，即选择的标准就是产酶的活力要高，另外，还要考虑到培养方法应简便。性能稳定不易发生退化等问题。

由于纯种分离后，得到的菌株数量很大，往往有数百株到数千株，如果对每株都做全面或精确的性能测定，工作量过大，而且是不必要的。所以，测定的方法一般分两步进行，即初筛和复筛两个步骤，经过多次重复筛选直至获得 1~3 株较好的菌株，供发酵条件的摸索和生产试验，并进而作为育种的出发菌株。

1. 初筛

初筛是在培养皿内将菌种进行比较粗放的测定，这仅是筛选的第一步骤。初筛主要起着定性的作用，它只能测出某些菌株有无所需要的性能而不能精确测出含量大小。菌种初筛的方法很多，如筛选产酶菌时可在培养基上添加目的酶作用的底物，从观察底物的变化情况来确认菌种的产酶能力。例如，筛选产 α-淀粉酶的菌种，可在琼脂培养基中加 1%的可溶性淀粉，再在培养基上涂布菌悬液，经一定时间后喷上 I_2-KI 溶液，产生淀粉酶的菌周围就出现透明圈，无活力者呈蓝色，透明圈越大，表示活力越高。

这种方法快速简便，能在短时间内，淘汰不产生所需物质的菌株，但主要缺点是不够准确。

2. 复筛

复筛是将初筛选出的菌株精确地测出其发酵性能。一般采用接近生产工艺条件的液体摇瓶发酵、固体培养或小型台式发酵罐进行发酵，然后测定发酵液进行比较，选出较为理想的生产菌种。

（1）液体摇瓶培养法　将初筛选得的菌种，分别培养在装有少量培养液的三角瓶里，把三角瓶放在摇床上振荡培养，经过一段时间后，取培养液进行酶活力测定。在摇瓶培养中，微生物能得到充分的空气，与发酵罐的条件比较接近，因此测定的结果具有实际意义。

（2）固体培养法　把由初筛取得的纯种，分别接种于无菌固体培养基上，经过一段时间培养后，用定量的无菌水把微生物的产物洗下来，然后进行酶活力的测定。本法由于是固体培养，微生物与营养物质接触得不够充分，所以结果不够准确，一般只在无摇床设备的情况下使用。

（3）小型台式发酵罐法　进行各种发酵实验，目的是获得理想的菌种并根据这些发酵试验获得的数据进行有效的放大。在小型台式发酵罐中进行发酵试验是十分理想的，因为它易于改变控制条件，便于结果观察和分析。

自然界的一些微生物是在一定条件下产毒的，将其作为生产菌种应当十分当心，尤其与食品发酵工业有关的菌种，更应慎重。据相关规定，微生物中除啤酒酵母、脆壁酵母、米曲霉、黑曲霉和枯草杆菌进行食品生产无须做毒性试验外，其他均需通过两年以上的毒性试验。

二、从生产中选种

在生产过程中，经常注意那些菌体形态或菌落性状以及某些生理性能上自然发生变异的微生物，将它们挑选出来，进行比较试验，有时可以选出更加理想的菌种。例如，上海酒精二厂的糖化菌种原来是由佐美曲霉 3758 得来，孢子为黑色。在生产过程中，技术人员发现了一种由于自然突变而变成白色孢子的变异菌株，并及时进行分离纯化，获得了一株比原来糖化率高、培养条件比较粗放、孢子比较丰满的“上酒白种”。

项目三　菌种的衰退、复壮与保藏

一、菌种的衰退与复壮

在生物进化的历史长河中，遗传性的变异是绝对的，而它的稳定性是相对的；

退化性的变异是大量的，而进化性的变异却是个别的。在自然情况下，个别的适应性变异通过自然选择就可保存和发展，最后成为进化的方向；人们也可以通过人工选择去有意识地筛选出个别的正变体而用于生产实践中。相反，如不自觉和认真地进行人工选择，则大量的自发突变菌株会乘机泛滥，最后导致菌种的衰退。长期接触菌种的工作人员都有这样的体会，即如果对菌种工作长期放任自流，不搞纯化、复壮和育种，菌种就会对你进行“惩罚”，反映到生产上就会出现持续的低产、不稳产。这说明菌种的生产现状也是“不进则退”的。

对产量性状来说，菌种的负变就是产目标物能力的衰退。其他原有的典型性状变得不典型时，也是衰退。最易深究到的衰退是菌落和细胞形态的改变。其次，就是生长速度缓慢，产孢子越来越少。再次，则是代谢产物生产能力或其对寄主寄生能力的下降。最后，衰退还表现在抗不良环境条件（抗噬菌体、抗低温等）能力的减弱方面。

菌种的衰退是发生在细胞群体中的一个从量变到质变的逐步演变过程。开始时，群体中只有个别细胞发生负变，这时如不及时发现并采取有效措施，而一味移种传代，则群体中这种负变个体的比例将逐步增大，最后由它们占了优势，从而使整个群体表现出严重的衰退。所以，在开始时所谓“纯”的菌株，实际上其中已包含着一定程度的不纯因素。同样，到了后来，整个菌种虽已“衰退”了，但也是“不纯”的，即其中还有少数尚未衰退的个体存在着。

了解菌种衰退的原因后，就有可能提出防止衰退和进行菌种复壮的对策。在实践上，有关防止菌种衰退和进行复壮工作已积累了很多经验，主要有以下几个方面。

（一）衰退的防止

1. 控制传代次数

即尽量避免不必要的移种和传代，将必要的传代降低到最低限度，以减少发生突变的概率。前已述及，微生物存在自发突变，而突变都是在繁殖过程中发生或表现出来的。有人指出，在 DNA 的复制过程中，碱基发生差错的概率低于 5×10^{-10}，一般自发突变率在 $10^{-8}\sim10^{-9}$ 间。由此可以看出，菌种的传代次数越多，产生突变的概率就越高，因而发生衰退的机会就越多。所以，不论在实验室还是在生产实践上，必须严格控制菌种的移种代数，而采用良好的菌种保藏方法，就可大大减少不必要的移种和传代次数。

控制传代次数的做法是：将筛选出来的或外地引进的原种要做好长期保藏。对原种第一代繁殖尽量多些，取其中一支移植一批斜面菌种为第二代，用于生产；第二代用完后，再取一支菌种移植一批使用（图 6-4）。为了减少菌种的消耗量，大生产时应尽量避免用斜面菌种直接接种。

2. 创造良好的培养条件

在实践中，有人发现如创造一个适合原种的生长条件，可以防止菌种衰退。

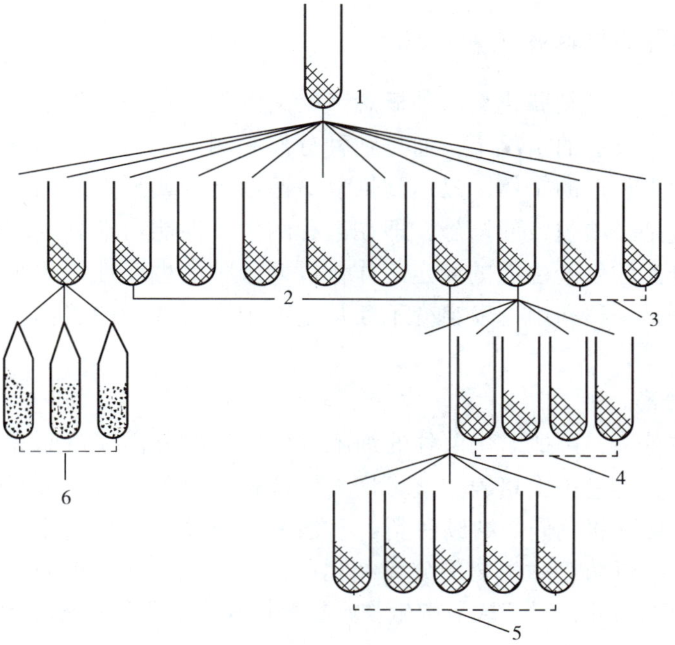

图 6-4 微生物移代方法示意图

1—原种 2—低温保藏 3—用于第一次生产 4—用于第二次生产 5—用于第三次生产 6—砂土管

例如，用老苜蓿根汁培养基培养“5406”泾阳链霉菌就可以防止它的退化；利用菟丝子种子的汁液培养“鲁保一号”真菌，也可以防止其退化；在赤霉素生产菌藤仓赤霉的培养基中，加入糖蜜、天门冬素、谷氨酰胺、5′-核苷露醇等丰富营养物时，也有防止菌种衰退的效果。此外，在栖土曲霉 3. 942 培养中，有人曾用改变培养温度的措施（从 28～30℃提高到 33～34℃）来防止它产孢子能力的衰退。

3. 利用不同类型的细胞进行接种传代

在放线菌和霉菌中，由于它们的菌丝细胞常含几个核或甚至是异核体，因此用菌丝接种就会出现不纯和衰退；而孢子一般是单核的，用于接种时，就没有这种现象发生。有人在实践中创造了用灭过菌的棉团轻巧地对“5406”泾阳链霉菌进行斜面移种，由于避免了菌丝的接入，因而达到了防止菌种衰退的效果。

4. 采用有效的菌种保藏方法

在工业生产用的菌种中，主要的性状都属于数量性状，而这类性状恰恰是易衰退的。即使在较好的保藏条件下，还是存在这种情况。据报道，链霉素产生菌——灰色链霉菌以冷冻干燥孢子形式经过 5 年的保藏，在菌群中衰退菌落的数目有所增加；而在同样情况下，另一菌株只经过 23 个月就降低 23%的活性。由此说明，务必要研究和采用更有效的保藏方法防止菌种的衰退。

（二）菌种的复壮

菌种的复壮有广义和狭义两种概念。狭义的复壮仅是一种消极的措施，它是指在菌种已发生衰退的情况下，通过纯种分离和测定生产性能的方法，从衰退的群体中找到尚未衰退的个体，以达到恢复该菌原有的典型性状的一种措施。而广义的复壮则应是一项积极的措施，即在菌种的生产性能尚未衰退前就经常有意识地进行纯种分离和生产性能的测定工作，以期菌种的生产性能逐步有所提高，所以，这实际上是一种利用自发突变不断从生产中进行选种的工作。常用的复壮方法有 3 种：

1. 纯种分离

通过纯种分离，可把退化菌种的细胞群体中一部分仍保持原有典型性状的单细胞分离出来，经过扩大培养，就可恢复原菌株的典型性状。常用的分离纯化的方法很多，大体可将它们归纳成两类：一是平板划线（或表面涂布）分离，主要适合于细菌、酵母菌等微生物的分离纯化；另一种方法是单孢分离，主要用于产孢子的真菌分离培养，对于厌氧微生物则要采用相应的厌氧培养技术来分离纯化。

2. 寄主复壮

对于寄生性微生物的退化菌株，可通过接种至相应昆虫或动、植物寄主体内以提高菌株的毒性。如经过长期人工培养的苏云金芽孢杆菌，会发生毒力减退、杀虫率降低等现象，这时可用退化的菌株，去感染菜青虫的幼虫（相当于一种选择性培养基），然后再从病死的虫体内重新分离典型产毒菌株。如此反复多次，就可提高菌株的杀虫效率。

3. 改变培养条件

最常用的是改变营养成分、酸碱度或培养温度。如对“5406”泾阳链霉菌复壮，可取两年生的苜蓿根，洗净切片，称 400g，加水 1000mL，煮沸约 30min，滤液中加入糖和琼脂各 20g，制成复壮培养基。退化的菌种接种在这种培养基上，菌丝长得紧密丰满，孢子层厚，呈粉红色，4~5d 即成熟。还可通过改变培养基的方法，即轮换使用马铃薯、大麦粉等培养基来提高“5406”菌种的性能。

二、菌种的保藏

菌种是一个国家的重要自然资源，菌种保藏是一项重要的微生物学基础工作。菌种保藏机构的任务是在广泛收集生产和实验室菌种、菌株的基础上，将它们妥善保藏，使之达到不死、不衰、不乱以及便于研究、交换和使用的目的。为此，在国际上一些工业比较发达的国家都设有相应的菌种保藏机构。

（一）菌种保藏的原理

菌种保藏主要是根据微生物的生理、生化特性，人工创造条件使微生物代谢活动处于不活泼状态。利用微生物的孢子、芽孢及营养体，给以不适合其萌发、生长、繁殖的条件，即用低温、干燥、缺氧、缺营养物等手段来达到菌种保藏的目的。

水分对生化反应和一切生命活动至关重要。因此，干燥尤其是深度干燥，在菌种保藏中占有首要地位。当然，高度真空可以达到驱氧和深度干燥的双重目的。

除降低水分外，低温是菌种保藏中的另一重要手段。微生物生长的温度低限是约在-30℃，可是在水溶液中能进行酶促反应的温度低限则在-140℃左右。这或许就是为什么在有水分的条件下，即使把微生物保藏在较低的温度下，还是难以较长期地保藏它们的一个主要原因。在低温保藏中，细胞体积较大者一般要比较小者对温度更为敏感，而无细胞壁者则比有细胞壁者敏感。其原因同低温会使细胞内的水分形成冰晶，从而引起细胞结构尤其是细胞膜的损伤有关。如果放到低温下进行冷却时，适当采用速冻的方法，可因产生的冰晶小而减少对细胞的损伤。当然，不同微生物的最适冷冻速度也是不同的。如酵母菌的冷冻速度以 10℃/min 为宜。

（二）菌种保藏的方法

菌种保藏方法很多，常用的有以下几种。

1. 斜面低温保藏法

将菌种接在适宜的斜面培养基上培养到菌体或孢子生长丰满后，便可放在 4℃的冰箱中保藏。每隔一定时间，需进行移接培养后再进行保藏。一般霉菌、放线菌半年一次，细菌、酵母菌三个月一次。这种保藏法使菌种处于较低的温度下，既可降低其代谢活动，也可使培养基不致干裂。如果能利用超低温条件，即液氮（-195℃）保藏效果更好。这种保藏方法的缺点是：①尚有一定强度的代谢。②保藏时间短，转管次数多。

2. 纯种制曲法

这是根据我国传统的制曲经验改进以后的方法。此法适宜保藏产生大量孢子的各种霉菌和某些放线菌。低温下保藏时间可长达一至数年。

3. 矿油保藏法

此法使用于不产生芽孢的细菌、酵母菌和霉菌。保藏时间达一年以上。

4. 砂土管保藏法

这是国内常采用的一种方法。利用细菌的芽孢或霉菌、放线菌的孢子可吸附于干燥、惰性固相载体如土、沙的表面上，而使菌种获得较长时间的保藏。此法制作简单、移接方便、保藏时间长，适于有芽孢的细菌、有孢子的霉菌和放线菌，对酵母菌、无芽孢的细菌不适用。保藏时间可长达一至数年。

5. 活体保藏法

此法适于难以用常规方法保藏的动植物病原菌及病毒。

6. 冷冻干燥保藏法

此法具备低温、干燥、真空三个保藏菌种的条件，存活率高，变异率低。用此法保藏时间可长达1~20年。但此法操作比较麻烦，需一定设备。由于这是在较低的温度下使菌液呈冰冻状态，并行减压使水分升华而干燥。微生物在这种条件下易于死亡，故需加入牛乳、血清等作保护剂。

冷冻干燥保藏菌种的设备虽然在形式上不完全相同，但原理和要求是一致的。

先将牛乳煮沸后冷却，去掉上面的一层脂肪。反复三次后用脱脂棉过滤，或者将牛乳在3000r/min的离心机中离心数分钟，除去表面脂肪后，在50kPa压力下灭菌30min。然后用牛乳洗下在斜面上长好的菌体，制成悬浊液，装入安瓿管中约0.1mL，塞上棉塞，用橡皮管将安瓿管连接在分支管上。分支管再与麦氏真空计和冷凝管相连，冷凝管的另一端连接在真空泵上。置冷凝管于盛有干冰（CO_2）的广口保温瓶中，使安瓿管中抽出的水汽进入冷凝管内立刻冻结。将安瓿管的下半部也埋入干冰中，使管内物质骤然冷却。约10min，管内物质已全部冻结，开动真空泵30min后，将安瓿管移入-15℃的冰盐水中，继续开动真空泵抽气1h，然后将安瓿管置于室温中，再抽气30min。此时管内物质已全部干燥，样品呈疏松状。用微型煤气灯在真空状态下，熔封安瓿管的颈部。将制好的干燥菌种管置于4℃冰箱中保藏。

以上保藏方法的适用范围及有效期见表6-2。

表6-2　菌种保藏各种方法比较表

保藏方法	适用范围	保存有效时间
斜面低温(6℃)	除病毒外的各类微生物	细菌、酵母1个月，霉菌、放线菌2~3个月
斜面低温(4℃)	除病毒外的各类微生物	细菌、酵母3个月，霉菌、放线菌6个月
矿油	不产芽孢的细菌、酵母菌、霉菌等	低温1年以上
砂土管	芽孢杆菌、霉菌和放线菌的孢子	低温一至数年
冰冻干燥	各类微生物	低温1~20年
纯种制曲	产生大量孢子的霉曲	低温一至数年

【同步练习】

1. 遗传与变异的本质是什么？
2. 从自然界分离筛选新菌种的一般步骤是什么？
3. 在分离纯种时，为了达到良好的筛选效果，怎样进行培养条件的选择和控制？
4. 常用的纯种分离的方法有哪些？
5. 在菌种分离中，获得大量的各种纯菌种，为什么还要进行生产性能的测定？
6. 菌种保藏的原理是什么？常用的菌种保藏的方法有哪些？
7. 什么是菌种的衰退？应该如何防止？
8. 菌种衰退以后如何进行复壮？

学习单元七

微生物的生态

【知识目标】

1. 了解微环境的概念。
2. 了解环境中微生物群落的组成。
3. 掌握微生物间以及它与其他生物间的相互关系。

【能力目标】

1. 能够运用微生物群落对其他生物的影响来服务生产和生活。
2. 能够运用微生物调控自然界中的物质转化。

知识讲解

微生物生态学是研究微生物（细菌、真菌、病毒、放线菌等）与其周围生物和非生物环境之间相互关系的科学，实际上微生物生态学研究的范畴包括了微生物在特定空间里的分布、组成、生理生化特性、彼此间的关系以及它们与环境间的相互关系和功能等。

研究微生物生态活动的规律有着重要的实践意义。例如，了解微生物的生态分布规律，有助于开发新的微生物资源，同时也为研究生物的进化提供理论基础。了解微生物间及微生物与其他生物间的相互关系，有助于扩大新的微生物农药、微生物肥料。了解微生物在自然界物质转化过程中的作用，有助于发展综合利用，为净化和保护环境提出理论依据和各种技术措施。

下面将从环境中微生物群落的组成、微生物间以及它与其他生物间的相互关系、物质转化等方面对微生物生态学进行说明。

项目一 微环境或微生境

一、微环境或微生境

自然界不仅有一个由空气、阳光、土壤、水等构成的大环境，同时还有一个由细菌、病毒、真菌、衣原体等构成的小环境。这些生物个体微小，种类繁多，分布广泛，生活方式多样化，所处的环境也微小，肉眼见不到，一般称为微环境（micro environment）或微生境。微生物的微生境指直接影响微生物生存和发展的，与微生物的关系最为密切的微生物细胞周围环境。微生境不仅微小，而且通常具有多样和多变的特征。

例如，一个土壤团块或一条细小的植物根表面，可能存在着多种多样的微生境。每种微生境往往只适合某些种类微生物的生长，不同的微生境相应地生长着不同类型的微生物，在土粒表面可能发育着好氧微生物，而土粒内部则可能生长着厌氧微生物。

一种微生境可能因不同类群微生物的生长代谢和相互演替而发生相应的变化。例如，在土壤形成过程中，首先由少数对恶劣环境具有很强耐受性的蓝细菌和藻类成为裸岩上的最初定居者，有利于有机物的蓄积和岩石表面环境的稳定化。接着出现腐败细菌和真菌的生长。由于微生物的作用使化学变化增强，加速了硅等矿物质的溶解。随后地衣出现，由于地衣叶状体的伸缩使岩石受到破坏；地衣生长代谢过程中产生 CO_2、有机酸、螯合剂等物质可加速岩石的溶蚀；地衣的作用还有利于矿物质和氮素营养的储存以及有机物的积累。而后，微生物数量进一步增加，并有原生动物和土壤节足动物相继出现。最后出现绿色植物的生长，植物的根使土壤稳定化。因此，微生物所生存的环境是相当复杂的。由变化着的各种物理、化学、生物等条件的集合体构成了微生境，并由此而决定着微生物的存在与活性。

当环境发生变化时，某些种类的微生物可能会停止生长，甚至死亡。只要在微环境中有少数细胞存活下来，一旦条件变得对它们有利时，就会重新生长、繁殖，并迅速发展为一个群体。

二、表面环境与附着

所谓“表面”，除了固体的表面，还包括空气和水的界面（如气泡）以及湖泊、海洋的表面等，都有附着的微生物。

附着现象会给微生物带来许多影响。其中最重要的是被吸附在表面环境的各种有机或无机物，常对微生物生存环境中的养分缺乏具有缓和作用。也就是说，各种微生境表面的营养水平一般都比较高。表面环境的这一特点，对于附着在“表面”生长的微生物有着十分重要的生态学意义，尤其是在水环境中，微生物常集中在水中物体的表面，并以此作为它们的主要活动场所。据报道，在营养贫乏的水域中，90%以上的细菌存在于含单细胞藻类的粒子上。若把自然水体中的颗粒物质滤去，则约有 99%的细菌会被除去。说明颗粒表面吸附的菌数往往比水体中高几十倍到几百倍。

不同基质的表面，其营养状态有很大差别，如水体底部的沙粒、石块和底泥，它们表面的营养水平各不相同，附着其上的微生物状况也有很大差异。

当微生物附着于大的颗粒表面或微生物表面沾有黏土时，常能阻碍捕食者的捕食，并可防止干燥对它们的伤害。病毒和噬菌体被吸附在粒子表面时，常比游离状态能较长时间地在自然界生存。

项目二　环境中的微生物群落的组成

由于微生物本身的特性，如个体微小、营养类型多、基质来源广、适应性强等，所以微生物可以在自然环境中长时间存活，而且分布极为广泛。从海洋深处到高山之巅，从土壤到高空，从室内到室外，除了人为的无菌区域和火山口中心外，到处可以发现微生物的存在。

一、空气中的微生物

空气中并不具备微生物生长所必需的营养物质和生存条件，因此空气并不是微生物生长繁殖的良好场所。但空气中仍存在细菌、病毒、放线菌、真菌、微型藻类、原生动物等各类微生物。它们来源于土壤和水体以及人、动物体表的干燥脱落物和排泄物等。霉菌有曲霉、青霉、木霉、根霉、毛霉、白地霉等；细菌有枯草芽孢杆菌、八叠球菌等；病原菌有结核分枝杆菌、白喉杆菌、肺炎双球菌、流感病毒等。

空气中微生物的数量随地域分布差异很大，城市上空中的微生物密度大大高于农村；无植被地表上空中的微生物密度高于有植被覆盖的地表上空；陆地上空高于海洋上空；室内空气又高于室外空气（表 7-1）。

表 7-1　不同场所上空的微生物数量　　单位：cfu/m^3

场所	微生物
畜舍	1000000
宿舍	20000
城市街道	5000
市区公园	200
海洋上空	1~2

二、土壤中的微生物

1. 土壤是微生物生长和繁殖的良好场所

土壤是微生物生活最适宜的环境，它具有微生物所需要的一切营养物质和微生物进行生长和繁殖及生命活动的各种条件。其原因在于：

（1）营养　土壤含有丰富的动植物和微生物残体，可供微生物作为碳源、氮源和能源。土壤中含有大量的矿物质元素，可供微生物生命活动所需。

（2）水分和通气　土壤空隙中充满着空气和水分，为好氧和厌氧微生物的生长提供了良好的环境。

（3）合适的 pH　土壤的 pH 范围在 3.5~10.0，多数在 5.5~8.5。而大多数微生物的最适生长 pH 也在这一范围。

（4）温度　土壤温度变化幅度小而缓慢，具有一定的保温性，这一特性有利于微生物的生长。与空气相比，土壤昼夜温差和季节温差的变化不大。在表土几毫米以下，微生物便可免于被阳光直射致死。这些都为微生物生长繁殖提供了有利的条件。

2. 土壤中的微生物数量与分布

土壤中微生物的数量和种类都很多，包含细菌、放线菌、真菌、藻类和原生动物等类群。其中细菌最多，放线菌、真菌次之，藻类和原生动物等较少。土壤微生物通过其代谢活动可改变土壤的理化性质，进行物质转化，因此，土壤微生物是构成土壤肥力的重要因素。

（1）细菌　土壤中细菌可占土壤微生物总量的 70%~90%，其生物量可占土壤质量的 1/10000 左右。由于它们数量大、个体小，与土壤接触的表面积特别大，是土壤中最大的生命活动面，也是土壤中最活跃的生物因素，推动着土壤中的各种物质循环。

土壤中的细菌大多为异养型细菌，少数为自养型细菌。细菌在土壤中的分布一般黏附于土壤团粒表面，形成菌落或菌团，也有一部分分散于土壤溶液中，且大多处于代谢活动活跃的营养体状态。但由于它们本身的特点和土壤状况不一样，其分布也有很大的差异。

（2）放线菌　土壤中放线菌的数量仅次于细菌，它们以分枝丝状营养体缠绕于有机物或土粒表面，并伸展于土壤孔隙中。1g 土壤中的放线菌占土壤微生物总数的 5%~30%。由于单个放线菌菌丝体的生物量较单个细菌大得多，因此尽管其数量上少些，但放线菌总生物量与细菌的总生物量相当。

放线菌主要分布于耕作层中，随土壤深度增加而数量、种类减少。土壤中放线菌主要是链霉菌（*Streptomyces*）。目前已知的放线菌大多分离自土壤。

（3）真菌　真菌是土壤中第三大类微生物，广泛分布于土壤耕作层，1g 土壤中可含 10^4~10^5 个真菌。真菌中霉菌的菌丝体像放线菌一样，发育缠绕在有机物碎片和土粒表面，向四周伸展，蔓延于土壤孔隙中。

土壤霉菌为好氧性微生物，一般分布于土壤表层，深层发育较少。真菌菌丝比放线菌菌丝宽几倍至几十倍，因此土壤真菌的生物量并不比细菌或放线菌少。土壤中酵母菌含量较少，每 1g 土壤含 $10 \sim 10^3$ 个，但在果园、养蜂场等土壤中，每 1g 土可含 10^5 个酵母菌。

土壤中真菌有藻状菌、子囊菌、担子菌和半知菌类，其中以半知菌类最多。

（4）藻类　土壤中藻类的数量比其他微生物类群要少，在土壤微生物总量中不足 1%。在潮湿的土壤表面和近表土层中，藻类大多数为单细胞的硅藻或呈丝状的绿藻和裸藻，偶尔有金藻和黄藻。这些藻类为光合型微生物，因此易受阳光和水分的影响，但它们能将 CO_2 转化为有机物，可为土壤积累有机物质。

（5）原生动物　土壤中原生动物的数量变化很大，每 1g 有 $10 \sim 10^5$ 个，在富含有机质的土壤中含量较高。种类有纤毛虫、鞭毛虫和根足虫等单细胞能运动的原生动物，它们形态和大小差异都很大。原生动物吞食有机物残片和土壤中细菌、单细胞藻类、放线菌和真菌的孢子，因此原生动物的生存数量往往会影响土壤中其他微生物的生物量。原生动物对于土壤有机物质的分解具有显著作用。

三、陆地水域中的微生物

水体是生命赖以生存的重要环境。凡江、河、湖以至温泉、下水道等几乎有水的地方均有微生物生存。水中微生物主要来自土壤、空气、动物尸体及排泄物、生活污水等。许多土壤微生物均可见于水中。

现将陆地水域中的微生物情况分述如下。

1. 大气水

大气水包括雨和雪，主要由空气中的尘埃带来微生物，其中有多种球菌、杆菌、放线菌及霉菌的孢子。雨天开始降下的雨水中，菌数可能较高，经过一段时间后，由于空中尘埃变少，雨水中微生物亦减少甚至达到无菌状态。

2. 江河水

江河水中微生物的种类和数量与所接触的土壤关系甚大。土壤中的微生物常随土壤被雨水冲刷进入江河中，一部分生活在营养稀薄的水中，一部分附着在悬浮于水体中的有机物上，一部分随着泥沙或较大的有机物残体沉淀到江河底泥中，成为水体中的栖息者。

在流动的水体中，水的上层只有单细胞藻类与好氧性细菌的生长，水的底层污泥中厌氧性的细菌较多，污泥表层可能有些原生动物。

城市附近及其下游水体中，微生物数量很多。

3. 湖泊与池塘水

在远离人们居住地区的湖泊、池塘中，有机物含量少，微生物也少，并以自养型种类为主，如硫细菌、铁细菌和球衣细菌等，以及含有光合色素的蓝细菌、绿硫细菌和紫细菌等；另外还有色杆菌属、无色杆菌属和微球菌属等腐生型细菌，它们能在营养含量低的清水中生长。霉菌中也有一些水生性种类，如水霉属和绵霉属的一些种可生长于腐烂的有机体上。

4. 地下水

一般来说，地下水大体上是无菌的，因为水分渗入地下时土壤起了过滤作用。这种过滤不仅将细菌滤掉，也滤去了有机质颗粒，故泉水与深井水一般不含细菌及有机质。但浅井水由于过滤土层薄，仍含有细菌与有机质，但比地面水要少得多。

四、海洋中的微生物

海水占地面总水量的97%，其所包含的微生物量远超过陆生微生物总量。海水的特点是：含盐高、温度低、有机质含量少、在海水深处有很高的静压力。

海水含有相当高的盐分，一般为3.2%~4%，含盐量越高，渗透压越大。海洋微生物多为嗜盐菌，并能耐受高渗透压，如盐生盐杆菌。此外，在深海中的微生物还能耐受低温和很高的静水压，少数微生物可以在60.795MPa下生长，如水活微球菌和浮游植物弧菌。

海洋细菌中主要为革兰氏阴性细菌、弧菌、光合细菌、鞘细菌等，相对的比土壤中占的比例要大些，而球菌和放线菌则相对少些。

大部分海洋微生物在12~25℃，pH7.2~7.6条件下生长最好。海水的pH为7.5~8.5，适于微生物生长。水体中有机物含量越丰富，则含菌量越高。接近海岸和海底淤泥表层的海水中和淤泥上，菌数较多，离海岸越远，菌数越少。

许多海洋细菌能发光，称为发光细菌。这些菌在有氧存在时发光，对一些化学药剂与毒物较敏感，故可用于监测环境污染物。微生物学家正致力于分离和培养独特的海洋微生物，特别是寻找能够产生新抗生素的海洋微生物。

五、农产品和动物体上的微生物

微生物的分布极为广泛，除了在自然界的分布外，人们日常生活所接触的许多物质上也有微生物的存在，例如农产品、食品、纤维等，动物体上也有微生物的存在。这些微生物引起食品和农产品的腐败、变质和动物的病变，因此了解这些微生物有十分重要的意义。

1. 农产品上的微生物

在各种农产品上均有微生物存在，粮食尤为突出。据统计，全世界每年因霉变而损失的粮食就占总产量的2%左右。由于谷物（小麦、稻米、玉米等）和面粉等粮食具有丰富的营养，一旦温度和湿度适宜，微生物会立刻在其中生长。

粮食中的微生物有数百种之多，主要类群有：真菌（霉菌、酵母菌和植物病原真菌）、细菌、放线菌以及病毒。粮食中的微生物，特别是霉菌，以曲霉属、青霉属和镰孢霉属的一些种为主，在适宜条件下会大量繁殖，把粮食中的有机物降解的同时，释放出大量热能和水分，使堆积的粮食升温发热、湿度增大，使粮食生霉变质，降低了营养价值甚至不能食用。一些微生物还会产生有害、有毒的代谢产物，使人食用后中毒甚至死亡。例如黄曲霉菌（*Aspergillus flavus*）产生的黄曲霉毒素有极强的致癌作用，已引起人们极大关注。黄曲霉菌特别容易在花生和玉米上繁殖，在小麦面粉和豆粉中也有发现。

粮食上也存在有益无害的微生物，例如植生假单胞菌（*Pseudomonas nerbicola*）和荧光假单胞菌（P. fluorescens），它们以植物各部分外渗物质为生，它们对某些使粮食霉变的微生物有明显的拮抗作用。因此，这类微生物的大量存在说明霉菌处于抑制的状态，是粮食健全优良的标志。

为防止农产品的变质，应在保管中形成不利于微生物生长的条件，例如干燥、低温、密闭的环境和使用某些防霉药剂等。

2. 动物体上的微生物

（1）人体的正常微生物区系　各种动物体上都存在微生物，下面以人为例加以说明。

在正常生理状态下，生活在健康人体各部位、数量较大、种类稳定且一般是有益无害的微生物，称为人体正常微生物菌群。如皮肤上的葡萄球菌、链球菌等；鼻腔中的葡萄球菌、白喉杆菌；口腔中的球菌、螺旋体、乳杆菌属和拟杆菌属的一些种。在肠道内也含有大量的细菌，人的肠道内如果缺乏正常的微生物群落，如大肠杆菌、产气杆菌、乳酸杆菌等，人体就不能维持正常的生活。因为肠道细菌可以合成人体所需的多种维生素。

在一般情况下，正常菌群与人体保持着一个平衡状态，菌群内部的各种微生物间相互制约，维持相对的稳定。正常菌群的种类与数量，在不同个体间有一定的差异。

所谓正常菌群，实际上是相对的、可变的和有条件的。当机体防御机能减弱时，例如皮肤大面积烧伤、黏膜受损、机体着凉或过度疲劳时，一部分正常菌群会成为病原微生物。另一些正常菌群由于其生长部位的改变，也可引起疾病。例如，革兰氏阴性无芽孢厌氧杆菌进入内脏，会引起各种脓肿。还有一些正常菌群由于某种原因破坏了正常菌群内各种微生物之间的相互制约关系时，也能引起疾病。痢疾病人会出现拟杆菌减少、肠杆菌增加外，同时还可检出痢疾杆菌等致病菌。这就是通常所说的菌群失调症。

（2）无菌动物与悉生生物　在动物的体内、体外检查不到任何正常菌群，这种动物称为无菌动物（germ-free animal）。它是将剖宫产的动物或特殊孵育的实验动物，放在无菌培养装置中进行精心培养而成的。用无菌动物进行实验，可排除正常菌群的干扰，从而使人们可以更深入、更精确地研究动物的免疫、营养、代谢、衰老和疾病等问题。

当然，目前也可通过同样的原理和适当的培养装置来获得无菌植物。

无菌动物或无菌植物人为地接种上某种已知纯种微生物，就称为悉生生物(gnotobiota)。

项目三 微生物间以及微生物与其他生物间的相互关系

在自然界的某一生境中，总是有许多微生物类群栖息在一起，极少为单一或单一类群单独存在，这就构成了微生物与微生物之间的相互关系。由于环境因子组成及影响条件不同，在各个生境中的微生物类群组成也不一样。而且由于各微生物类群的起始数量、代谢能力、生存和繁殖能力、抵抗外界不利环境因子的能力、适应能力等方面的不同，微生物类群之间及微生物与其他生物间所构成的相互关系可以各种各样。

一、微生物间的相互关系

（一）互生关系

互生关系（metabiosis）是指一种微生物的生活（主要是代谢产物）创造或改善了另一种微生物的生活条件，这种有利作用可以是单方面的偏利或双方面的互惠作用，这是一种可分可合、合比分好的相互关系。

（1）一个群体得益而对另一个群体并无影响的互生关系　如好氧微生物和厌氧微生物共栖时，好氧微生物消耗环境中的氧，为厌氧微生物的生存和发展创造厌氧的环境条件。也可以是一个微生物群体为另一个群体提供营养基质或生长因子，如厌氧消化过程中，水解性细菌和产氢产乙酸细菌为产甲烷细菌提供生长和产甲烷的前体物质如H_2、CO_2、醋酸、甲酸等。

（2）两个微生物群的生长对双方互为有利的共生关系　由于共栖可使双方都能较之单独生长时更好，生活力更强。这种互利可能是由于：互相提供了营养物质；互相提供了生长素物质；改善了生长环境；或兼而有之。例如纤维素分解微生物和固氮细菌的互生，纤维素分解菌分解纤维素产生的糖类可为固氮细菌提供碳源和能源，而固氮细菌固定的氮素可为纤维素分解微生物提供氮源，互为有利而促进了纤维素分解和氮素固定。

微生物间的互生现象也被应用于生产实践，如在辉铜矿生产中，氧化亚铁硫杆菌和拜氏固氮菌互相促进，可提高铜的浸出率。再如将固氮芽孢杆菌（自生固氮菌）接种于食用菌的培养基（含碳量高，缺氮）中，可大大提高食用菌的产量和质量。

（二）共生关系

有些具有互利关系的两个微生物群体相互更为密切，甚至形成特殊结构和功能的共生体，两者绝对互利，共同生活在一起相互分工合作，分开后有的甚至难以单独生活，而且互相之间具有高度专一性，一般不能由其他种群取代共生体中的组成成员，这种关系称为共生关系（symbiosis）。

由某些藻或蓝细菌与真菌组成的地衣（lichen，图 7-1）是微生物之间典型的共生体，形成特定的结构，能像一种生物那样繁衍生息。地衣中的藻或蓝细菌进行光合作用，某些藻类可以固定大气氮素，可为真菌提供有机化合物作碳源和能源、氮源以及 O_2，而真菌菌丝层不仅为藻或蓝细菌提供栖息之处，还可提供矿物质和水分，甚至生长物质。这种共生体中的藻类主要是念珠藻，还有绿藻或黄藻，真菌则大多数是子囊菌中的盘菌，其次为核菌，少数为担子菌。

地衣能抗不良环境，是土壤形成的“先锋生物”，对空气污染尤其是 SO_2 甚为敏感，可以作为某地域大气污染程度的指示生物。

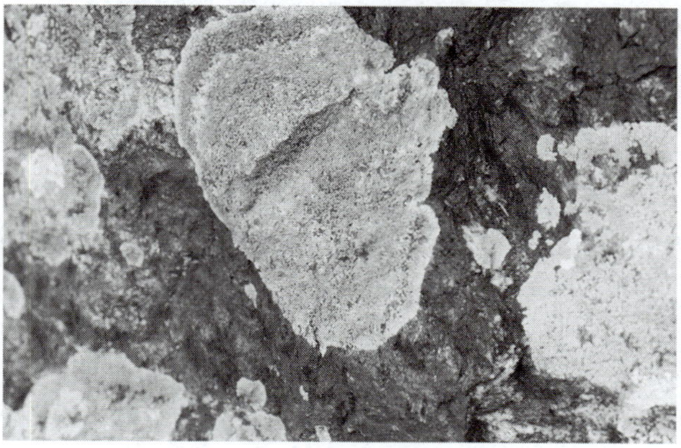

图 7-1　岩石上的地衣

根瘤菌与豆科植物共生形成根瘤共生体，这是一种典型的共生关系。原生动物与藻类的共生是又一种普遍存在的共生现象。许多原生动物可以与藻类共生而从藻类光合作用过程中获得有机物质和 O_2，并为藻类提供 CO_2 进行光合作用。最近也发现原生动物体内有产甲烷细菌共生。

（三）拮抗现象

由于某一微生物群体生长时产生某些特殊代谢产物，抑制甚至毒害了同一生境中的另外微生物类群的生存，而其本身却不受影响或危害，这种现象称之为拮抗现象（antagonism）。这也是自然界中普遍存在的现象。

这种微生物之间的拮抗现象可以分为两种：第一种是由于一类微生物的代谢活动改变了环境条件从而使新的环境条件不适宜于其他微生物类群的生长和代谢。例如人们在腌制酸菜或泡菜时，创造厌氧条件，促进乳酸细菌的生长，进行乳酸发酵，产生的乳酸降低了环境的 pH，使得其他不耐酸的微生物不能生存不能腐败酸菜或泡菜，而乳酸细菌却不受影响。第二种是某些微生物能产生抑制，甚至杀死其他微生物类群的代谢产物，如抗生素。不同种类与结构的抗生素可以选择性地抑制各类微生物的生长，但对其自身却毫无影响（图 7-2）。如青霉菌产生的青霉素可以抑制革兰氏阳性菌，链霉菌产生的制霉菌素可以抑制酵母菌和霉菌等。

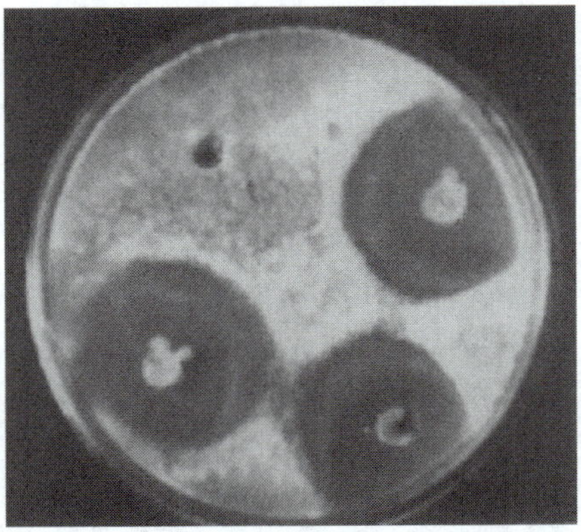

图 7-2　放线菌对核盘菌的拮抗作用
（图中放线菌产生的抗生素杀死了周围的核盘菌形成了双生环）

（四）寄生关系

一种微生物通过直接接触或代谢接触，使另一种微生物寄主受害乃至个体死亡，而使它自己得益并赖以生存，这种关系称为寄生关系（parasitism）。

从寄生菌是否进入寄主体内来分，可以分为外寄生（ectoparasitism）和内寄生（endoparasitism）两种。外寄生即寄生菌并不进入寄主体内的寄生方式，内寄生则是寄生菌进入寄主体内的方式。外寄生方式如黏细菌对于细菌的寄生，黏细菌并不直接接触细菌，而是在一定距离外，依靠其胞外酶溶解敏感菌群，使敏感菌群释放出营养物质供其生长繁殖。内寄生方式较为普遍，寄生关系有：病毒寄生于细菌、放线菌和蛭弧菌；蛭弧菌（*Bdellovibrio*）寄生于细菌（图 7-3）；真菌可寄生于真菌、藻类等；原生动物又可被细菌、真菌和其他原生动物所寄生。例如，伤口或创面受铜绿假单胞菌（该菌故而又称绿脓杆菌）感染后，常常产生绿脓，严重者引起败血症。利用侵染铜绿假单胞菌的噬菌体，可治愈大面积的创伤感染。

（五）竞争关系

竞争关系（competition）是指在一个自然环境中存在的两种或多种微生物群体共同依赖于同一营养基质或环境因素时，产生的一方或双方微生物群体在大小、生长速率和活性等方面受到限制的现象。

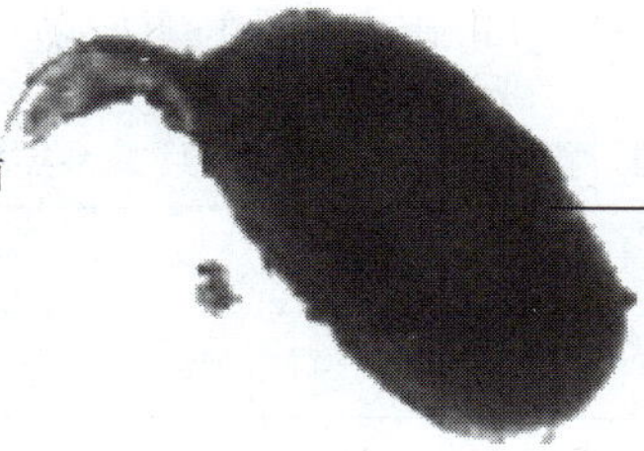

图 7-3　蛭弧菌对细菌细胞的寄生

这种竞争现象普遍存在，结果造成了强者生存，弱者淘汰。竞争营养是经常可以观察到的现象。尤其在环境中当两种微生物类群都可利用的同一种营养基质十分有限时会更明显。如厌氧生境中，硫酸盐还原细菌和产甲烷细菌都可利用 H_2、CO_2 或乙酸，但是硫酸盐还原细菌对于 H_2 或乙酸的利用亲和力比产甲烷细菌高。因此一般情况下硫酸盐还原细菌可以优先获得有限的 H_2、乙酸等基质而迅速生长繁殖，产甲烷细菌却只能处于生长劣势。一般来说，在营养基质有限的生境中，对此营养源具有高亲和力、生长速率高的群体，会以优势取代那些亲和力低，生长速率低的群体，起到一种竞争排斥的作用。

（六）捕食关系

捕食关系（predation）是指一种微生物以另一种微生物为猎物进行吞食和消化的现象。在自然界中最典型和最大量的捕食关系是原生动物对细菌、酵母、放线菌和真菌孢子等的捕食。除此之外，还有藻类捕食其他细菌和藻，原生动物捕食其他原生动物，真菌捕食线虫（图 7-4）等。如土壤中的指状节菌（*Arthrobotrys dactyloides*）能捕食土壤或水中的线虫。当指状节菌接触到线虫时，菌丝立刻膨胀，环绕在线虫体上，菌丝伸入线虫体内而将线虫消化吸收。另外一种指状真菌（*Dactylella drechslesi*），以菌丝的球状末端附着到线虫体上，使线虫不得脱身，然后由菌丝分泌酶而消化吸收之。

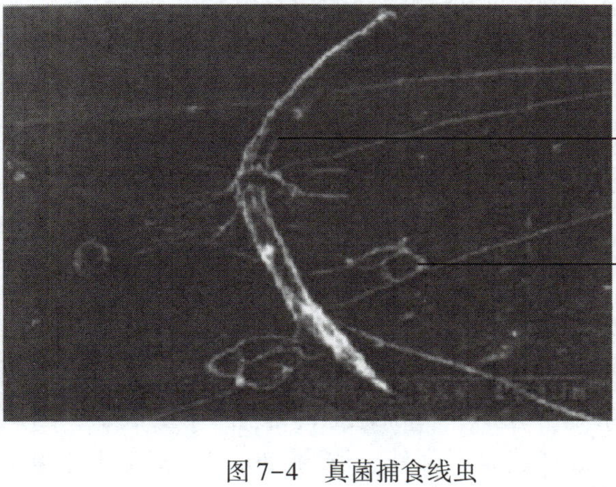

图 7-4　真菌捕食线虫

表 7-2 表明了各微生物种群之间相互关系的不同效应。

表 7-2　微生物种群之间相互关系类型

相互作用名称	相互作用结果	
	种群甲	种群乙
种间共处	0	0
互生	0 或+	+
共生	+	+
竞争	-	-
拮抗	0 或+	-
捕食	+	-
寄生	+	-

注:“0”表示无利无害,“+”表示有利,“-”表示有害。

二、微生物与高等植物间的相互关系

自然界中微生物与植物之间的关系极为密切。在植物的根系、根际、体表、叶面甚至组织内部，都有大量的微生物存在。根据这些微生物与植物之间的利害关系大致可以分为三种类型：一是微生物在植物上得以生存的同时，也有益于植物的互惠互利关系。例如豆科植物根系与相应根瘤菌的共生，豆科植物为根瘤菌提供碳源和能源，而根瘤菌则将固定的氮素输送给植物。二是微生物在植物上得以生存的同时，产生植物病害。植物的众多病害是由微生物引起的，如水稻的稻瘟病、白叶枯病，小麦的赤霉病，烟草花叶病等，这些微生物被称为病原菌或致病微生物。三是微生物与植物之间无明显影响的关系。下面根据微生物在植物上存在部位的不同来介绍微生物与植物之间的相互关系。

（一）植物根系、根际与根际微生物区系

1. 植物根系和根际土壤

根际土壤是在植物根系影响下的特殊生态环境。根际土壤最外层无明确的界限，一般是指围绕根面的 1~2mm 厚受根系分泌物所影响和控制的薄层土壤。

根际土壤由于受植物根系的强烈影响而具有自己的特点：①由于根系和微生物呼吸产生 CO_2，因此离根面越近，CO_2 浓度越高。②根际土壤中的氧气浓度依植物不同而异。旱作物如小麦，离根面越近 O_2 浓度越低，反之则越高。水稻等水田作物，由于有较发达的输导组织，可从地上部运输 O_2 至根系，因此根面处可有相对较高浓度的 O_2，其 Eh 情况是根际外土壤为-30mV，根际内土壤为 250mV，根面

可达682mV。③由于植物地上部的需要和蒸腾作用，根系吸收水分而在根际土壤中形成一个水势梯度。④植物根系大量的脱落物和分泌物进入根际土壤，因而根际土壤内的营养物质较之根外土壤大为丰富，根际土壤不仅是微生物良好的栖息环境，而且也明显影响微生物的种群及其活性。

2. 根际微生物类群

根际微生物中细菌是数量最多的类群，可达$10^6 \sim 10^8$个/cm^3。由于根系分泌物的选择作用，根际细菌群体中要求简单氨基酸类物质为营养的细菌占有很高的比例，而要求复杂生长因素的细菌所占的比例很低。G^-的无芽孢杆菌占绝对优势，随着植物的生长，G^-杆菌减少而棒形杆菌逐渐增多，大多数芽孢杆菌和G^+球菌受到抑制。常见的G^-杆菌有假单胞菌（*Pseudomonas*）、黄杆菌（*Flavobacterium*）、产碱杆菌（*Alcaligenes*）、色杆菌（*Chromobacter*）和无色杆菌（*Achromobacter*）等。根际细菌一般不能分解纤维素，少数能分解果胶，多数能分解淀粉。

根际放线菌主要是链霉菌属（*Streptomyces*）、小单孢菌属（*Micromonospora*）和诺卡氏菌属（*Nocardia*），它们的存在对于根际细菌产生明显的抑制与拮抗影响。

植物生长早期，根际内真菌的数量很少，随着植物的生长、成熟、衰老而增多，而且不同生长阶段的真菌区系具有不同的特征。生活在健康根段上的真菌往往是由几个优势属组成的稳定群落。常见的根际真菌有：镰刀菌属（*Fusarium*）、黏帚霉属（*Gliocladium*）、青霉属（*Penicillium*）、柱孢属（*Cylindrocarpon*）、丝核菌属（*Rhizoctonia*）、被孢霉属（*Mortierella*）、曲霉属（*Aspergillus*）、腐霉属（*Pythium*）和木霉属（*Trichoderma*）等。根际真菌大多数都能分解纤维素、果胶质和淀粉。

3. 植物根系与根际微生物共存形式

（1）豆科植物与相应的根瘤细菌共生　这种共生关系形成特殊结构的根瘤。

（2）木本非豆科植物如赤杨、桤木等根系与放线菌微生物共生　这种共生关系形成珊瑚状根瘤。根瘤内寄生菌有三种不同的形式：分枝或不分枝的菌丝；在菌丝顶端发育的有隔膜的泡；类似细菌的细胞。

（3）外生菌根　外生菌根的结构随植物种类以及有关菌根菌的种类不同而有所不同，但它们可以形成包围支根或幼根尖的菌鞘或菌帽；菌丝进入寄主皮层内细胞间隙［图7-5、图7-6（2）］，从菌鞘长出伸入土壤形成菌丝带和根状菌索，或在菌鞘内或菌鞘上繁殖且形成外生菌根周围的自养型微生物。这些外生菌根菌和周围的自养型微生物可以把土壤中无效养分转化为有效养分提供给植物。

（4）内生菌根　与外生菌根不同，内生菌根的侵染很少引起根系外部形态的改变，其中泡囊丛枝菌根是极为重要的一种，它们在根系表皮和皮层内的细胞内或细胞间侵占并生长繁殖。在寄主细胞内，内生菌丝产生与病原真菌吸管相似的称为丛枝的重复分枝，菌丝顶端膨大为泡囊［图7-6（1）、图7-7］。

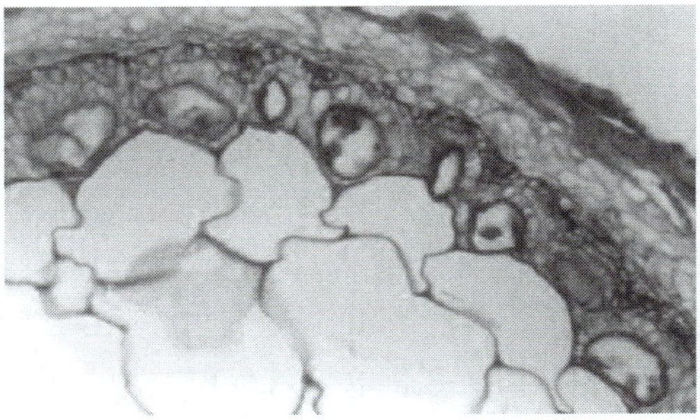

图 7-5　水晶兰外生菌根的横切面

外围致密的小细胞为菌丝层，内部大型细胞为根部组织

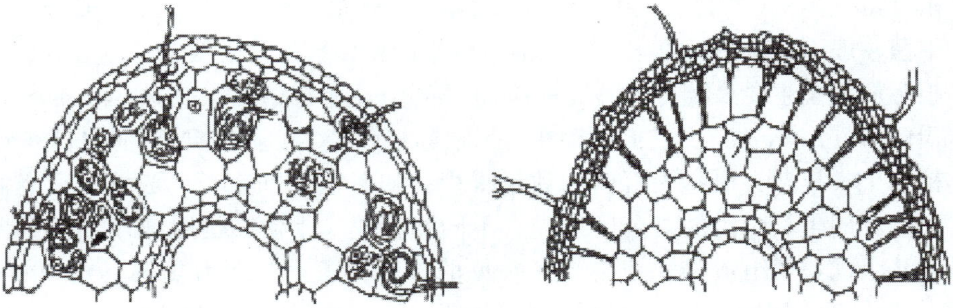

（1）内生菌根　　（2）外生菌根

图 7-6　内生菌根和外生菌根

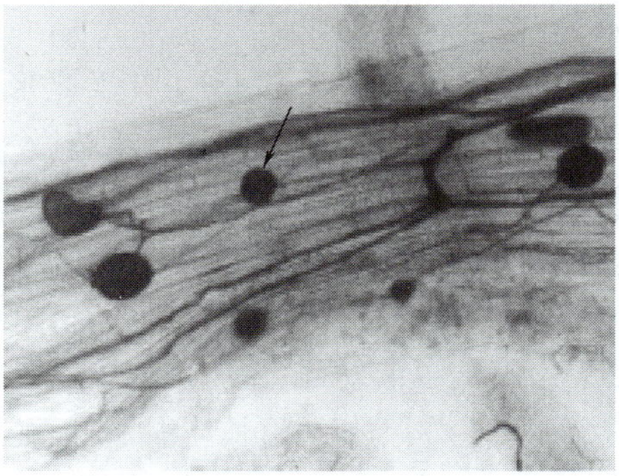

图 7-7　内生菌根在根内蔓延的情形（箭头指示者为泡囊）

（5）植物根系与藻类共生　裸子植物苏铁科内许多属的根系在受鱼腥藻属（*Anabaena*）和念珠藻属（*Nostoc*）等蓝绿藻侵染后，可形成能固氮的瘤。这些瘤的结构不同于放线菌类内生于植物根系后诱发的瘤。

（6）根际系统　此根际系统可分为三个区域：外层根际位于根系最近处，含有微生物群体；根面，即根表及生活于其中的微生物；内根际，即由非病原性土著微生物侵染的寄主根皮层组织部分。

（7）根-病原菌复合体　即由土壤习居菌和根习居菌组成的侵占植物根并在其内组织中生长的致病土壤微生物，其中大多为真菌，少数为细菌。

4. 根际微生物对植物的有益影响

根际微生物可以改善植物的营养源。根际微生物在分解有机物质的过程中，可释放或最终形成氨、硝酸盐、硫酸盐、磷酸盐等，并随之放出 CO_2，促进植物营养元素的矿化，如无效的无机磷、有机磷矿化为有效磷，固氮微生物固定氮素等。许多根际微生物可产生维生素、生长素和激素类物质，如固氮菌、根瘤菌和某些假单胞菌等能产生吲哚乙酸和赤霉素类生长调节物质，刺激植物生长。根际微生物可分泌抗生素类物质，有助于植物抗土著性病原菌的侵染。如豆科作物根际常有对引起小麦根腐病的长蠕孢菌有拮抗作用的细菌存在，可以抑制这种病原菌生长，减轻后茬小麦的根腐病害。根际细菌能产生铁载体（siderosphore），铁载体是一种特殊的能与铁螯合的有机化合物，能促进 Fe^{3+}的溶解，运输到细胞内，还原成 Fe^{2+}，并被释放而用于合成其他的含铁化合物。根际细菌能改变植物根系形态学，如菌根菌，另外，某些根际微生物可使根系形成密集的根簇，扩大了营养吸收面，从而增强了植物吸收营养物质的能力，如水、磷等。

5. 根际微生物对植物的不利或有害影响

许多根际微生物通过侵染、寄生或其他方式可以对植物造成不利甚至有害的影响，这些微生物称为病原菌或致病菌。这些致病菌可能通过下列途径来影响植物。一是可干扰植物生长物质和营养的传送；二是产生一些物质可抑制根在土层中持续生长，根毛长度和数量、根细胞的有效能量代谢也受到限制；三是寄生菌导致寄主植物细胞的腐解；四是与植物竞争有效的营养物质，或固定某些重要营养元素，使植物在某一时间内无法吸收到足够的营养物质；五是某些病原菌可在相应的植物根际得到加富，助长病害的发生和严重程度。

（二）植物体表和叶面微生物

植物茎秆体表、叶面和果实，由于可提供非常适宜的栖息环境和营养条件，因而有大量异养型或光合型的细菌、真菌，尤其是酵母菌、地衣和某些藻类存在，这些称为附生性微生物。直接以叶面作栖息生境的微生物称为叶面微生物。栖息于叶面的微生物数量决定于季节和叶龄。植物上的附生性微生物直接经受气候变化、高温低温、风吹雨打等，因此成功的附生性微生物应能产色素（可抗阳光直射），并对恶劣环境条件具有良好的适应性。附生性微生物也能产生各种孢子，使它们能通过风、昆虫等外力从一个植株到另一个植株之间迁移。

不同的植物体表、叶面对微生物的附生具有选择性。如某些松树针叶上的主要种群，包括荧光假单胞菌（*Pseudomonas fluorescens*）在内的假单胞菌属的种，且叶面附生性微生物较之地上落叶中的细菌种群更能利用糖类和醇类作为碳源，而落叶中的细菌种群具有更高的水解脂肪和蛋白质活性。酵母常栖息于植物叶面，如玫瑰掷孢酵母（*Sporobolomyces roseus*）、黏液红酵母（*Rhodotorula glutinis*）、罗伦隐球酵母（*Cryptococcus laurentii*）等。在叶面可观察到产色素丰富的酵母和细菌群体，这些色素可能起着抗阳光直射的保护作用。花也能为附生性微生物提供一个短期的栖息地，花蕊中的高浓度糖使得花适宜于酵母种群。

三、微生物与人体及动物间的相互关系

大多数微生物与人体及动物之间的相互关系是有益的。微生物与动物种群之间的共生关系包括营养交换、帮助动物消化食物中的难消化化合物（特别是纤维素）、产生维生素和氨基酸、抵御病原体感染、维持合适的栖息条件等。

微生物还可以是动物的病原体，或通过产生毒素或感染动物宿主，导致严重的动物疾病及流行病。微生物与人体及动物之间的相互作用可归纳为以下几点。

1. 微生物本身可作为人体及动物的营养

很多动物要以微生物为生，特别是浮游动物和水生低级动物，都是以吞食微生物以获得食物来源的，还有许多动物以过滤的方式把水中的微生物过滤出来作为食物。此外，也有许多动物可以养殖微生物作为食物或通过微生物对食物进行处理。纤维素是自然界中最丰富的植物材料，但大多数食草动物不能直接消化纤维素，而是需要依赖微生物来降解并产生动物能够利用的物质，如反刍动物的胃瘤菌。更有甚者，如白蚁等，可以直接在体外培养微生物食用。

2. 胃肠道共生体系

大多数温血动物在其胃肠道内含有非常复杂的多种微生物群落。如在人类肠道内，就有很多的严格厌氧菌：拟杆菌属、梭杆菌属、双歧杆菌属等。单胃动物的胃肠道中微生物种群主要为动物提供维生素、氨基酸等生长因子。在多胃动物的胃肠道，特别是瘤胃中，含有非常复杂的微生物群落，这些微生物种群包括纤维素分解者、淀粉分解者、半纤维素分解者、糖发酵菌、甲烷菌、蛋白水解菌、脂水解菌等。这些微生物主要属于拟杆菌属、瘤胃球菌属、甲烷杆菌属、丁酸弧菌属、链球菌属和乳酸杆菌属等。这些微生物种群，除为动物提供维生素、氨基酸外，还可以帮助动物消化降解食物中的难消化成分（纤维素等）。此外，胃肠道中的正常微生物种群还可以为动物抵御肠道病原菌的侵袭提供天然屏障。长期服用抗生素的动物易得严重的胃肠道感染，便是胃肠道中正常微生物种群这种作用的明证。这种共生关系中，动物为微生物提供了合适的厌氧栖息条件和稳定的营养供应。存在于低级动物消化道中的微生物群落，也有相似的作用。

3. 微生物对人体及动物的危害

很多微生物，包括病毒、细菌、真菌和藻类都可引起动物疾病，如我们人类的绝大多数疾病就与微生物有关，从流感、某些癌症到艾滋病等都是由微生物引起的。微生物引起动物疾病的过程可以分为两种类型，一种是微生物在动物体表或

体内生长，引起感染而致病；另一种是微生物在动物体外生长，产生有害物质，引起动物疾病或改变了动物的栖息条件，使得动物不能在健康的条件下生存。

天然状态下生长的微生物，可以改变环境条件，从而对动物造成不良的影响。例如，湖水中藻类过度生长，大量有机物进入水体，这些有机物被异养微生物降解，大量消耗溶解氧，造成厌氧条件，导致水中动物种群的死亡。微生物还可产生多种无机或有机毒素。对动物致毒的微生物毒素，通过消化道进入人体，引起食物中毒，如肉毒毒素、黄曲霉毒素等。

项目四 微生物与物质转化

自然界的物质循环主要可归纳为两个方面：一方面无机物的有机质化，即生物合成作用；另一方面有机物的无机质化，即矿化作用或分解作用。这两个过程既对立、又统一，构成了自然界的物质循环。

碳、氢、氧、氮、硫、磷、铁、锰、钾、钙等，都是组成生物体的必需化学元素。生物只有不断地从环境中获取这些元素才能生长、发育和繁殖。但地球上这些元素特别是能被有效利用的部分的贮存量终究是有限的，这些元素的供求矛盾只有在物质的不断循环中才能得以解决。生物所推动的物质循环，为有限的营养元素的循环使用创造了极其重要的条件。在物质循环过程中，以高等绿色植物为主的生产者，在无机物的有机质化过程中起着主要的作用；以异养型微生物为主的分解者，在有机质的矿化过程中起着主要作用。

实际上各种元素的生物化学循环都不是独立的，而是相互伴随、交织和影响的，构成各种复杂关系。

一、碳素循环

微生物在碳素循环中的作用见图 7-8。

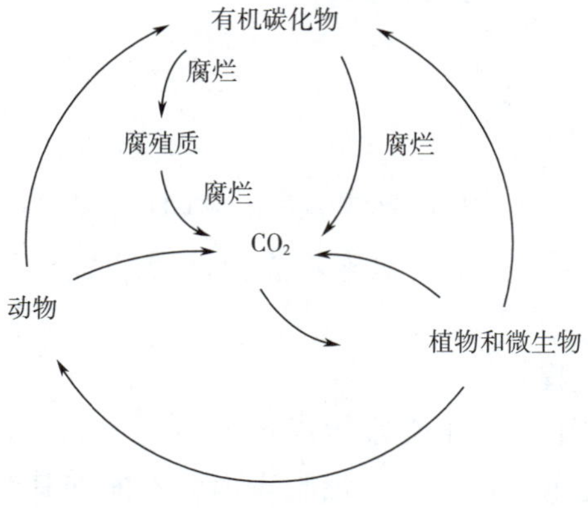

图 7-8 微生物在碳素循环中的作用

据统计地球上有90%的CO_2是靠微生物的分解作用而形成的。对于纤维素、半纤维素、淀粉、果胶质、木质素等不能直接被微生物利用的复杂有机物，微生物首先分泌胞外酶将其降解成简单的有机物再吸收利用。

（一）淀粉的分解

1. 淀粉的结构

淀粉主要来自植物，可分为直链淀粉和支链淀粉，它是由葡萄糖通过α-1,4-糖苷键和α-1,6-糖苷键聚合而成的大分子。在自然界，直链淀粉约占1/5，支链淀粉约占4/5。淀粉容易被微生物降解。

2. 淀粉的分解过程

微生物分解淀粉时，一般先分泌胞外淀粉酶，将淀粉水解成双糖和单糖，然后再摄入体内利用。

在淀粉分解的构成中，共涉及4种酶：

（1）α-淀粉酶　又称液化淀粉酶，能够水解淀粉分子内部的α-1,4-糖苷键，但不能对α-1,6-糖苷键以及靠近α-1,6-糖苷键的α-1,4-糖苷键产生作用。它的水解产物是麦芽糖，以及含多个葡萄糖单元的直链寡糖和支链寡糖。

（2）β-淀粉酶　能够从淀粉分子的非还原性末端开始，以双糖为单位，逐步水解α-1,4-糖苷键，生成麦芽糖。在水解过程中，遇到α-1,6-糖苷键即停止作用。它的水解产物是麦芽糖和极限糊精。

（3）糖化淀粉酶　此酶以葡萄糖为单位，依次水解α-1,4-糖苷键，生成葡萄糖和带有α-1,6-糖苷键的支链寡糖。

（4）淀粉酶　这种酶作用于α-1,6-糖苷键，故能水解糊精。

淀粉分解菌（如曲霉、毛霉、根霉、枯草杆菌、小单孢菌、诺卡氏菌和链霉菌等）产生的各种酶在食品发酵上有着广泛的应用。例如，在味精生产中，以淀粉（如番薯干、马铃薯等）为原料，先用糖化淀粉酶和液化淀粉酶将淀粉水解，然后再加北京棒状芽孢杆菌进行发酵，产生谷氨酸，与碱结合生成谷氨酸钠即味精。

（二）纤维素的分解

纤维素［$(C_6H_{10}O_5)_n$］由葡萄糖单元聚合而成，是自然界中含量最多的有机物，是植物细胞壁的主要成分。纤维素不能直接透过细胞膜，分子质量比淀粉大，难溶于水。

1. 纤维素的分解过程

在纤维素酶的作用下，纤维素水解成单糖后，才能进入细胞内。纤维素酶有表面酶和外酶两种。表面酶是分布于细胞表面，不能在其细胞培养液中起作用的酶（食纤维菌）；外酶是分泌到胞外，在细胞生活环境中起作用的酶（真菌和放线菌的纤维素酶）。

纤维素酶是种复合酶，由多种作用于纤维素的酶组成，它包括如下 3 种：

（1）C_1 酶（内切葡萄糖苷酶） 此酶水解纤维素分子内的 β-糖苷键，产生带有自由末端的长链片段。

（2）C_X 酶（外切葡萄糖苷酶） 这种酶作用于纤维素分子的末端，产生纤维二糖。

（3）β-葡萄糖苷酶 此酶能将纤维二糖、纤维三糖及低分子质量的寡糖水解成葡萄糖。

纤维素复合酶对纤维素的水解过程可表示为：

$$\underset{\text{（纤维素）}}{(C_6H_{10}O_5)_n} \xrightarrow[C_1\text{ 酶}\cdot C_X\text{ 酶}]{+H_2O} \underset{\text{（纤维二糖）}}{C_{12}H_{22}O_{11}} \xrightarrow[\beta\text{-葡萄糖苷酶}]{+H_2O} \underset{\text{（葡萄糖）}}{C_6H_{12}O_6}$$

2. 分解纤维素的微生物

能够分解纤维素的微生物很多，既有好氧微生物，也有厌氧微生物；既有细菌，也有放线菌和真菌。

（1）中温好氧纤维素分解微生物

①细菌：土壤中常见的中温好氧纤维素分解细菌主要属于噬纤维菌属（*Cytophata*）和生孢噬纤维菌属（*Sporocytophata*）。在滤纸上生长时，滤纸表面会出现淡黄色或其他颜色的菌落，并有黏液。镜检时可发现，在各个发育阶段细菌呈现不同的形态。幼龄时，细胞弯曲，两头尖锐；以后逐渐缩短变粗，细胞呈弧形弯曲。有的细菌还能形成小孢囊，并产生不耐热的孢子，这种细菌为生孢噬纤维菌（图 7-9）。

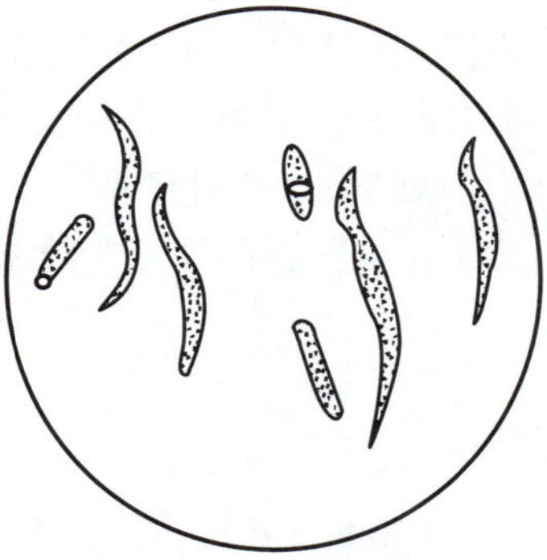

图 7-9 生孢噬纤维菌

中温好氧纤维素分解细菌还有多囊菌属（*Polyangium*）、镰状纤维菌属（*Cellfacicula*）与纤维弧菌属（*Cellvibrio*），都具有很强的纤维素分解能力。

②放线菌：土壤中有 2.0%~4.4%的放线菌能分解纤维素，主要为链霉菌属的一些种，如白色链霉菌（*Streptomyces albus*）、红色链霉菌（*Streptomyces ruber*）等。

放线菌对纤维素的分解能力较弱，不及细菌和真菌。

③真菌：真菌是纤维素分解的优势菌群。大多数的霉菌，如木霉、镰刀霉、青霉、曲霉、毛霉、葡萄孢霉（*Botrytis*）等属的一些种，对纤维素都具有很强的分解能力。

（2）中温厌氧纤维素分解微生物　中温厌氧纤维素分解细菌主要是芽孢梭菌属的一些种，如奥氏梭菌（*C. omeilianskii*），适宜的生长温度为33～37℃；真菌为层孔菌。

（3）高温纤维素分解微生物　一般指在60～70℃条件下生长，并能分解纤维素的微生物。这种细菌以热纤维菌（*C. thermocellum*）、溶解梭菌（*C. dissolvens*）等为主，放线菌以链霉菌属、小单孢菌属中的一些种占优势。

不同土壤中的有机质对纤维素分解菌进行长期选择，使土壤纤维素分解菌的种类和数量具有相对稳定性。因此，可用纤维素分解菌来指示土壤有机质的含量及其分解强度和土壤熟化程度。

（三）半纤维素的分解

半纤维素在植物体内的含量仅次于纤维素。半纤维素是由各种五碳糖、六碳糖及糖醛酸组成的大分子多糖。

分解半纤维素的微生物较多，分解速度也比纤维素快。细菌、放线菌、真菌、原生动物和藻类中均有分解半纤维素的种。芽孢杆菌属的一些种（如枯草芽孢杆菌）能够分解甘露聚糖、半乳聚糖和木聚糖；木霉、镰孢霉、曲霉、青霉、交链孢霉等属的一些种可分解半纤维素；放线菌中的青铜色小单孢菌也可以分解半纤维素。

半纤维素不能直接透过细胞膜，只有在胞外酶的作用下将其水解为单糖以后，才能进一步被利用。分解半纤维素的酶主要有三种类型：①内切酶，它能任意切割半纤维素基本结构单元之间的联结键。②外切酶，它能从半纤维素的一端开始，依次切下一个单糖或二糖。③糖苷酶，它的作用是水解寡糖或二糖，产生单糖或糖醛酸。

（四）果胶质的分解

果胶质占植物体干重的15%～30%。果胶质是由D-半乳糖醛酸以α-1,4-糖苷键连接而成的多糖。

微生物通过分泌果胶质酶来分解果胶质。果胶质酶主要有三类，即果胶质酯酶、果胶质水解酶和果胶质裂解酶。果胶质酶的最终产物是果胶质的结构单元及其寡聚体。

细菌、放线菌、真菌中都有分解果胶质的种群。细菌中以芽孢杆菌、梭菌、假单胞菌为主，如枯草杆菌、多黏芽孢杆菌（*Bacillus polymyxa*）、浸软芽孢杆菌（*Bacillus carotovora*）、蚀果胶梭菌（*Clostridium pectinovorum*）和费氏梭菌（*Clostridium felsinneum*）等。真菌包括青霉、曲霉、木霉、根霉、毛霉等属的一些种。放线菌有链霉菌、小单孢菌、游动放线菌等。

利用微生物分解果胶在纺织工业中应用最广泛。纤维通过果胶质与其他组织结合存在于麻类植物茎秆中。麻类脱胶实质上就是利用微生物分泌果胶质酶去除麻中的原果胶质和薄壁细胞而获得麻纤维的过程。如水浸法，是把麻类物质浸入水中，利用厌氧微生物分解其中的果胶质；露浸法是把麻类物质堆置并保持一定的湿度，利用好氧微生物分解果胶质。

（五）木质素的分解

木质素占植物干重的15%~20%，含量仅次于纤维素和半纤维素。木质素是带支链的芳香族化合物的聚体，分子质量可达1万至几万道尔顿。

木质素的分解速度相当缓慢。真菌中的担子菌是分解木质素能力最强的微生物类群，其中多孔菌（*Polyporus abietinus*）能以木质素作为唯一碳源。在森林的枯枝败叶中，担子菌是木质素的主要分解者。真菌对胶皮糖香树木质素的分解情况见表7-3。

表7-3　真菌对胶皮糖香树木质素的分解

微生物	培养天数/d	分解木质素/%
金钱菌	88	22.3
药用层孔菌	79	21.1
侧耳菌	57	11.4
多孔菌	50	13.5
卧孔菌	37	9.4

除担子菌外，某些其他真菌也能分解木质素，如交链孢霉、曲霉、青霉中的一些种。木质素也能被细菌降解，如假单胞菌属、节杆菌属（*Arthrobacter*）、小球菌属（*Micrococcus*）以及黄单胞菌属（*Xanthomonas*）中的一些菌株。

木质素分解的生化途径尚在研究当中。

二、氮素循环

氮素是生物有机体的重要组成元素之一。大气体积中约有78%是分子态氮，但所有植物、动物和大多数微生物都不能直接利用。只有将分子态氮进行转化和循环，才能满足植物体对氮素营养的需要。因此氮素物质的相互转化和不断地循环，在自然界十分重要。这些不同形态之间的转化，除了物理的和化学的一些因素之外，微生物起着重要的促进和推动作用。由微生物推动的氮素循环见图7-10。

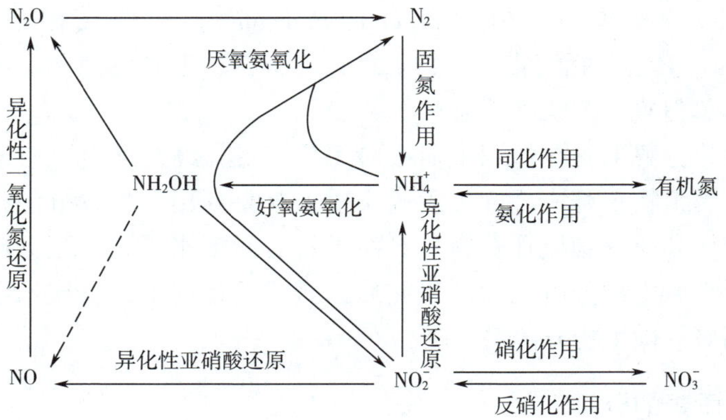

图 7-10　由微生物推动的氮素循环

（一）氨化作用

所谓氨化作用（amonification），是指有机氮经微生物分解产生氨的过程。这个过程又称为有机氮的矿化作用（mineralization of organic nitrogen）。来自动物、植物、微生物的含氮有机物主要有蛋白质、氨基酸、尿素、几丁质以及核酸中的嘌呤和嘧啶等。

1. 蛋白质的氨化作用

（1）蛋白质的氨化过程　蛋白质是由 20 种氨基酸构成的大分子化合物，不能直接透过细胞膜而进入微生物体内。蛋白质的分解通常分为二个阶段：首先，在微生物所分泌的蛋白酶和肽酶的联合作用下，蛋白质水解成各种氨基酸；然后，在体内脱氨基酶的作用下，氨基酸被分解释放出氨。

各种氨基酸脱氨基作用的共同产物是氨，如果是含硫氨基酸，还会形成硫化氢或硫醇，产生恶臭。

（2）蛋白质氨化的微生物　能够分解蛋白质的微生物很多，但分解速度各不相同。分解蛋白质能力强并释放出氨的微生物称为氨化微生物。细菌、放线菌和真菌中都含有氨化微生物。

氨化细菌中的荧光假单胞菌（*Pseudomonas fluorescens*）是不生芽孢的革兰氏阴性杆菌，兼性厌氧，在有氧和无氧条件下都能进行强烈的氨化作用。荧光假单胞菌细胞单生或端生鞭毛，能运动，革兰氏染色阴性，小杆菌，产生淡绿色可溶性荧光色素，在厌氧条件下能够以硝酸盐作最终受氢体，其形态如图 7-11 所示。

而巨大芽孢杆菌（*Bacillus megaterium*）、蜡质芽孢杆菌霉状变种和枯草杆菌等［图 7-12（1）（2）］是能够进行氨化作用的好氧芽孢杆菌。

腐败梭菌（*Clostridium putrificum*）是一种分解蛋白质能力很强的厌氧细菌，芽孢端生、膨大，菌体呈鼓槌状［图 7-12（3）］，分解蛋白质时产生恶臭。

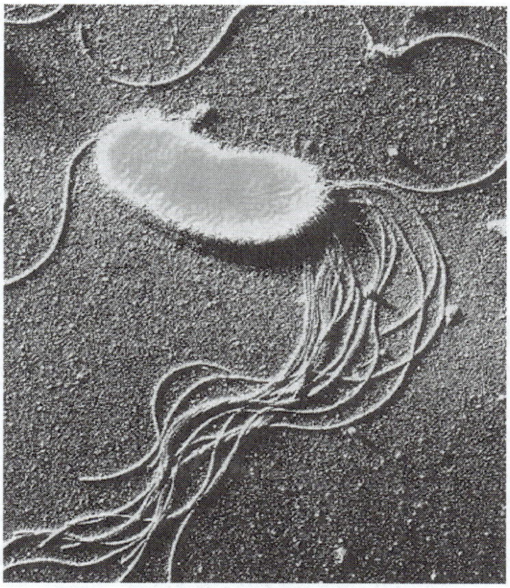

图 7-11　荧光假单胞菌（*Pseudomonas fluorescens*）菌体形态

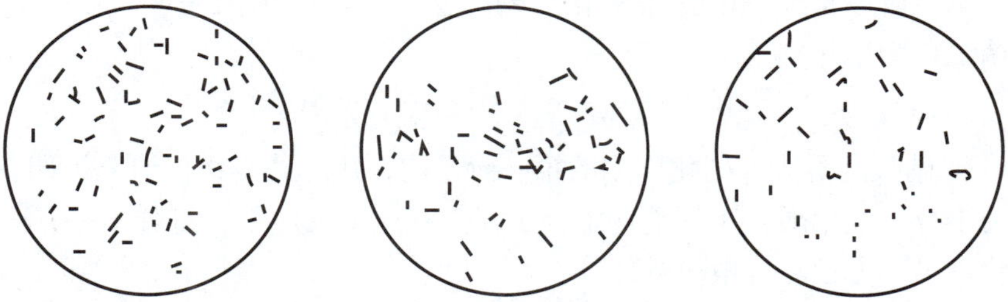

（1）霉状芽孢杆菌　　（2）枯草芽孢杆菌　　（3）腐败梭菌

图 7-12　霉状芽孢杆菌（*Bacillus cereus* var. *mycoides*）、
枯草芽孢杆菌（*B. subtilis*）和腐败梭菌（*Clostridium putrificum*）

真菌中许多属都可以进行蛋白质的氨化作用，如曲霉属（*Aspergillus*）、毛霉属（*Mucor*）、青霉属（*Penicillium*）、根霉属（*Rhizopus*）及木霉属（*Trichoderma*）等的某些种。在酸性土壤的蛋白质分解中，真菌起着主要作用。

2. 核酸的氨化作用

动、植物及微生物尸体中含有大量的核酸，可以被微生物分解。由胞外核糖核酸酶或胞外脱氧核糖核酸酶降解核酸，形成单核苷酸。单核苷酸脱磷酸成核苷，其中的嘌呤和嘧啶可被多种微生物，如诺卡氏菌（*Nocardia*）、假单胞菌和梭状芽孢杆菌等进一步分解，形成含氮产物氨基酸、尿素及氨。

3. 尿素的氨化作用

地球上人和动物每年所排出的尿达数千万吨。每个成年人一昼夜排出尿素约 30g，动物排出的尿素则更多。尿素是一种化学肥料，也是核酸分解的产物。在适宜的条件下，尿素可被迅速分解。

在自然界中，分解尿素的微生物分布广泛，以粪尿池及堆粪场中的微生物为主。大多数细菌、放线菌、真菌都能产生尿酶，分解尿素产生氨：

$$CO(NH_2)_2+H_2O \longrightarrow NH_2COONH_4 \longrightarrow 2NH_3+CO_2$$

分解尿素的微生物有：芽孢杆菌、尿素生孢八叠球菌、假单胞菌、克氏杆菌（*Klebsiella*）、棒状杆菌（*Corynebacterium*）、梭状芽孢杆菌、巴斯德尿素芽孢杆菌（*Urobacillus pasteurii*）等。

氨化作用在农业生产上十分重要，施入土壤中的各种动植物残体和有机肥料，包括绿肥、堆肥和厩肥等都富含含氮有机物，它们须先通过各类微生物的作用，尤其是通过氨化作用才能成为植物能吸收和利用的氮素养料。

（二）硝化作用

1. 硝化作用过程

硝化作用（nitrification）是指铵在有氧条件下，氧化形成硝酸的微生物学过程。硝化作用分两个阶段进行，第一个阶段是铵被氧化为亚硝酸盐，靠亚硝酸细菌完成。第二阶段是亚硝酸盐被氧化为硝酸盐，靠硝酸细菌完成。亚硝酸细菌和硝酸细菌统称为硝化细菌。

$$NH_4^+ \xrightarrow[\text{亚硝酸细菌}]{} NO_2^- \xrightarrow[\text{硝酸细菌}]{} NO_3^-$$

（1）亚硝酸的形成　硝化作用的第一阶段的作用底物是铵。研究证明：1 分子铵氧化为 1 分子亚硝酸，正好消耗 1 分子氧。在这个反应中，氧分子一方面直接结合于底物，另一方面作为电子受体。

$$NH_4^+ \xrightarrow[\text{氧化酶}]{2e^-} NH_2OH \xrightarrow[\text{羟胺氧化还原酶}]{2e^-} NOH \xrightarrow[\text{化学歧化作用}]{2e^-} NO_2^-$$

$$NOH \longrightarrow N_2O \quad \Delta G^{0\prime}=-272kJ$$

硝化作用第一个阶段的产物为亚硝酸，其迁移性较强，对植物和微生物有较大的毒性。亚硝酸如淋洗渗入地下水，可污染地下水源。亚硝酸在各种环境中与胺作用形成亚硝胺，有致癌作用。

（2）硝酸的形成　通常亚硝酸不会在环境中积累，因为亚硝酸细菌与硝酸细菌多相互伴生，且后者的活性较强。铵被亚硝酸细菌氧化成亚硝酸后，硝酸细菌马上可将亚硝酸氧化为硝酸。在此反应中，氧分子只作为电子受体。

$$NO_2^-+\frac{1}{2}O_2 \xrightarrow{2e^-} NO_3^- \quad \Delta G^{0\prime}=-75.4kJ$$

2. 参与硝化作用的微生物

（1）化能自养硝化细菌　最早分离的亚硝酸细菌为亚硝化单胞菌（*Nitrosomonas*），是土壤中普遍存在的铵氧化菌，其中欧洲亚硝化单胞菌（*N. europaea*）的细胞呈杆状，单个存在，很少成链状，大小（0.8~0.9）μm×(1.0~2.0）μm，具两根极生鞭毛［图7-13（1)］，行严格化能无机营养方式，能将铵和羟胺氧化成亚硝酸，最适生长温度为25~30℃，最适pH为7.5~8.0。最早定名的硝酸菌为硝化杆菌属（*Nitrobacter*)，标准菌株维氏硝化杆菌（*N. winogradskyi*)，细胞杆状，在液体中生长时，细胞单个或成堆，外围有黏质呈楔形或梨形，大小为（0.6~0.8）μm×(1.0~1.2)，通常不运动，运动时有偏极生单鞭毛［图7-13（2)］。

硝化细菌生长缓慢，在实验室纯培养条件下，亚硝酸细菌的代时为12~20h，硝酸细菌的代时为8~16h。在土壤中的代时则更长。无论是亚硝酸细菌还是硝酸细菌，均从无机氮化合物的氧化中取得能量。它们不需要生长因子，具有营养单一性。硝化细菌利用氧化无机物取得能量同化CO_2，如用N/C表示其化学计量关系，亚硝酸细菌N/C为（14~70）:1，硝酸细菌N/C为（76~135）:1，表明它们需氧化大量无机氮，才能满足生长的需要。

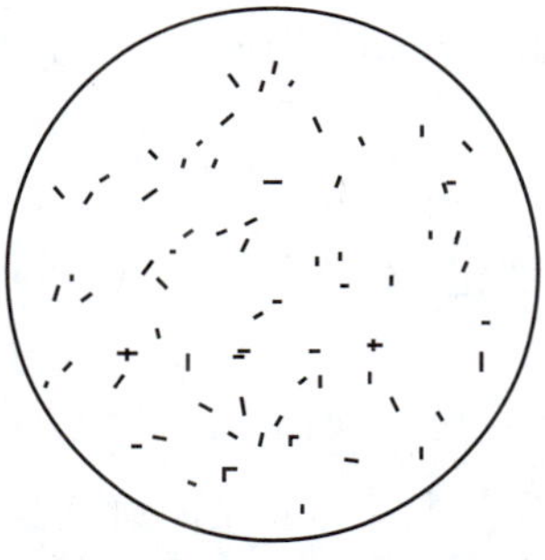

（1）欧洲亚硝化单胞菌

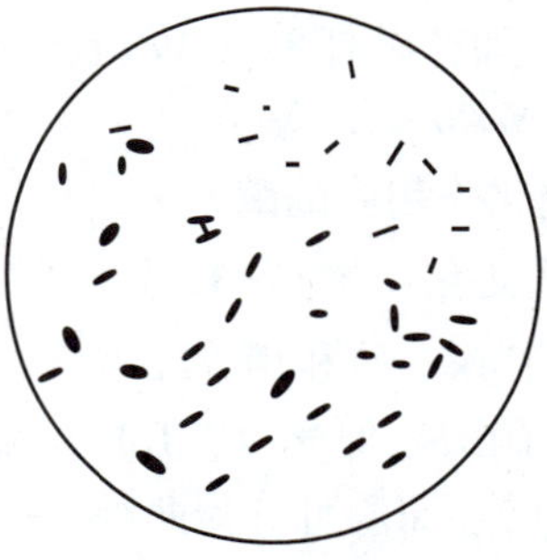

（2）维氏硝化杆菌

图7-13　硝化细菌

（2）化能异养型硝化菌　自然界中除了化能自养菌为硝化作用的主要推动者外，还有化能异养菌参与硝化作用。现已证明包括细菌和真菌等部分化能异养菌也具有将氨氧化为亚硝酸和硝酸的能力。而在自养硝化菌不能生长的环境中，硝化作用可能是由异养菌进行的。

3. 硝化作用与环境污染

大量施用铵盐或硝酸盐肥料，所产生的硝酸除了被植物吸收和微生物固定外，尚有相当一部分随水流失。流失的硝酸不但造成氮素损失，也引起环境污染。若硝酸盐进入地下水或流入水井，则会导致饮用水中硝酸盐浓度升高。人畜饮用污染水后，硝酸将在肠胃里还原成亚硝酸。后者进入血液并与其中的血红蛋白作用而形成氧化态血红蛋白，损害机体内氧的运输，使人类患氧化血红蛋白病。3个月以下的婴儿对硝酸的毒害极为敏感，反刍动物也可因饮入过量硝酸盐而死亡。

硝酸盐流入水体，使水体营养成分增加，导致浮游生物和藻类旺盛生长，这种现象称作富营养化（eutrophication）。

(三) 反硝化作用

微生物还原硝酸盐，释放出分子态氮和一氧化二氮的过程称为反硝化作用。反硝化作用需要反硝化微生物，一般只在厌氧条件下进行。

$$NO_3^- \longrightarrow NO_2^- \longrightarrow NO \longrightarrow N_2O \longrightarrow N_2$$

在富含 NO_3^- 而贫碳的培养基中，反硝化作用占优势；而在富 NO_3^- 富碳的培养基中，则以生 NH_4^+ 作用居主导。NO_3^- 还原成 NH_4^+ 对土壤的保氮具有重要意义。

反硝化作用产生相当数量的 N_2O，这是一种温室效应气体，可导致臭氧层的破坏。

1. 参与反硝化作用的微生物

具有反硝化作用的微生物在自然界中普遍存在。它们大多数为异养兼厌氧型，极少数为化能自养型。参与反硝化作用的微生物在土壤中很丰富，占细菌群落的40%~65%，如产碱杆菌（*Alcaligenes*）、黄杆菌（*Flavobacterium*）、脱氮硫杆菌以及奈氏菌（*Neisseria*）等。

2. 反硝化作用中的酶

（1）硝酸还原酶（NaR）　硝酸还原酶是催化 NO_3^- 还原为 NO_2^- 的专性酶。硝酸还原酶含有铁、硫和钼等元素。

（2）亚硝酸还原酶（NiR）　亚硝酸还原酶催化还原 NO_2^- 为气态氮氧化物。纯化的亚硝酸还原酶可分为两种：一是具有细胞色素 c 和 d 型的血红素蛋白，呈现细胞色素氧化酶活性，存在于粪产碱菌（*Alcaligenes faecalis*）等菌体中。二是含铜的金属黄素蛋白，存在于裂环无色杆菌（*Achromobacter cyclolastes*）等菌体中。

（3）氧化亚氮还原酶（N_2OR）　氧化亚氮还原酶位于细菌细胞膜，在电子转移过程中有细胞色素 b 和 c 参与。乙炔、一氧化碳、叠氮、氰化物、氧和普通盐类都可抑制氧化亚氮还原酶的活性。

3. 反硝化作用的利用

利用硝化作用和反硝化作用可去除工业或生活废水中的氮，进行有效的生物脱氮，来减少排入河流的氮污染以及所造成的富营养化危害。

反硝化作用是造成土壤氮素损失的重要原因之一。在农业上常采用中耕松土的办法，施用硝化抑制剂以抑制反硝化作用。但从整个氮素循环来说，反硝化作用还是有利的，否则自然界氮素循环将会中断，硝酸盐将会在水体中大量积累，对人类的健康和水生生物的生存造成很大的威胁。

(四) 生物固氮

空气中90%以上为分子态的氮气，但植物、动物和大多数微生物都不能直接利用这种气态氮作为营养氮素。化学固氮曾为农业生产做出了巨大的贡献，但是它的生产需要高温条件和高压设备，材料和能源消耗过大，产品价格高。因此生物固氮作用在氮素循环中显得尤为重要。自然界中只有极少数微生物可以将氮气逐步还原为氨而作为氮源。这种分子态氮被还原成氨或其他氮化物的过程称为生物固氮作用。能够固氮的微生物，均为原核生物，主要包括细菌、放线菌和蓝细菌等。

1. 生物固氮机理

（1）固氮反应的条件　尽管能固氮的微生物多种多样，但它们固氮的基本反应都是相同的。

$$N_2+8e^-+8H^++nATP+Nase\text{（固氮酶）}\longrightarrow 2NH_3+H_2+nADP+nPi$$

此反应很清楚地表明要进行固氮，必须满足以下基本条件：①必须有具固氮活性的固氮酶。②必须有电子和质子供体，每还原1分子 N_2 需要6个电子和6个质子，另有2个质子和电子用于生成 H_2。为了传递电子和质子，还需要有相应的电子传递链。③必须有能量供给，由于 N_2 分子具有键能很高的三价键（$N\equiv N$），打开它需要很多的能量。④有严格的无氧环境或固氮酶的防氧保护机制，因为固氮酶对氧具有高度敏感性，遇氧即失活。⑤形成的氨必须及时转运或转化排除，否则会产生氨的反馈阻抑效应。

（2）固氮酶的结构组成和催化机理

①结构组成：各种固氮酶的结构的组成大致相同，都是由2个亚单位即钼铁（MoFe）蛋白、铁（Fe）蛋白和一个辅因子（FeMoCo）组成。

②固氮酶的固氮催化机理：关于固氮酶的催化生化反应的作用机体还不完全清楚。现已知固氮酶的钼铁蛋白有三种状态：氧化态、半还原态和完全还原态；铁蛋白有两种状态：氧化态和还原态。当半还原态的钼铁蛋白和还原台的铁蛋白以2Mg-ATP组合在一起时，成为稳定的固氮酶复合体系。这时还原态铁蛋白的电子传递到钼铁蛋白上，使之成为完全还原态，而铁蛋白本身被氧化，随后再由细胞中电子传递链所提供的电子还原。完全还原态的钼铁蛋白络合分子氮，同时ATP水解释放大量能量使电子和氢离子同氮结合，生成两分子氮，这一过程如图7-14所示。

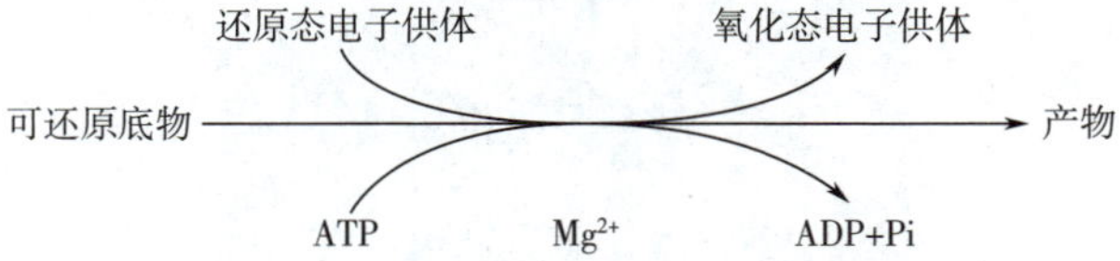

图7-14　固氮酶的催化反应

2. 固氮体系

具有生物固氮能力的微生物类群统称为固氮微生物。生物固氮作用是固氮微生物的一种特殊生理功能。

根据固氮微生物是否与其他生物一起构成固氮体系，可分为自生固氮体系（固氮微生物在土壤中或培养基上独立生活时，不与植物共生即能固氮的微生物体系）和共生固氮体系（固氮微生物只有与高等植物或其他生物共生时才能固氮或有效固氮的体系）两大类型。共生固氮体系依据固氮微生物与不同的生物构成，可分为：豆科植物与根瘤菌共生固氮体系，联合共生固氮体系，蓝细菌与红萍共生固氮体系，蓝细菌与某些真菌形成地衣的共生固氮体系和非豆科木本植物与放线菌等的共生固氮体系。自生固氮体系又可分为光能自生固氮和化能自生固氮两种类型。

至今已确定的固氮微生物（包括细菌、放线菌和蓝细菌）已近 50 个属。与固氮微生物可共生固氮的豆科植物约有 700 个属，非豆科植物有 13 个属。尽管固氮微生物多种多样，但都是原核微生物，至今尚未发现任何野生的真核生物具有固氮能力。

（1）自生固氮微生物　自生固氮微生物的种类很多，形态和生理特性也各不相同。

①好氧化能异养型固氮微生物：它们在自然界中最为普遍，主要代表是固氮菌属。

固氮菌属（*Azotobacter*）细胞个体较大，幼年细胞为杆状，随着生长可变为球状，单个或成对，有时许多细胞不规则地聚集在一起。革兰氏染色反应阴性，有周生鞭毛，多数能运动，不形成芽孢，但能形成厚壁的孢囊。固氮菌可分泌大量黏液形成荚膜；能形成色素，有些种类产生非水溶性黄、棕、褐或黑色素，有些种类可产生水溶性黄绿色荧光色素。固氮菌的细胞形态见图 7-15。

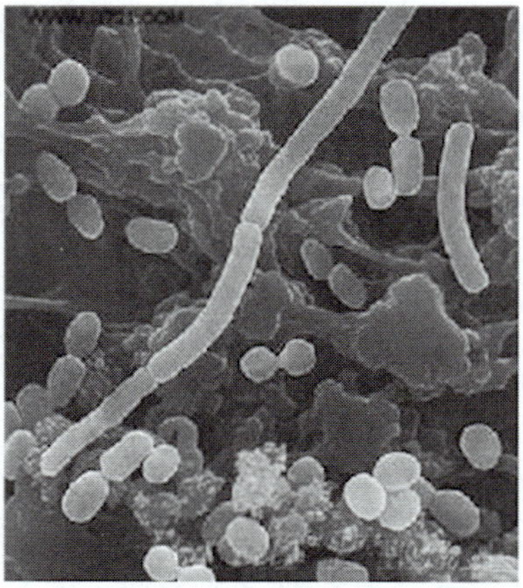

图 7-15　固氮菌细胞的形态

固氮菌可利用许多简单碳水化合物、醇和有机酸作为碳源。一般每消耗 1g 碳水化合物可固氮 10mg。固氮菌除能利用分子态氮外，还能利用铵盐和硝酸盐等无机氮化物。固氮菌在含有化合态氮的培养基中生长时不固定分子态氮。固氮菌生长时还需要磷、钾、钙、硫、镁等矿物质养分。各种微量元素尤其是钼对固氮菌的生长和固氮功能都具有促进作用。固氮菌自身可合成各种必需的维生素。如在培养基中加入吲哚乙酸、维生素 B_1 和维生素 C，可促进固氮菌的生长并提高固氮效率。

固氮菌为好氧微生物，生长的氧化还原电位最适范围在 Eh 240~300mV。它们利用极高的呼吸率氧化有机物对固氮酶进行防氧保护。固氮菌生长的适宜温度为 25~30℃，高于 45℃ 即会死亡；对湿度要求较高；对酸性环境很敏感，可在 pH 5.8~8.5 的范围内生长，最适宜 pH 为 7.0~7.5。

其他的自生固氮菌有固氮单胞菌（*Azomonas*）、拜氏固氮菌（*Beijerinckia*）和德氏固氮菌（*Derxia*）、节杆菌（*Arthrobacter*）和黄杆菌（*Xanthobacter*）等。

②专性厌氧固氮微生物：其主要是一些发酵型的梭状芽孢杆菌（*Clostridium*），如最早分离的巴斯德梭菌（*Clos tridium pasteurianum*）。巴斯德梭菌是较大的杆菌，周生鞭毛，单生或成对。芽孢位于细胞中部或偏端，形成芽孢后细胞膨大成梭状。最适生长温度为 25~30℃，生长 pH 范围为 5~8.5。此菌的固氮效率较固氮菌低，每消耗 1g 葡萄糖可固定 1.5~7mg 氮素。

专性厌氧的硫酸盐还原细菌群中，有些属的种具有固氮作用。如脱硫脱硫弧菌（*Desulfovibrio desulfuricans*）、普通脱硫弧菌（*D. vulgaris*）、巨大脱硫弧菌（*D. gigas*）、瘤胃脱硫肠状菌（*Desulfotomaculum ruminis*）和东方脱硫肠状菌（*D. orientis*）等。严格厌氧的产甲烷细菌中有一些种如巴氏甲烷八叠球菌（*Methanosacrina barkeri*）等也具有固氮活性。

③兼性厌氧固氮微生物：其主要包括肠道杆菌科和芽孢杆菌科的一些属种，如欧文氏菌（*Erwinia*）、埃希氏菌（*Escherichia*）、克氏杆菌（*Klebsiella*）、柠檬酸细菌（*Citrobacter*）、肠杆菌（*Enterobacter*）、芽孢杆菌（*Bacillus*）等。芽孢杆菌中的多黏芽孢杆菌（*B. polymyxa*）、浸麻芽孢杆菌（*B. macerans*）和环状芽孢杆菌（*B. circulans*）都能进行兼性厌氧生长和固氮。

④化能无机营养型固氮微生物：这种微生物至今发现的仅有一种，即氧化亚铁硫杆菌（*T. ferroxidans*）。

⑤光合型固氮微生物：这种微生物可以分为光合细菌和蓝细菌两大类群。光合细菌群广泛存在于海域和淡水环境，又可分为紫细菌、紫色非硫细菌和绿细菌等非产氧光合细菌。它们都是原核微生物的革兰氏阴性细菌，具有特征性的细菌叶绿素 a，只含一个光系统。蓝细菌群即蓝绿藻中的许多属种能进行固氮作用，现已证明 24 个属的 120 多个种具有固氮能力，其中大多属于念珠藻科，少数属于胶须藻科和蓝珠藻科。光合型固氮微生物从形态上可分为有异形胞的蓝细菌和无异形胞的固氮丝状蓝细菌如鱼腥藻属（*Anabaena*）、念珠藻属（*Nostoc*）、柱孢藻属（*Cylindrospermopsis*）、单歧藻属（*Tolypothrix*），它们在自然界中有广泛分布。

固氮蓝细菌固氮量仅次于豆科植物与根瘤菌的共生固氮系统，且生理过程与放氧型光合作用相偶联，在固氮的同时也放氢，是一个有潜力的太阳能生物转换系统。

（2）共生固氮微生物

①根瘤菌和豆科植物的共生固氮：根瘤菌和豆科植物的共生固氮作用是一种最具有实际经济意义的生物固氮类型，对其研究比较深入。

a. 根瘤菌的形态和生理特征：在实验室条件下，根瘤菌杆状，大小为（0.5~0.9）μm×(1.2~3.0)μm，革兰氏染色阴性。细胞单个或成对，常成群排列。幼龄时能运动，快生型根瘤菌具周生鞭毛，而慢生型根瘤菌具单生鞭毛，无芽孢。幼龄细胞染色均匀，但老龄细胞由于积聚有不染色的聚β-羟基丁酸颗粒，而染色不均匀或成环节状。细胞外可形成大量黏液状物质。在糖类-酵母膏平板培养基上的根瘤菌单菌落为圆形，边缘整齐，无色、白色或乳脂色，有光泽。

与豆科植物共生时，根瘤菌具有不同的形态。根瘤菌从土壤进入根内时为很小的杆菌。随着根瘤发育，进入根瘤细胞内的菌体逐渐膨大或分叉，成为梨形、棒槌形、T 形或 Y 形，染色后呈明显的环节状。这些特殊形态的根瘤菌称为类菌体。在类菌体形成之前，就开始固氮，在类菌体充分成熟阶段，即进行旺盛的固氮过程。快生型根瘤菌的类菌体具有固氮功能而失去繁殖能力，而含菌组织中另一类正常的小杆菌仍保持繁殖能力，从根瘤中分离培养的根瘤菌实际上是这种小杆菌的后代。

根瘤菌利用有机物作为碳源和能源，进行化能异养型生活。快生型根瘤菌可利用多种碳源，如葡萄糖、果糖、甘露醇、蔗糖、阿拉伯糖等糖类、多元醇和有机酸。但慢生型根瘤菌对于碳源的要求比较严格，仅利用少数糖类如葡萄糖、戊糖等。根瘤菌分解糖类不产气，有些种类可产生微量的酸。

根瘤菌可利用铵盐或硝酸盐为氮源，大多数根瘤菌需要植物汁液如酵母汁、豆芽汁等才生长良好，在无机氮源上生长不良。非共生条件下根瘤菌的氮源以化合态氮为主，分子态氮不能作为主要氮源，很多氨基酸可促进根瘤菌生长。根瘤菌生长需要各种矿物质和 B 族维生素，尤其对磷的要求较高。

根瘤菌严格好氧，但对氧的要求不高。根瘤菌生长的 Eh 在 150~450mV，大多数根瘤菌的最适生长温度在 25~30℃，生长的适宜 pH 在 6.5~7.5。

根瘤菌一般对广谱性抗生素敏感。农业上广泛使用的杀虫剂、杀菌剂和除草剂对于根瘤菌的存活、结瘤和固氮效应都有影响。

b. 根瘤菌与豆科植物的共生结构——根瘤：根瘤（图 7-16）形成过程可以分为根瘤菌感染、根瘤发生和根瘤发育三个阶段。豆科植物根系在土壤中发育，分泌类黄酮化合物，刺激相应的根瘤菌在其根际大量繁殖。根瘤菌通过对豆科植物特定的识别作用，吸附在根表。在根瘤菌的作用下，根毛细胞壁变软，发生卷曲，根瘤菌从变软的植物根尖细胞壁处进入根毛，逐渐形成一条明显的套状侵入线，见图 7-17。根瘤菌在侵入线内不断繁殖，并使侵入线不断伸长。当侵入线推进到皮层的 3~6 层细胞时，处在前方靠近内皮层的细胞受到刺激，分裂成为根瘤的分生组织。随着分生组织的不断分裂，根瘤不断长大，不断长大的根瘤又分化为不同组织，同时形成维管束与根的维管束相连，以保证营养物质的输送。

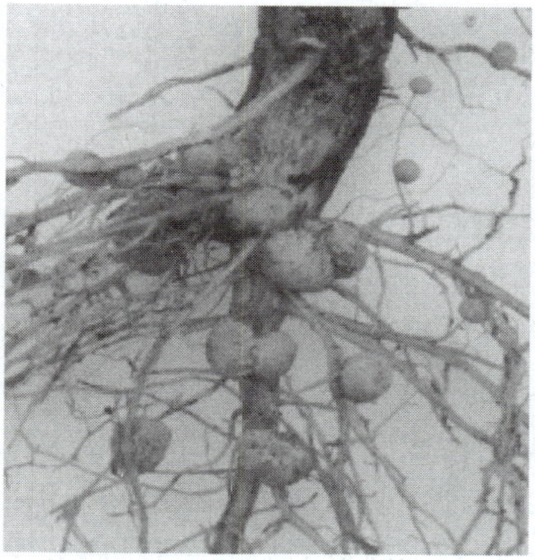

图 7-16　大豆根瘤

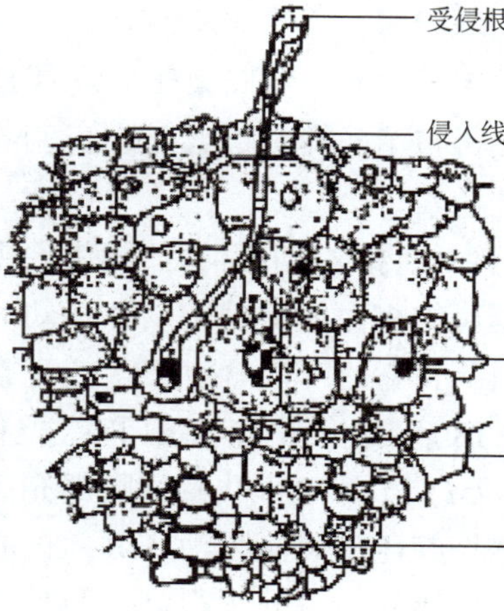

图 7-17　豆科植物根内侵入线的形成

根瘤菌在侵入线壁逐渐解体时释放到细胞中，先聚集在寄主细胞的细胞质外围，并开始迅速大量繁殖，充满细胞，形成含菌细胞组织。随后含菌细胞形成泡囊，每个泡囊最初含一个细菌，随着细菌的几次分裂，每个泡囊中可含有 8 个细胞。此时的根瘤菌细胞形态发生变异为多形态的类菌体。此时一般不再分裂，类菌体充满寄主细胞。随着含菌细胞的形成，类菌体的泡膜里出现红色的豆血红蛋白（leghaemoglobin，Lb）。这是根瘤成熟的显著特征，标志着此时开始固氮。

根瘤菌是好氧性微生物，而固氮酶在有氧条件下失活。为了缓解两者之间的矛盾，豆血红蛋白在根瘤中起着调节氧的缓冲剂的作用，它向类菌体提供低浓度高流量的氧气，这样既保证固氮酶不因高氧压而失活，又能充分保证类菌体进行氧化磷酸化所需的氧气供给，使固氮酶呈现较高的固氮活性。

根瘤是豆科植物和根瘤菌共生形成的特殊形态，是根瘤菌固氮的场所。一个有效的根瘤应含有丰富的豆血红蛋白；保证供给固氮所需的能量；能及时地同化和转运固氮产物，避免产物的反馈抑制。氨是固氮作用的最初产物，它一形成就从类菌体中分泌出来，这些氨必须立即被同化并转运，否则会对固氮酶造成反馈抑制。

②内生菌和非豆科植物的共生固氮：已知双子叶植物中能形成根瘤的有 13 个属的 138 个种，它们都为木本植物，如桤木、杨梅树、木麻黄和沙棘等，其中 54 个种结的根瘤具有固氮作用。它们根瘤的形成和结构与豆科植物根瘤不一样。在刚开始时，在根上出现小的突起，一两周后许多小突起簇生在一起，形成可达几

厘米的根瘤簇，并可在根瘤簇的小球上又长出根来。根瘤内部结构与根的结构相类似，内生菌生存于皮层细胞中。

非豆科木本植物根瘤的共生菌是放线菌中的弗兰克氏菌，其菌丝体纤细稀疏，菌丝分枝具横隔，发育后在菌丝顶端或菌丝间形成孢子囊。孢子囊为菌丝多向分裂形成的孢子堆构成，形态多样，大小不一。孢子囊内含有圆形或带角状、无鞭毛、不运动的孢子。弗兰克氏菌能形成具有固氮功能的顶囊（vesicle），顶囊着生于顶囊柄上，再与菌丝相连。弗兰克氏菌为微好氧菌，有些种可产生黄、棕、褐等各种水溶性色素。

③蓝细菌和植物的共生固氮：红萍是热带和亚热带地区分布非常广泛、生长迅速、极为繁茂的水面蕨类植物。红萍幼时呈绿色，生长迅速，常在水面上长成一片。秋冬时节，它的叶内含有很多花青素，群体呈现一片红色，所以又叫作满江红（图 7-18）。红萍是蓝细菌和蕨类植物的共生体。能固氮的红萍鱼腥藻（*Anabaena azolla*）生活于小叶鳞片腹部充满黏质的腹腔中（图 7-19）。红萍提供光合作用产物作红萍鱼腥藻生活和固氮的碳源和能源，而红萍鱼腥藻则提供固氮产物。这种共生体的固氮效率很高，而且红萍含有很高量的易降解有机物。红萍在我国南方是稻田中一种很有价值的水田绿肥。

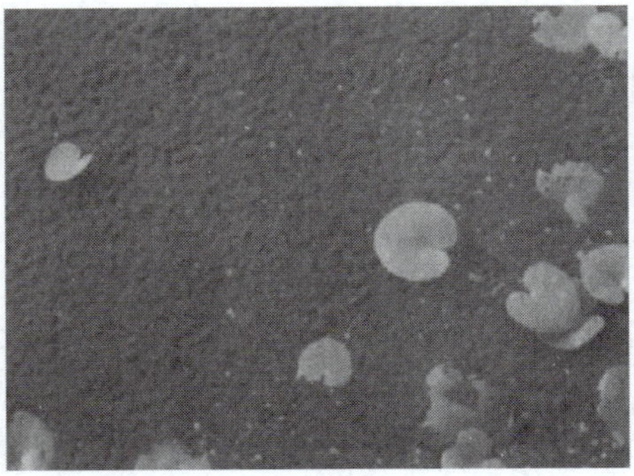

图 7-18　池塘中的红萍

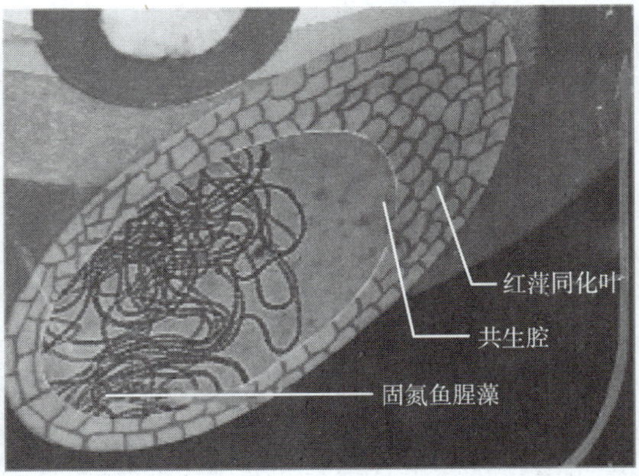

图 7-19　红萍与鱼腥藻的共生体剖面

蓝细菌念珠藻（*Nostoc*）或鱼腥藻（*Anabaena*）可以与裸子植物苏铁共生，使根形成反复二歧分枝形或珊瑚状，与正常根系完全不一样。用 N^{15} 证明这种珊瑚状根具有固氮作用。

④蓝细菌和真菌的共生：地衣是蓝细菌和真菌的共生体，在自然界中不仅分布于岩石、树皮、土壤，对于土壤的形成具有重要作用。在地衣中常见念珠藻、眉藻等，并已用 N^{15} 和乙炔还原法证明其具有固氮作用。固定的氮素可提供给真菌。

⑤联合固氮作用：联合（association）固氮作用是指某些固氮微生物在植物根系

中生活，并具有比在土壤中单独生活时高得多的固氮能力，但这种在植物根系中的生活方式又不同于根瘤菌和豆科植物根系之间的共生，两者既不形成共生体又较“松散”。在点状雀稗（*Paspalum notaton*）根的黏质鞘套内生存有一种固氮菌，定名为雀稗固氮菌（*Azotobacter paspali*），后又发现在热带牧草俯仰马唐（*Digitaria decumbens*）根系生活有固氮作用很强的含脂固氮螺菌（*Azospirillum lipoferum*）。随后在甘蔗、玉米、水稻等作物根际都测定到联合固氮活性。常见的联合固氮细菌有拜叶林克氏菌属（*Beijerinckia*）、雀稗固氮菌、固氮螺菌、粪产碱菌（*Alcaligenes faecalis*）、假单胞菌（*Pseudomonas*）和阴沟肠杆菌（*Enterobacter cloacae*）等。它们生活在根表的黏液区内，甚至进入根内细胞。

3. 影响固氮效率的因素

（1）氧对固氮酶的影响　固氮酶的一个重要特征是对氧具有高度敏感性，其催化固氮反应必须在无氧条件下进行。高浓度氧可对固氮酶的合成产生阻遏。

好氧固氮微生物的生长和固氮能力对氧的要求完全相反，这就要求其具备固氮酶的防氧保护机制。实际上好氧固氮微生物在长期进化过程中发展形成了多种防氧机制，主要有加强呼吸强度的呼吸保护，利用构象改变来防止氧对固氮酶伤害的构象保护，具有较厚的荚膜或黏液层阻拦氧的渗入，固氮蓝细菌形成许多厚壁的固氮异形胞和在根瘤含菌细胞中形成豆血红蛋白有效地为根瘤菌提供高流速低流量的氧用于氧化磷酸化等。

现已分离到一株其固氮酶对氧不敏感的嗜热自养链霉菌（*Streptomyces thermoautotrophicus*），其固氮酶的组成及其基因结构和固氮过程的电子传递都不同于原先的各种固氮微生物。

（2）固氮作用中的氨效应　氨是固氮作用的产物，但氨的数量超过了固氮微生物本身的需要和迅速转换为氨基酸的能力时，积累的氨可阻遏体内固氮酶的生物合成。在缺乏 NH_4^+ 的环境里，能促进固氮酶合成。但在 NH_4^+ 含量丰富的环境中，可导致固氮酶不能合成。因此在培养固氮菌时如加入铵盐，则固氮菌不进行固氮而依赖铵盐生长。

（3）ADP/ATP 比例对固氮酶活性的调节　固氮酶催化 N_2 为 NH_3，需要 Mg^{2+} 和 ATP 参与，它们是固氮酶活性不可缺少的成分和正效应剂。Mg · ADP 是 Mg · ATP 的水解产物，但其作用与 Mg · ATP 完全相反，是固氮酶的负效应剂，对固氮酶的底物还原活性部位起负的别构调节作用。它可以抑制从铁蛋白到钼铁蛋白的电子转移，并控制进入铁蛋白的电子总量，因而能有效地抑制固氮酶活性。因此细胞内 ADP/ATP 的比例可以调节固氮酶活性。有人认为 ADP/ATP 为 1/2 时，固氮酶活性可完全受到抑制。这种调节特性不仅与生物体的种类和生长条件有关，而且依赖于细胞内的 Mg^{2+} 浓度。

（4）环境中的 C/N 的影响　土壤中 C/N 是影响固氮作用的最重要的因素之一。化能异养型固氮微生物只有在环境中有丰富的有机碳化合物而同时又缺少化合态氮时才能进行有效固氮。如果环境中化合态氮十分丰富，固氮微生物利用现成的氮化物作氮源，固氮酶受到化合态氮的抑制，不显示固氮活性。另外，非固氮微生物由于氮源丰富而易于发展，与固氮微生物竞争碳源。因此只有在 C/N 比很高的环境中，这类化能异养型固氮微生物才会发挥固氮作用。

三、硫素循环

硫是自然界中最丰富的元素之一，硫元素以有机硫化物 R—SH 和无机硫化合物 H_2S、S 和 SO_4^{2-} 等形式存在。自然界中的硫和硫化氢经微生物氧化形成 SO_4^{2-}；SO_4^{2-} 被植物和微生物同化还原成有机硫化物，构成其自身的成分；动物食用植物、微生物，将其转变成动物有机硫化物；当动植物和微生物尸体的有机硫化物，主要是含硫蛋白质，被微生物分解时，以 H_2S 和 S 的形式返回自然界。另外，SO_4^{2-} 在缺氧环境中可被微生物还原成 H_2S。总之，硫素循环（图 7-20）可划分为脱硫作用、硫化作用和反硫化作用。

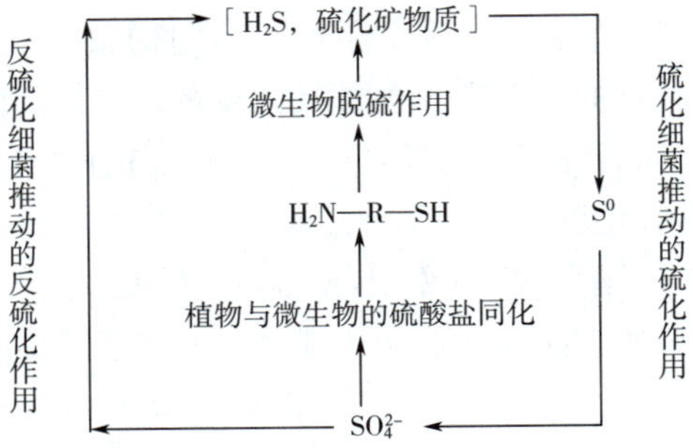

图 7-20　硫素循环简图

（一）脱硫作用

自然界中有许多含硫氨基酸，如胱氨酸、半胱氨酸和甲硫氨酸等，这些氨基酸又组成蛋白质。因此一般蛋白质的氨化过程都伴随有脱硫过程。含硫有机物经微生物分解形成硫化氢的过程即脱硫作用。凡能将含氮有机物分解产氨的氨化微生物都具有脱硫作用，相应的氨化微生物也可称为脱硫微生物。

$$含硫蛋白质\longrightarrow含硫氨基酸\longrightarrow NH_3+H_2S+有机酸$$

含硫蛋白质经微生物的脱硫作用形成的硫化氢，在好氧条件下通过硫化作用氧化为硫酸盐后，作为硫营养为植物和微生物利用。硫化氢在无氧条件下，可积累于环境中，一旦超过某种浓度可危害植物和其他生物。

（二）硫化作用

某些微生物可将 S、H_2S、FeS_2、$S_2O_3^{2-}$ 和 $S_4O_6^{2-}$ 等还原态无机硫化物氧化生成

硫酸，这一过程称为硫化作用。

凡能将还原态硫化物氧化为氧化态硫化合物的细菌称为硫化细菌。硫化细菌可分为化能自养型细菌、厌氧光合自养细菌和极端嗜酸、嗜热的古细菌。

第一类是硫杆菌属（*Thiobacillus*）的细菌，其是化能自养型细菌的典型代表，大多为严格化能自养型。硫杆菌属部分种的主要特征列于表 7-4 中。它们在有氧条件下推动下列反应将硫化物氧化为元素硫或将元素硫氧化为硫酸，并从中获得能源：

$$SO_2+0.5O_2+H_2O \longrightarrow H_2SO_4$$

表 7-4 硫杆菌属部分种的特征

种	能源	生长 pH	DNA(G+C)%
氧化硫硫杆菌(*Thiobacillus thiooxidans*)	S^0	0.5~6.0	52
排硫硫杆菌(*Thio. thioparus*)	$H_2S,S^0,S_2O_3^{2-}$	4.0~7.5	62~66
氧化亚铁硫杆菌(*Thio. ferrooxidans*)	硫化物,S^0,Fe^{2+}	1.6~4.0	57
新型硫杆菌(*Thio. novellas*)	$S_2O_3^{2-}$,谷氨酸	5.0~9.2	66~68
中间硫杆菌(*Thio. intermedius*)	$S_2O_3^{2-}$,谷氨酸,葡萄糖	2.0~7.0	66~68

硫杆菌属的细菌是一群 G^-、无芽孢、极生鞭毛的小杆菌，广泛分布于各种含硫矿环境中，可使矿尾水 pH 降低。

第二类是以紫硫细菌和绿硫细菌为代表的厌氧性光合自养型细菌。这类细菌以 H_2S、S、$S_2O_3^{2-}$ 等还原态无机硫化物作为电子供体来还原 CO_2，生成氧化态的元素硫，硫在细胞内积累形成硫滴。而着色菌属（*Chromatium*）在以 H_2S 或 H_2 为电子供体，以光为能源时氧化生成的是硫酸而不是元素硫，因此也就没有硫滴形成：

$$2CO_2+H_2S+2H_2O \longrightarrow 2[CH_2O]+H_2SO_4$$

第三类是极端嗜酸、嗜热的古细菌，它们分布于含硫热泉、陆地和海洋火山爆发区、泥沼地等极端环境中，推动着这些环境中还原态硫的氧化，某些种具有很强的氧化能力，如硫化叶菌（*Sulfolobus*）能氧化元素 S 和 FeS_2。

（三）反硫化作用

在厌氧条件下元素硫和硫酸盐等含氧硫化合物可被某些厌氧细菌还原生成 H_2S，这一过程称为异化型元素硫还原作用或硫酸盐还原作用，也称反硫化作用，这类细菌称为硫酸盐还原细菌或反硫化细菌。

硫酸盐还原细菌是一类严格厌氧的细菌，也有少数是古细菌，典型代表如脱硫弧菌属（*Desulfovibrio*）、脱硫肠状菌属（*Desulfotomaculum*）等。它们的共同点是能将元素硫或硫酸盐还原生成 H_2S。这类细菌大多数为有机营养型的，有机酸特别是乳酸、丙酮酸、糖类、芳香族化合物等都可被用作碳源和能源。少数为无机营养型的，可以 H_2 为电子供体。脱硫作用的化学反应式如下：

$$4H_2+2H^++SO_4^{2-}\longrightarrow S^{2-}+4H_2O+2H^+$$

$$C_6H_{12}O_6+3H_2SO_4\longrightarrow 6CO_2+6H_2O+3H_2S$$

在富含有机质和硫酸盐的厌氧生境和某些极端环境，如海洋沉积物、淹水稻田土壤、河流和湖泊沉积物、沼泥等中，含有大量的硫酸盐还原细菌。土壤中 H_2S 累积过多时，可对植物根系产生毒害，尤其在早春低温时，形成的 H_2S 使水稻秧苗久栽不发。水域中 H_2S 过多，可毒死鱼类等需氧生物，使水质发出恶臭气味。

四、磷素循环

自然界中磷是以可溶性磷和不溶性磷（包括无机磷化合物和有机磷化合物）的形式存在。可溶性磷的含量很少，大多数磷是以不溶性的无机磷形式存在于矿物、土壤、岩石中，也有少量是以有机磷的形式存在于有机残体中。磷是生物遗传物质核酸和细胞膜磷脂的重要组成成分，在生命活动中具有极为重要的作用。因此，磷的生物地球化学循环包括：①有机磷分解，即有机磷转化成可溶性的无机磷；②无机磷的有效化，即不溶性无机磷转变成可溶性无机磷；③磷的同化，即可溶性无机磷变成有机磷的过程。在可溶性磷和不溶性磷的相互转化中微生物起了重要作用。

（一）有机磷的微生物分解

含磷有机物主要是核酸、卵磷脂和植酸。许多微生物能产生核酸酶、核苷酸酶和核苷酶，将核酸水解成磷酸、核糖、嘌呤或嘧啶（图 7-21）。

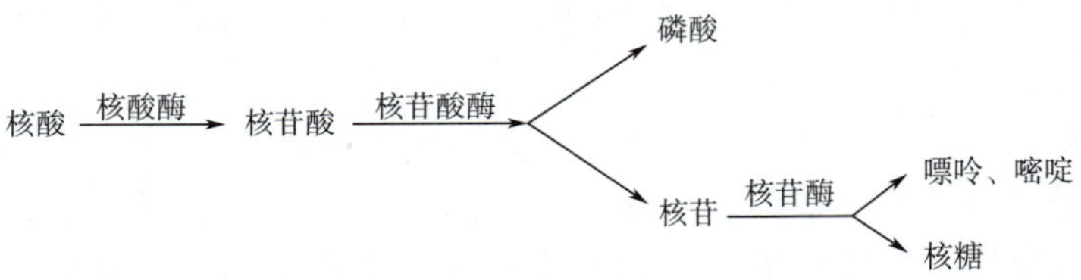

图 7-21　有机磷水解示意图

卵磷脂是含胆碱的磷酸脂类化合物。氨化细菌，特别是一些芽孢杆菌分解卵磷脂的能力较强，如蜡质芽孢杆菌（*Bacillus cereus*）、星胞芽孢杆菌（*B. asterosprus*）和解磷巨大芽孢杆菌（*B. megaterium* var. *phosphaticum*）等。它们产生卵磷脂酶将卵磷脂水解成磷酸、甘油、脂肪酸和胆碱。

植酸磷是植物有机磷的主要形式。为了提高动物饲料中磷的有效性，在利用微生物分解植酸磷方面做了大量的研究工作，研究得最多的是微生物产生的植酸酶（phytase）。植酸酶是催化植酸及其盐类水解成肌醇与磷酸或磷酸盐的一类酶的总称。真菌产植酸酶的能力较强，如曲霉、青霉、根霉等，其次是某些芽孢杆菌，如枯草芽孢杆菌（*B. subtilis*）、地衣芽孢杆菌（*B. licheniformis*）、解淀粉芽孢杆菌（*B. amyloliquefaciens*）等。

（二）无机磷的微生物转化

可溶性无机磷可直接被植物、微生物利用固定为有机磷，这一部分的数量是很少的。自然界大多数的无机磷是存在于岩石中的难溶性和不溶性磷。这些无机磷不能被植物和大多数的微生物所利用。自然界中，只有少数微生物如芽孢杆菌属和假单胞菌属的一些种可以通过它们的生命活动将难溶性无机磷转化为可溶性状态，然后为植物和其他微生物所利用，即可提高土壤中磷的有效性。

国内外均有人分离筛选能把难溶性无机磷转化为可溶性磷的细菌，并制作成菌肥后施用于田间，提高土壤磷含量。

【同步练习】

1. 什么是微生物生态学？
2. 为什么说土壤是微生物的天然培养基？土壤中有哪些微生物？
3. 水体中微生物分布有哪些规律？
4. 简述农产品中的各类微生物对粮食和人类的影响。
5. 什么是无菌动物、悉生生物？它们有哪些特征？
6. 什么是根际微生物？它们各自的特征是什么？
7. 简述植物根系与根际微生物的共存形式。
8. 举例说明何谓共生、互生、寄生、拮抗、竞争、捕食。
9. 什么是微生物群落，其主要特征有哪些？
10. 以污水生物处理的活性污泥法为例，说明什么是群落演替，它对污水处理的实践有何指导意义？
11. 淀粉分解过程中需要哪几种酶？各种酶的作用是什么？
12. 果胶分解过程中需要哪几种酶？各种酶的作用是什么？
13. 氮素循环包括哪几个过程？
14. 什么是氨化作用？
15. 硝化与反硝化作用的定义与区别是什么？
16. 生物固氮的类型有哪几种？并说明固氮机理？
17. 简述根瘤形成的过程。
18. 影响固氮效率的因素有哪些？
19. 硫素循环包括哪几个过程？

学习单元八

微生物的应用

【知识目标】

1. 了解微生物在农业生产中的应用。
2. 了解微生物在食品工业中的应用。
3. 了解微生物在环境保护方面的应用。

【能力目标】

1. 能够在农业方面利用微生物。
2. 能够在发酵食品生产方面利用微生物。
3. 能够在环境保护方面利用微生物。

知识讲解

与病原微生物所引起的危害相反，有些微生物是防治植物病虫害的有力手段：应用微生物产生的抗生素防治病害和应用杀虫微生物杀死害虫是植物病虫害的生物防治的科学技术的重要组成部分。

农产品的贮存和加工，很多是利用有益微生物的作用，同时抑制有害微生物的作用。

当然，微生物的作用并不只限于农业生产，它还广泛地应用于工业生产，包括食品工业、药物工业和发酵工业。同时有许多种微生物是对人、畜有害的，它们是医药卫生科学的研究对象。微生物是环境的污染者，也是环境的清道夫，因而也是环境科学的研究对象。

项目一 微生物在农业生产中的应用

微生物与农业生产的关系十分密切，涉及土壤肥料、作物营养、植物保护、畜牧兽医、动力能源、环境保护、农产品加工及综合利用等许多方面，其中有有益的，也有有害的。

一、微生物农药

植物、植物的害虫和害虫的天敌是自然界生态平衡的一个方面，害虫的天敌也包括杀死害虫的微生物，杀虫微生物已报道的有近1700种，包括细菌、真菌、病毒、立克次氏体和原生动物（表8-1）。任何一种杀虫微生物都有一定的专性，如果它对人、畜、植物和益虫无害，而对某些害虫有杀害能力，就有可能利用它防治害虫。至今，已经实用的杀虫微生物种类是很少的，还有一些正在发掘和研究中。

表8-1 杀虫微生物的已知种类数和推广应用的种类数

类群	已知种类	适于推动应用的种类
细菌	90	4
真菌	530	2
病毒	849	3
立克次氏体	3	0
原生动物	210	0

按照杀虫微生物的主要特点，可以分为两大类：一类是含有杀死害虫的生物毒素，例如，苏云金杆菌等，它们被敏感害虫吞食，或由其他途径侵入虫体后，使敏感害虫中毒死亡。另一类是敏感害虫的传染性病原体，敏感害虫被感染后发病、致死，并且成为传染源，扩散开，成为敏感害虫的流行病害。例如，白僵菌（真菌）、金龟子乳状病杆菌（细菌）和各种昆虫病毒等。

害虫和杀虫微生物是自然界生态平衡系统的重要成员，要应用杀虫微生物来防治害虫，就需要了解杀虫微生物杀死害虫的机制和条件。大量系列杀虫微生物，制成生物杀虫剂，按照最有效的方法，在最适宜的条件下施用，可消灭或削弱害虫的发展和危害，取得防治害虫的实效。

（一）苏云金杆菌

苏云金杆菌（*Bacillus thuringiensis*）是芽孢杆菌属的一个种，最先是石渡（1901）

从患“猝倒病”的家蚕分离出来的，在现在通行的分类法中，将它归属于苏云金杆菌的一个亚种——猝倒苏云金杆菌（*B. thuringiensis* subsp. *sotto*）。

1. 苏云金杆菌的形态、培养特征和分类

苏云金杆菌是 G^+ 的好氧芽孢杆菌，营养体大小为（1.0~1.2）μm×(3.0~5.0) μm，两端钝圆，周生鞭毛，能运动，少数无鞭毛，它们单个或2~5 个成链状。内生芽孢椭圆形或圆形，直径小于菌体的宽度，孢囊不膨大。在内生芽孢形成的同时，在孢囊内还形成伴孢晶体。

苏云金杆菌形成伴孢晶体是它与蜡状芽孢杆菌（*Bacillus cereus*）和其他近似种相区别的主要性状，也是苏云金杀虫的主要毒素成分。伴孢晶体具多种形态，典型的为梭状六面体，在显微镜下呈菱形，也有四面体、圆形、方形和不规则形的。在大量筛选到的苏云金杆菌中，根据不同菌株的鞭毛抗原（H 抗原）、脂酶图形及生化特性的差别，将其区分为若干亚种。

2. 苏云金杆菌的毒素和毒力

苏云金杆菌的主要毒素是伴孢晶体，又称 σ-内毒素。它是一种蛋白质晶体，完整的伴孢晶体并无毒性，当它被敏感昆虫的幼虫吞食后，在肠道碱性条件和酶的作用下，或单纯在碱性条件下，能水解成毒性肽，毒性肽的分子质量大小依变种的不同而不同。

对伴孢晶体毒素敏感的昆虫种类主要有鳞翅目、双翅目和鞘翅目的幼虫，但不是这三目中的所有种都敏感。多数变种对一些种类的幼虫有高毒性；以色列变种则对双翅目的蚊和蚋幼虫有剧毒，而对鳞翅目幼虫无毒；拟步行甲变种则对鞘翅目幼虫有毒，对鳞翅目幼虫无毒；还有少数变种的伴孢晶体，对昆虫只有极低的毒性或无毒。

当敏感幼虫吞食含伴孢晶体和芽孢的混合制剂后，在肠道中被水解产生的毒性肽很快发生毒性，幼虫停止取食，麻痹，进一步作用使中肠的上皮细胞遭受破坏，芽孢侵入血腔，并在那里萌发和繁殖使幼虫患败血症，同时肠液也进入血腔使血淋巴 pH 上升，幼虫全身瘫痪，虫体软化、腐烂、发黑，最终死亡。

3. 苏云金杆菌制剂的生产、应用和安全性

苏云金杆菌对营养的要求不严，能在常用的细菌培养基（如牛肉膏蛋白胨培养基）中生长快而旺盛，并形成芽孢和伴孢晶体。在以黄豆饼粉、棉籽仁粉、玉米浆等农副产品为主要养料的深层发酵中进行大量培养，每毫升发酵液活芽孢数可达（20~150）亿（大致有同等数量的伴孢晶体）。发酵液加填充料经板框压滤浓缩后，用喷雾干燥法制成菌粉，或将发酵液浓缩（离心或真空减压浓缩）后，可加助剂制成液剂、乳剂或油剂。苏云金杆菌制剂亦可用半固体发酵法进行生产。

由于活芽孢数与毒力不一定相关，1966 年国际昆虫病理学会提出，以法国巴斯德研究所的苏云金杆菌制剂“E—61”为参考标准制剂，用大白菜蝶幼虫作测定昆虫，规定“E—61”的效价为 1000IU/mg。其他制剂的毒力效价单位可以从下式求出：

$$待测制剂毒力单位=\frac{参考标准制剂\ LC_{50}}{待测制剂\ LC_{50}}\times 参考标准制剂毒力效价单位$$

迄今分离的苏云金杆菌的各亚种和菌株对人、畜禽、水产无害，对植物无毒，是安全无害、无残毒的杀虫剂，尤其适于飞机喷撒。

（二）杀虫真菌的应用

现在已知有500多种真菌能寄生于昆虫和螨类，导致寄主发病和死亡。杀虫真菌分属于卵菌、接合菌、子囊菌、担子菌和半知菌。在自然界，它们是害虫的天敌，如卵菌中的雕蚀菌属（*Coelomomyces*）是水生专性病原真菌，多数种寄生于蚊幼虫中。野外蚊群中，常用雕蚀菌属真菌寄生，起着控制蚊虫种群的作用。

接合菌中的虫霉目（*Entomophthorales*）是一群十分重要的杀虫真菌，它产生的分生孢子易于传播，抗逆能力强，侵染快，在适合条件下能引起寄主害虫的大规模流行病。曾发现蝗虫霉（*Entomophthora grylli*）使蝗虫群中的死虫数高达95%。蚜霉（*E. aphidis*）能在多种蚜虫、叶螨和蚧类上寄生。已知有40余种虫霉可以人工培养，有近10种已成功地在实验室生产，在250L发酵罐中的生产也已获得成功。

杀虫真菌的种类很多，在发展成为生物杀虫剂的长期努力中，迄今已成为商品的仅有白僵菌和绿僵菌。

白僵菌属（*Beauveria*）属于半知菌的丝孢霉目、丝孢霉科。白僵菌属有球孢白僵菌（*B. bassiana*）、卵孢白僵菌（*B. tenalla*）和小球孢白僵菌（*B. globulifera*）三个种。球孢白僵菌菌丝细长，无色透明，直径1.5~2.0μm，有隔膜。菌落平坦呈绒毛状，后期呈粉状，表面白色至淡黄色。分生孢子梗多次分叉，聚集成团，呈花瓶状，分生孢子着生于小梗的顶端，孢子呈球形。

白僵菌的生长温度为5~35℃，22~26℃菌株生长最适宜。30℃和相对湿度25%~50%有利于孢子的成熟。孢子萌发要求相对湿度为95%以上。

白僵菌对营养要求不严，在以黄豆饼粉或玉米粉等为原料的半固体培养基中生长良好，并形成分生孢子。培养物干燥后制成白僵菌制剂。在液体培养中，白僵菌形成抗逆力差的芽生孢子。

白僵菌用于防治松毛虫、玉米螟效果好，尤其是可用于防治松毛虫，白僵菌可作为环境因子，持续多年控制松毛虫的危害。在俄罗斯，白僵菌还用于防治马铃薯甲虫。

（三）昆虫病毒

昆虫病毒种类多、专性强，发展它们为专性杀虫剂是一项十分活跃的研究领域。

1. 核多角体病毒（NPV）

核多角体病毒是双股DNA病毒，属于杆状病毒科。核多角体病毒在寄主细胞核内寄生和增殖，寄主细胞核内含有多个多角体，每个多角体内含有许多病毒束，每个病毒束内含有一个或多个病毒粒子，形成多角体和病毒束的膜质主要是寄主细胞的成分，统称为包含体（或封套），其中也有些多肽是病毒核酸基因的产物。

核多角体病毒是已发现的种类最多的昆虫病毒，病毒寄主包括鳞翅目、膜翅目、双翅目、鞘翅目、直翅目和毛翅目的许多种类。

核多角体病毒主要通过口器传染。被核多角体感染致死的幼虫是感染源，释放出大量多角体。被活虫吞食，包含体在虫体内被消化，释放出病毒粒子，侵入细胞核，在核内繁殖并形成多角体，杀死寄主后，成为新的感染源。

昆虫幼虫感染核多角体病毒后，食欲减退，动作迟钝，随后体躯软化，体内组织液化，白色或褐色体液从破裂的皮肤流出，一般从感染到死整个过程为4~20d。病死的幼虫倒吊在植物枝条上，由于组织液化下坠，使下端膨大，这是感染虫体的特征。

2. 颗粒体病毒（GV）

颗粒体病毒也是双股DNA杆状病毒。颗粒体病毒包含体圆形或椭圆形，每个包含体内只有一个（偶尔两个）病毒粒子。当寄主吞入从死虫释放出的包含体后，在肠道中将包含体消化掉，释放出病毒粒子，侵入真皮、脂肪组织、气管和中肠皮层，先进入细胞核，在核内繁殖，随后释放到细胞质内，形成只含一个病毒粒子的包含体（颗粒体）。

颗粒体病毒主要感染鳞翅目幼虫，死虫特征与核多角体病毒感染相似。

3. 质多角体病毒（CPV）

质多角体病毒是多面体双股RNA病毒，一个多角体包含体内含有多个病毒粒子。多角体被幼虫吞食后，包含体在中肠被消化，病毒粒子侵入中肠、前肠和后肠细胞，在细胞质内增殖，并形成多角体，不侵入其他组织。感染的幼虫食欲不振，上吐下泻，排出大量多角体，中肠肿大，呈乳白色，血淋巴，皮肤不破坏，死虫躯体萎缩，无倒挂特征。

4. 无包含体昆虫病毒

昆虫幼虫还受多种无包含体病毒的感染。

5. 虫媒病毒

有些动植物的病毒病是由昆虫传播的，例如，人、畜的脑炎，水稻的黄矮病等。虫媒病毒有些是简单的传播，昆虫吸收带毒体液，传染给健康的动、植物寄主，有些虫媒病毒在昆虫体内繁殖，但不发病，无致死效果，由带毒昆虫将病毒传染给敏感的动、植物寄主。消灭作为中间寄主的昆虫，如传染脑炎的库蚊、传染水稻黄矮病的叶蝉等，是防治动、植物虫媒病毒病的重要手段。

二、微生物肥料

厩肥是指用褥草（植物性物质）垫厩、吸收粪尿，经混合堆积腐熟而成的有机肥料。堆肥是指以植物性物质为主的，一般略加粪尿，经混合堆积腐熟而成的有机肥料。沤肥是指将植物性物质和少量粪尿堆在坑中，浸入，在缺氧条件下腐熟而成的有机肥料。有机肥料经过腐熟，前后物质变化情况大致如下：①材料的物理性质起了深刻变化，从不均匀的草、粪、土的混合物变成接近均匀一致的、松散的、软性的物质；②植物组织彻底破坏了；③原材料中各种成分起了很大变化；④碳、氮比降低，原来的蛋白质变为微生物蛋白质和腐殖质氮；⑤形成了腐殖质；⑥所含营养成分肥效有显著提高。

（一）堆、厩肥

堆肥、厩肥的快速腐熟经过一个高温阶段。如果没有经过高温阶段，腐熟过程就十分缓慢。高温是由于微生物分解有机物质产生的热量造成的，因此，高温阶段实际上是快速、优质堆肥的特征。高温阶段还有杀死病菌、害虫，防止对人、畜、作物有害的病虫害传播的效果。

1. 堆肥法

堆肥的主要措施如下：

（1）原料的处理　植物秸秆类的原料，应先切碎，玉米秸可切成 2~3cm 小段。切碎的目的主要是有利于吸收水分和控制适宜的通气状况，微生物利用的养料也容易渗出，使微生物迅速发展。

禾本科秸秆原料的碳氮比过大，加入人粪尿提高含氮量，微生物得到充足氮素养料，生长、繁殖旺盛，腐熟快，同时，氮素含量提高，积制成的腐熟堆肥质量也提高，放出二氧化碳的量也相应减少，因而提高了腐熟堆肥的总量。加一些磷肥以及石灰或草木灰也有利于促进微生物作用，加速堆肥腐熟。

堆肥常用的作物材料配比如下：

植物残体	100 份
人畜粪尿	10~20 份
石灰或草木灰	2~5 份
水	100~200 份

（2）水分、通气与保温　水分和通气是互相矛盾的两个条件，是影响堆肥腐熟的主要因素。只有水分充足，微生物的活动才能旺盛。堆肥材料最好先用水浸透再铺，或者铺一层，浇一层，浇匀浇透。材料切碎，也有利于吸足水分。另一方面也保证适宜的通气状况，促进微生物的好氧分解。秸秆不切碎，不能压实，过分通气，造成水分丧失过快，微生物活动因失水而被抑制；相反，积水过多，微生物活动也会因通气不良而被抑制。

保温也是制造堆肥的重要措施，堆肥热源来自微生物分解有机物质产生的热，因此，在堆制的初期，要创造微生物旺盛繁殖的条件。堆肥中加入人畜粪尿在这方面起两个作用，一个是接种了大量微生物，提高了微生物繁殖的起点；二是提供了速效氮源，促进微生物大发展。

（3）泥封　材料堆好后，取湿土或池泥、河泥密封（10~13cm）是保水、保温的有效措施。泥封还有保肥的作用，防止雨水过多时养分淋洗损失，也能防止挥发性氮的损失。此外，还能避免堆制的初期招引苍蝇、滋生蝇蛆，从而保护环境。

堆肥堆制的体积（面积和高度）是一项重要的堆积条件，体积大，保温、保水好，边缘不能充分腐熟的物质的比例也低。

（4）翻堆　堆肥堆制过程中，必要时应进行翻堆。一般在堆温越过高峰开始降温时进行，翻堆可以使内层外层分解程度不同的物质重新混合均匀，如湿度不足可补加一些水分，然后再次泥封，堆温进入第二次高峰，促进堆肥的均匀腐熟。

2. 堆肥的微生物学过程

（1）发热阶段　堆肥初期，微生物旺盛繁殖，分解有机质，释放出热，不断提高堆肥温度，此时为发热阶段。在这阶段，堆肥物质的变化主要是有氧条件下易分解的有机物质（如简单糖类、淀粉、蛋白质等）迅速分解，产生大量的热。产生的热不易散失，积累起来提高了堆肥的温度。

在发热阶段，堆肥中的微生物以中温好氧的种类为主。最常见的是无芽孢细菌、芽孢细菌和霉菌。随着温度的提高，好热微生物种类逐渐代替了中温的种类而起主导作用，温度持续上升，一般在几天之内即达50℃以上，进入高温阶段。

（2）高温阶段　在高温阶段，堆肥材料中复杂的有机物质如纤维素、半纤维素、果胶物质等也开始被微生物强烈分解。与此同时，堆肥内开始发展了与有机质分解相对立的另一过程——腐殖质的形成过程，开始出现了能溶解于弱碱中的黑色物质。

这一阶段好热微生物占优势。包括好热真菌、好热放线菌和好热细菌等。在温度上升到60℃时，好热真菌几乎全部停止了活动，好热放线菌、好热芽孢杆菌和梭菌的活动占了优势。

很多好热的微生物（包括细菌、放线菌和真菌）是分解纤维素和果胶类物质能力很强的种类，因此在高温阶段，纤维素、果胶类物质旺盛分解。

由于微生物继续旺盛活动，热量积累，堆肥温度上升到70℃以上。这时，大多数好热微生物也大量死亡或进入休眠状态。由于刚刚死亡的微生物所含的各种酶的作用，有机物质的腐解作用仍能进行一段时间。但是，酶的作用很快衰退，产生的热量减少，当产生的热量小于堆肥散发的热量时，堆温即开始下降。然而，当温度下降到70℃以下时，处于休眠状态的好热微生物又恢复了它们的生命活动，产热量又增加了。这样堆温就处于一个自然调节的延续较久的高温期，这对堆肥的快速腐熟起着很重要的作用。制造得法的快速堆肥，有相当长的高温期（维持在 50℃以上），堆肥材料能够在几个星期或 2~3 个月内达到适于施用的腐熟状态。堆制不当的堆肥，或者只有很短的高温期，或者根本达不到高温，因而腐熟很慢，在半年或者很长时间内也达不到半腐熟的状态。

（3）降温阶段　当高温阶段持续一定时间后，纤维素、半纤维素、果胶物质大部分已经分解，剩下很难分解的复杂成分（如木质素）和新形成的腐殖质。微生物的生命活动强度减弱，产热量减少，温度逐渐下降。当温度下降到 40℃以下时，中温微生物代替了好热微生物成为优势种类。

如果降温阶段来得早，表明堆制条件不够理想，植物性物质一般还没有充分分解时，可以翻堆，将堆积材料拌匀，再次封堆，这样，通常可以产生第二次发热，升温，有利于植物性质物质的充分分解。

（4）腐热保肥阶段　堆肥中的植物性物质绝大部分已经腐解，堆温下降至稍高于气温，进入腐熟保肥阶段。这时的问题不是加速腐解，而是要保存已形成的腐殖质和植物养料（尤其是氮素养料），这时最好将堆肥压紧，造成厌氧状态。在厌氧状态下，有机物质矿化作用减弱，有利于保肥。在腐熟保肥阶段，堆肥物质可进一步缓慢腐解，成为与土壤腐殖质十分相近的物质。

褥草吸收了牲畜粪尿后取出堆集腐熟，制成厩肥。厩肥和堆肥的制作过程和微生物过程基本上是一样的。

养菇、养蚯蚓、制肥：用秸秆、马粪厩肥养菇，收菇后再养蚯蚓，作为动物性饲料，剩下的残余物是优良的有机肥料。三种生产的结合是多层次接力生产的新发展。

（二）沤肥和沼肥

湖南地区的凼肥、湖北的当肥、江西的窖肥和江苏的草塘泥等都属于沤肥。在田旁或田中挖一个大坑（池塘），将坑底和四周打实，分层加入沤制的材料，灌水踏紧，排除空气，在厌氧条件下经微生物的作用，可制成腐熟的有机肥料。

在浸水条件下沤肥，保存的氮素养分率较高，速效性比例较大。由表 8-2 可以看出同样原料在露天堆放和浸水两种不同条件下氮素含量的不同变化，浸水条件下沤肥，氮素只损失了 5%，而在露天堆放条件下却损失了 29%；同时在浸水条件下，速效性氮高达全氮量的 33%。

表 8-2　厩肥在不同处理情况下氮素含量的变化情况　单位：%

氮素	露天堆放	水浸（在沼气池中）
蛋白质氮素	51.2	62.0
无机态氮素	19.8	33.0
全氮量	71.0	95.0

续表

氮素	露天堆放	水浸(在沼气池中)
氮素损失量	29.0	5.0
全氮量和氮素损失量总计	100	100

沤肥和堆肥不同，进行活动的微生物，以厌氧和兼性厌氧的细菌为主，好氧细菌以及放线菌、真菌的作用很弱，由于浸水的关系，水的比热容大，升温作用不明显，基本上是中温细菌活跃。沤肥中温度变化和气温相差不多，在沤肥过程中，微生物分解转化植物物质的规律，主要有以下方面：

（1）沤肥材料中的可溶性简单有机物、糖、淀粉等先被厌氧微生物利用，除合成微生物体，产生 CO_2 外，还产生一些厌氧呼吸的终产物，如甲烷、甲醇、乙酸、乙醇、乳酸、丁酸、丁醇、丙酮等，以及 NH_3、H_2S 和 H_2 等气体。

（2）纤维素、半纤维素、果胶质等复杂的有机质的分解开始较晚，持续时间较长。它们经厌氧微生物分解也生成醋酸、乳酸、丁酸、甲醇、乙醇及丁醇、丙酮等厌氧呼吸的终产物，以及 CO_2、NH_3、H_2S、H_2、CH_4 等气体。

沤肥的新发展是把制肥和生物能的利用（制造沼气，即以甲烷为主的可燃性气体）结合起来。将植物性材料和粪尿放在特定的沼气池中，产生沼气，同时也沤制成优质肥料。

三、食用菌

食用菌由于其营养丰富又含有一定的活性成分，近年来在国内外发展很快。学习食用菌，有助于我们开发利用当地野生资源及引导群众通过栽培，将农业废弃物变为宝贝，发家致富。

（一）食用菌生活史

简单地说，食用菌的生活史就是从孢子到初生菌丝体，到次生菌丝体，到子实体再形成孢子的生活循环过程。

在食用菌的生活史中，除了由担孢子到担孢子，或子囊孢子到子囊孢子的大循环外，还有一些小循环，这些小循环是由无性孢子来完成的，如分生孢子、厚垣孢子等。分生孢子在金针菇、滑菇、木耳等属中较常见，它是由单核菌丝或双核菌丝分割成的薄壁细胞，萌发后又成为单核菌丝或双核菌丝。厚垣孢子是在不良环境下，由菌丝中的某些细胞的细胞壁增厚而生成的，呈圆球状，间生，成熟后脱离菌丝，处于休眠状态，条件适宜时又萌发为菌丝。从初生菌丝形成的厚垣孢子是单核的，萌发后仍为单核菌丝；由双核菌丝形成的厚垣孢子是双核的，萌发后仍为双核菌丝。厚垣孢子在草菇、香菇和蘑菇中较为常见。

（二）营养条件

无论是何种营养方式的食用菌，它们所需要的营养物质是类似的，主要有以下四类。

1. 碳源

碳源是食用菌的碳素营养来源，它不仅是合成碳水化合物和氨基酸的基架，还是重要的能量来源。食用菌大都以有机碳化物作为碳素营养，如纤维素、半纤维素、木质素、淀粉、果胶、戊聚糖类、有机酸和醇等。碳源中的单糖（包括低聚糖、多糖等的分解产物）、有机酸和醇等小分子化合物可直接被食用菌细胞利用；而纤维素、半纤维素、木质素、果胶、淀粉等大分子化合物则不能被直接吸收。纤维素必须通过纤维素酶分解成葡萄糖，半纤维素和木质素必须通过半纤维素酶和木质素酶降解成简单小分子糖后才能利用。食用菌吸收的碳约20%合成细胞物质，80%产生能量维持生命活动。

2. 氮源

氮是食用菌合成蛋白质和核酸的必要元素。食用菌的氮源主要是蛋白质、氨基酸、尿素、铵盐等。氨基酸和尿素等能被菌丝体直接吸收；而大分子的蛋白质则必须经蛋白酶分解成氨基酸后才能被吸收。对于食用菌来说，有机氮优于无机氮。常用的有机氮源有麸皮、豆饼、谷糠、棉籽饼、蚕蛹，以及酵母液、玉米浆和多种禽、畜粪便等。菌丝生长阶段，培养液中的氮含量以0.016%~0.064%为适宜。不仅要考虑到培养基碳素营养和氮素营养的分别用量，同时还应注意碳和氮的比例。一般菌丝生长阶段，碳氮比（C/N）以20∶1左右为宜，而子实体形成阶段以（30~40）∶1为宜。

3. 无机盐

无机盐也是食用菌生长不可缺少的营养物质。其主要功能是构成细胞成分，作酶的成分维持酶的作用，调节细胞渗透压、氢离子浓度和氧化还原电位等。无机盐在细胞内还起生化反应活化剂的作用。

常用的无机盐有磷酸氢二钾、磷酸二氢钾、硫酸钙、硫酸镁、氯化钠、硫酸锌、氯化钴、硫酸铜、硫酸亚铁、氯化锰等。食用菌从这些无机盐中获得磷、镁、硫、钙、钾、铁、钴、锰、锌等元素，以磷、钾、镁为最重要，适宜浓度是每升培养基加100~150mg；而铁、钴、锰、锌、钼等元素需要甚微，原料中可以满足，一般不需要添加。

4. 生长素

这是食用菌生长发育必不可少而又用量甚微的一类特殊有机营养物。如果培养基中缺少维生素B_1，则菌丝生长缓慢并抑制子实体的发生；严重缺乏时，生长完全停止。一般培养基中其最适浓度为0.01~0.1mg/L。此外，许多食用菌还需要维生素B_2、生物素、烟酸、维生素B_6、叶酸等。维生素在马铃薯、麦芽、酵母和米糠中有较多含量，用这些材料配制培养基时可不必再添加。但维生素不耐高温，120℃以上极易破坏，所以培养基灭菌时需防止温度过高。

另外，生长激素有促进菌丝生长的作用，如三十烷醇、α-萘乙酸等，其适宜使用浓度为0.5~2mg/kg。浓度过高菌丝生长反受抑制。

（三）环境条件

食用菌生长发育与环境条件密切相关。食用菌生长发育影响周围环境，而环境条件又制约着食用菌的生长发育。影响食用菌生长的环境条件很多，但最主要的是温度、水分和湿度、光和紫外线、氧和二氧化碳，以及酸碱度。

1. 温度

温度是食用菌生长发育最重要的因素之一。食用菌在生长发育过程中，细胞内一系列的物理和化学变化，都要在一定的温度下才能正常进行。

各种食用菌以及它们生长发育的各个阶段，都有最适温度、最低温度和最高温度的要求界限。在最适温度范围内，生长速度随着温度升高呈对数增长。离开最适温度，不论温度高低，生长速度均会急剧下降。

各种食用菌子实体分化时对温度的要求不同，根据这种差异，将其分为三种类型（表8-3）：

表8-3　几种主要栽培食用菌对温度的要求　　单位：℃

温度类型	食用菌类型	菌丝体生长温度		子实体分化与发育温度	
		要求范围	最适范围	子实体分化温度	子实体发育温度
低温型	金针菇	7~30	23	5~19	8~14
	滑菇	5~33	20~25	5~15	7~10
	香菇	3~33	25	7~21	12~18
	双孢蘑菇	6~33	24	8~18	13~16
	平菇	10~35	24~27	7~22	13~17
	猴头	12~33	21~24	12~24	15~22
中温型	木耳	4~39	30	15~27	24~27
	银耳	12~36	25	18~26	20~24
	竹荪	3~30	23	16~27	20~25
高温型	草菇	12~45	35	22~35	30~32

（1）低温型　子实体分化最高温度在24℃以下，最适温度在20℃以下。

（2）中温型　子实体分化最高温度在28℃以下，最适温度在20~24℃。

（3）高温型　子实体分化最高温度在30℃以上，最适温度在24℃以上。

2. 水分和湿度

水分是食用菌细胞的重要成分，还是其吸收营养物质及代谢过程中最基本的溶剂。一定量的水分是维持细胞膨压的必要条件。如果细胞中的水分稍有缺乏，就将影响食用菌的整个代谢。

人工栽培中，食用菌生长发育所需要的水分绝大部分来自培养料。培养料含水量直接影响食用菌的生长发育。一般适合食用菌生长的培养料含水量是60%~65%，如果低于或高于这个标准，都会使产量降低。河水、井水及自来水，均可用来栽培食用菌，而碱水、盐水及海水则对食用菌的生长不利。配制培养料时虽然已满足了食用菌所需要的水分量，但是在培养过程中，常由于蒸发或采收而损失一些。菇房中经常保持一定的湿度，是减少培养料水分损失的重要措施。

空气湿度对食用菌的生长发育也有很大影响。生产中是用相对湿度衡量其高低，以%表示。食用菌在不同的生长发育阶段，对空气相对湿度的要求不同。菌丝体生长期间，培养室的空气湿度以60%~70%为宜；子实体形成时期，则要求空气湿度达85%~90%。此时若空气湿度过低，不但子实体长不大，而且易枯萎；但若湿度过高（超过95%），又容易发生各种杂菌和病害，同时也有碍子实体的蒸腾作用，而子实体的蒸腾作用是细胞原生质流动和营养物质运转的促进因素。

这里所说的空气湿度，是指相对湿度。测定培养室里的空气相对湿度，可用简易干湿球温度表。观测到培养室的空气相对湿度过高时，可开窗通风降低；过低时，可往墙壁、地面洒水解决。但不宜直接往子实体上大量洒水，以防引起烂菇。

3. 光与紫外线

大多数食用菌在菌丝体生长阶段不需要光线。光线对某些食用菌的菌丝体生长甚至是一个抑制因素。有些食用菌甚至连散射光线都不需要，如双孢蘑菇、大肥菇、茯苓、块菌等，它们通常是在黑暗的环境条件下完成其生活史。

然而，有些食用菌子实体的形成对光反应很敏感，它们在子实体发育阶段，离不开光线。如香菇、草菇、滑菇等在完全黑暗条件下，是很难形成子实体的；平菇、金针菇在黑暗条件下虽然能形成子实体，也多呈畸形。多数食用菌当菌丝体基本长满培养料时，标志着进入了光照敏感期，就应该及时给予散射光线和降温条件，促其出菇。种类不同，对光的亮度要求也不同。一般香菇和滑菇为300~800lx；平菇为200~1000lx；黑木耳为500~1500lx。光线的强弱，对子实体的品质特别是色泽，有很大的影响。光线不足，草菇、凤尾菇呈灰白色，黑木耳呈黄白色。光线过强，金针菇呈棕褐色。

4. 氧与二氧化碳

食用菌多数是好氧性的。一般在菌丝体生长阶段消耗的氧气不多，不过通气与否对菌丝体的生长速度也有明显影响。在子实体形成时期则需要消耗大量氧气，此时通气好，氧气充足，能促进子实体分化和长大。否则，通气差，二氧化碳积累多，子实体就很难形成，生长也慢。形成子实体时若通气不良，小菇会变黄死亡；开伞阶段，氧气不足，便不会释放孢子，孢子在氧气不足的情况下也不会萌发。为了保证菌丝生长对氧气的需要，培养母种时常将培养基制成斜面，培养原种和栽培种时培养料只装到瓶肩处，而且装料要松紧适度，并于中部从上到下戳一个洞。为了保证子实体生长对氧气的需要，一旦子实体原基形成，就加强培养室的通风换气，随着子实体的长大，通风换气也相应增加。

但是，有些食用菌对氧气的需要量较少，一定量的二氧化碳不利于其生长发育。如平菇在二氧化碳浓度为20%~30%时的菌丝生长量，比在一般空气下的生长量还增加30%~40%。只有二氧化碳浓度积累大于30%时，菌丝的生长量才明显下降。还有，在子实体分化阶段，即从营养生长转向生殖生长时，对氧气的需要量较少，此时微量的二氧化碳，如0.034%~0.1%，对双孢蘑菇和草菇子实体的分化还有促进作用。

5. 酸碱度

大多数食用菌喜微酸性环境。适宜菌丝生长的pH在3~8，最适pH为5.0~5.5。大部分食用菌在pH大于7.0时生长受阻，大于8.0时生长停止。木耳菌丝体生长的最适pH为5.0~5.4，香菇为4.0~5.4，金针菇为5.4~6.0，银耳为5.0~6.0，紫孢侧耳为5.4~6.0，猴头为4.0，双孢蘑菇为6.8~7.0，草菇为7.5。猴头最耐酸，它的菌丝体在pH低达2.4时仍能生长；但它不耐碱，pH大于7.5时菌丝即难以生长。草菇则喜碱，pH到8.0子实体仍能良好发育。

(四) 食用菌栽培技术

食用菌的栽培近年来发展很快。除了多年来惯用的香菇、木耳的段木栽培法，香菇的菌砖栽培法，双孢蘑菇的床架栽培法，猴头、灵芝、金针菇的瓶栽法，草菇的堆栽法，滑菇的箱栽法及平菇、银耳的袋栽法外，新发展起来的有黑木耳塑料袋栽培法，金针菇木床栽培法，草菇、平菇等阳畦栽培法及高秆作物套作的田间栽培法等。总之，我国食用菌的栽培正在向着由室内到田间，由地上到地下(地沟、人防工事)，由专料到代料的可喜方向健康地发展着，这里只代表性地介绍运用广泛的代料袋栽法。

代料袋栽法适于黑木耳、金针菇、平菇、猴头等的栽培。这里以黑木耳为例介绍，其生产程序如下：

配制营养料→装袋灭菌→菌丝体培养→开孔挂袋→出耳管理→采收干燥

(1) 配制培养料　栽培黑木耳目前较好的配方是：①棉籽壳90%，米糠8%，石膏粉1%，白糖1%；②玉米芯79%，米糠20%，石膏粉1%。所用原料要没发霉变质，需经过暴晒处理。配制时将原料逐一称好拌匀，然后加1%的石灰水，边加边搅拌，拌好后成堆，盖塑料薄膜闷一夜，次日将加的糖溶在少量水中加进去，同时调pH到7。

（2）装袋与灭菌　料调好后，立即装袋。袋要选 17cm×33cm 的聚丙烯料，去掉有孔的。每袋装干料 350g 左右。边装边适度压紧，装至 3/5 时，中间戳一洞，并擦去袋壁上的培养料。而后上口圈，塞棉塞。

装袋完毕，及时包扎灭菌。各个袋子要立放于灭菌锅内。高压灭菌，要求在 0.103MPa 压力下 2h；常压灭菌上汽后 6~8h。都要闷一夜再取。取出来于无菌室趁热接种。

（3）菌丝体培养　接种完毕，将接种袋子在 5%石灰水中泡一下，棉塞上撒以石灰粉后，再往培养室运送。培养室要求黑暗、保温（24~26℃），并用硫黄熏过，同时喷以 1000 倍的敌敌畏液。培养架采用 5%的石炭酸水或 2%的来苏儿液擦拭干净。检查生长情况时，要轻拿轻放。发现杂菌污染了的袋子要及时拣出处理。经 40~45d 菌丝体长到袋底，即可开孔挂袋。

（4）开孔挂袋　菌丝发满袋后，再过 7~9d 当其达到生理成熟即可开孔。其方法是，去掉棉塞和口圈，捏住上端薄膜，扎紧放 5%石灰水中浸泡灭菌后，用刀片在袋周围均匀交错轻轻开 6~8 个孔，孔要开成 V 形。这样的孔，能为耳基起防水伞的作用。开孔处菌体得到较强的光线、充足的氧气和较高的湿度，就很快形成耳芽。

开孔后及时挂袋。袋可挂在室内，或树荫下的半地下式弓棚内，或预先挖好沟的高秆作物行间。这些地方都应该认真灭菌杀虫。所挂袋子应保持行距为 30cm，株距为 20cm。刚挂袋后，袋子上要覆盖塑料薄膜，每天喷水 1~2 次，增加室内湿度，但不能往袋子上喷水。室温 15~22℃，空气湿度 90%左右为宜。

（5）长耳期管理　此期要掌握以湿为主，光湿兼顾，湿气协调的原则。管理措施：

①高温季节中午把门窗关严，室外加强遮阴。

②喷水和换气均于早晚进行。

③喷水尽量往四周、地面和空间喷，少往耳上喷。

④及时采耳，采大留小。

⑤喷 10%的尿素或 0.1%的磷酸二氢钾水，可使耳片肥大、颜色变深。

长耳阶段，仍需注意防霉，每 5~7d 交换地往四周墙壁及地面喷一次 5%的石炭酸水或 2%的来苏儿水。室内人行道上要撒石灰，人员进入耳场要更衣换鞋，以防带入杂菌。

（6）采收与干燥　当耳色变浅，耳片充分展开，边缘开始内卷，耳腹产生白色孢子粉时即应采收。从耳基出现到采收一般需 20~30d。采收时用手捏住整朵木耳轻轻拉下，切忌留下耳根，以免腐烂发霉，影响下潮出耳。采收后，要清除杂枝菌，及时晒干或烘干。

刚采收后停止喷水，以便菌丝恢复生长，直至下次耳芽形成后再喷水。有杂菌污染，立即拣出。

项目二 微生物在食品工业中的应用

微生物在食品工业中有着广泛的应用，酒类的酿造、发酵食品的制作都离不开微生物。

一、酵母菌的应用

广泛存在于自然界的酵母菌，大多数有酒精发酵的能力，其中有些种类的作用特别强，可应用于酿酒工业，因而称为酒精酵母。酒精酵母大多属于酵母菌属（*Saccharomyces*），少数属于裂殖酵母属（*Schizosaccharomyces*）。

酒精发酵的总方程式为：

$$C_6H_{12}O_6+2ADP+2Pi \longrightarrow 2CH_3CH_2OH+2CO_2+2ATP$$

酒精发酵的工业生产可以分为三大类：第一类是以多种水果或浆果为原料，直接以所含的丰富单糖酿酒，所用酵母菌也主要是在果实上附生的天然酵母，可酿造成具有多种风味的果汁酒，如葡萄酒、苹果酒、猕猴桃酒等。第二类是利用富含淀粉的粮食原料（糯米、玉米、高粱、红薯等），先用麦芽或糖化曲糖化，产生麦芽糖，然后再用酵母菌进行乙醇发酵。少数几种粮食酒经发酵后直接饮用（如黄酒、米酒等），多数要再经过蒸馏制成烈性饮料酒。第三类是工业用酒精的生产，它们的生产工序与第二类相似，但不重视风味，而以生产效率为主要指标。目前，工业酒精除化学工业需要外，还正在发展为液体燃料的代用品。

下面介绍酵母菌在啤酒酿造上的应用。

（一）酿造啤酒的原料及要求

酿造啤酒的主要原料是大麦、水、酵母、酒花。

1. 大麦

大麦是酿造啤酒的主要原料，但是首先必须将其制成麦芽，方能用于酿酒。

大麦在人工控制和外界条件下发芽和干燥的过程，即称为麦芽制造。大麦发芽后称绿麦芽，干燥后叫麦芽。

2. 酿造水

啤酒的主要成分就是水，所以水的好坏对啤酒的影响很大，啤酒生产对水的要求见表 8-4。

表 8-4 啤酒生产对水的要求

水质内容	理想状态	水质内容	理想状态
颜色	无色	铁盐(以 Fe 计)	<0.3mg/L
透明度	透明，无沉淀	锰盐(以 Mn 计)	<0.1mg/L

续表

水质内容	理想状态	水质内容	理想状态
味	无味	氨态氮(以 N 计)	0
总溶解盐	150~200mg/L	氯化物(以 Cl 计)	20~60mg/L
pH	6.8~7.2	游离氯	<0.1mg/L
有机物	0~3mg/L		

3. 酵母

酵母的种类很多，用于啤酒生产的酵母称为啤酒酵母。啤酒酵母的学名：*Saccharomyces cerevisiae*。根据 Lodder 分类，酵母有 39 属，350 种。酵母根据发酵方式分为：上面发酵的酵母和下面发酵的酵母。啤酒酿造中酵母主要起的作用就是降糖，产生二氧化碳和酒精。

4. 酒花

啤酒花（简称酒花）作为啤酒工业的原料开始使用于德国，使用的主要目的是利用其苦味、香味、防腐力和澄清麦汁的能力。

酒花的主要成分有：α-酸（humulone，葎草酮）和β-酸（蛇麻酮，lupulone）及未定性的β-组分（β-fraction），以及酒花油和多酚物质。

（二）麦汁的制备

麦汁的制备主要有原料粉碎、糖化、醪液过滤、麦汁煮沸、麦汁后处理等几个过程。

1. 原料的粉碎

麦芽粉碎：麦芽粉碎的目的主要在于，使表皮破裂，增加麦芽本身的表面积，使其内容物质更容易溶解，利于糖化。按粉碎类型来说，可以分为干粉碎和湿粉碎两种。

2. 糖化

所谓糖化就是利用麦芽所含的各种水解酶，在适宜的条件下，将麦芽中不溶性高分子物质（淀粉、蛋白质、半纤维素及其中间分解产物），逐步分解成低分子可溶性物质，这个分解过程叫作糖化。

整个过程主要包括：淀粉分解，蛋白质分解，β-葡聚糖分解，酸的形成和多酚物质的变化。

糖化的主要方法：煮出糖化法、浸出糖化法、双醪糖化法、分级糖化法。

3. 醪液过滤

过滤目的：糖化工序结束后，应在最短的时间内，将糖化醪液中的原料溶出物质和非溶性的麦糟分离，以得到澄清的麦汁和良好的浸出物收得率。

过滤步骤：以麦糟为滤层，利用过滤方法提取的麦汁，叫作第一麦汁或者过滤麦汁。然后利用热水洗涤过滤后的麦糟，得到的麦汁叫作第二麦汁或者洗涤麦汁。

过滤方法：过滤槽法、压滤机法、快速渗出法（strainmaster）。

4. 麦汁煮沸

麦汁煮沸有以下目的。

①酶的钝化：破坏酶的活性，主要是停止淀粉酶的作用，稳定可发酵糖和糊精的比例，确保稳定和发酵的一致性。

②麦汁灭菌：通过煮沸，消灭麦汁中的各种菌类，特别是乳酸菌，避免发酵时发生败坏，保证产品的质量。

③蛋白质的变性和絮凝沉淀：此过程中，析出某些受热变性以及与单宁物质结合而絮凝沉淀的蛋白质，提高啤酒的非生物稳定性。

④蒸发水分：蒸发麦汁中多余的水分，达到要求的浓度。

⑤酒花成分的浸出：在麦汁的煮沸过程中添加酒花，将其所含的软树脂、单宁物质和芳香成分等溶出，以赋予麦汁独特的苦味和香味，同时也提高了啤酒的生物和非生物稳定性。

⑥降低麦汁的 pH：由于钙镁离子的增酸作用、碱性磷酸盐的析出、酒花中苦味酸溶出和酸性美拉德反应产物的形成，麦汁煮沸期间 pH 会降低 0.2~0.3。麦汁 pH 的降低有利于蛋白质的变性凝固，有利于提高啤酒的非生物稳定性。

5. 麦汁后处理

麦汁后处理主要是通过物理方法将热凝物质与麦汁分离，和将麦汁冷却。

分离：冷却盘法、沉淀槽法和回旋槽法。

冷却：开放式冷却和密闭式（薄板冷却器、列管式冷却）冷却。

（三）啤酒的发酵

冷却后的麦汁添加酵母以后，发酵便开始了，整个发酵过程可以分为：酵母恢复阶段、有氧呼吸阶段、无氧呼吸阶段。酵母接种后，开始在麦汁充氧的条件下，恢复其生理活性，以麦汁中的氨基酸为主要的氮源、可发酵糖为主要的碳源进行呼吸作用，并从中获取能量而发生繁殖，同时产生一系列的代谢副产物，此后便在无氧的条件下进行酒精发酵。

酵母恢复阶段：酵母细胞膜的主要组成物质是固醇，当酵母在上一轮繁殖完毕后，固醇含量降得很低，因此当酵母再次接种的时候，首先要合成固醇，产生新的细胞膜，恢复渗透性和进行繁殖。固醇的生物合成主要在不饱和脂肪酸和氧的参与下进行，合成代谢的主要能量来源由暂储藏于细胞内的肝糖和海藻糖提供。在此阶段，酵母细胞基本不繁殖，即处于所谓的酵母停滞期。一旦细胞膜形成，恢复渗透性，营养物质进入，酵母立即吸收糖类提供的能量，肝糖再行积累，供下一次接种使用。

有氧呼吸阶段：此阶段主要是指酵母细胞以可发酵糖为主要能量来源，在氧的作用下进行繁殖。

无氧呼吸阶段：在此发酵过程中，绝大部分可发酵糖被分解成乙醇和二氧化碳。这些糖类被酵母吸收，进行酵解的顺序是葡萄糖、果糖、蔗糖、麦芽糖、麦芽三糖。

（四）啤酒的包装与成品啤酒

啤酒的过滤：发酵后的啤酒，从理论上讲已经口味成熟、二氧化碳饱和，但是其内还仍然存在一定量的固体小颗粒，必须将其过滤掉，方可包装出售。

过滤的方法：滤棉过滤、硅藻土过滤、板式过滤机过滤、离心分离。

啤酒的包装：啤酒的包装类型主要有瓶装、桶装、罐装三种。

啤酒的包装流程：瓶子→选瓶→浸瓶→洗瓶→控水→验瓶→装酒→压盖→验酒→杀菌（生啤酒无需此步骤）→贴标→装箱。

成品啤酒需进行一定的质量鉴定程序。

二、细菌的应用

细菌在自然界中分布很广，有些是食品生产中的重要菌种，可利用德氏乳酸杆菌（*Lactobacillus delbruckii*）或嗜酸乳酸杆菌（*L. acidophilus*）等，将鲜乳转化成酸乳。酸乳是一种重要的乳制品，它营养丰富而且能够保存较长时期，不致腐败。乳酒是以酵母菌和乳酸菌的混合体为曲子，转化鲜乳为乳酒。

下面以花生酸乳的制作为例介绍细菌在食品工业中的应用。

近年来，花生植物蛋白乳在国内开发比较迅速，但乳酸菌发酵生产的花生蛋白酸乳的开发生产还有相当的市场空间。四川省某企业从多年的乳制品生产实践中，成功地研制出了通过乳酸菌（保加利亚乳杆菌、嗜热链球菌）发酵生产花生酸乳的新技术。这种花生酸乳能促进消化，抑制肠道有害细菌，具有营养价值高和保质期长的特点，便于运输和销售。现将其生产技术要点介绍如下：

1. 工艺流程

花生仁→烘炒→脱皮→洗浸海藻酸丙二醇酯、黄原胶→磨浆→分离→煮沸杀菌→均质→降温→接种发酵剂→灌装→发酵→冷贮→质检→成品

2. 生产发酵剂的制备

将脱脂乳粉配成10%的溶液，在121℃条件下保温30min杀菌。当液温降至42℃时，以1∶1的比例按接种母菌量的2%接入保加利亚乳杆菌和嗜热链球菌种，在43℃恒温箱培养48h后取出，置于4~5℃环境下保存待用。

3. 花生乳的前处理

将花生仁与稳定剂磨浆，分离掉渣子后，抽入冷热调制缸中加热煮沸。当温度达到80℃以后，液面起泡为假沸，可撇去部分泡沫。当温度达到94~96℃时，保持2min后停止加热。降温至75℃时均质，均质后料液中蛋白质和脂肪微粒充分

乳化，使花生乳品稳定，将均质后的花生乳冷却到40~45℃。

4. 接种灌装

将上述处理好的花生乳浆在无菌条件下加入3%~5%的乳酸菌生产发酵剂，充分搅匀后，将专用玻璃瓶及瓶盖灭菌消毒后连续灌装封瓶。

5. 发酵冷贮

将灌装好的花生酸乳瓶推入发酵室，在42℃的恒温条件下发酵3~4h。当花生酸乳的pH为4~4.4h，推出发酵室，然后进入冷藏室，在30min之内冷却到10℃下，并在3~4℃条件下贮藏24h后质检待销。

三、霉菌的应用

霉菌在食醋、酱油的酿造上都有广泛应用，下面主要谈一谈其在食醋生产上的应用。

我国食醋生产已有2000多年的历史，固态发酵和液态发酵两大生产工艺通过若干年代的因袭和改良现已有了质和量的飞跃发展。

食醋生产沿革至今，许多厂家已经摈弃了生产周期长、不易管理、由野生菌参与的自然发酵工艺，而采用了纯种培养为主的强化发酵的速酿工艺技术，从而减少了污染，缩短了周期，提高了产率，稳定了质量。

从工艺上讲，酿制食醋要经过3个生化阶段：原料糖化、酒精发酵和醋酸发酵。

黑曲霉能分泌淀粉酶和麦芽糖酶，最后使淀粉水解为葡萄糖，同时还具果胶质和半纤维素及蛋白质的水解作用。

1. 原料配方

玉米500kg、麸皮600kg、黑曲250kg、酵母50kg、稻壳750kg、盐50kg。

3758#黑曲霉的培养方法：

（1）斜面试管种菌　采用曲汁培养基在无菌条件下接种后于30~32℃培养72h，经检查无杂菌方可使用。

（2）三角瓶扩大培养　取50g麸皮、3g稻壳、40g水拌匀后，装入500mL的三角瓶中，在0.105MPa压力下灭菌15min，冷却至30℃接种斜面菌种2铂金耳，于30℃条件下培养24h后扣瓶，48h后长满黑褐色孢子即成熟。

（3）种曲培养　取麸皮10kg，加水9kg、稻壳0.7kg、酒糟1.2kg，搅拌均匀，蒸40min后冷却至35~36℃，接入三角瓶菌种0.3%，堆积6h，中间翻一次堆。当品温达31~32℃，上曲盒摊平，盖上湿草帘子，按品字形叠放。室温控制在33℃左右，经4~6h结片即可搓盒摊平，再经6~8h扣盒，使品温不得超过36℃，培养56h左右长满黑褐孢子即成熟。

（4）通风制曲　取400kg麸皮加稻壳40kg，加水250kg，拌匀后入蒸锅蒸，停气后维持30min，出锅冷却至34℃接种曲0.5%，装入曲池内，厚度为200mm，室温30℃。当品温达到38℃，通风降至32℃时停风。如此反复直至通风而品温不再下降了，就可以连续通风。这个阶段前期控制品温在 34～35℃，后期为 36～38℃。经 32～36h 长满白色菌丝，在孢子尚未生成之前出曲。

2. 制作方法

（1）湿料粉碎　准确称取玉米 500kg，加 1000kg 水，浸泡 12～16h，使玉米吸水膨胀。然后湿玉米粒流经水选槽，去掉石子等杂物，经粉碎机粉碎后，用离心泵泵入高位酒化罐。

（2）生料液体酒化　粉碎好的玉米浆，用泵送到酒化罐后，补加 2000kg 水，使总用水：玉米＝6：1。加麸皮 20%（100kg）、黑曲 50%（250kg）、酵母 10%（50kg），搅拌均匀，使品温达 30℃，室温 25℃，pH6。24h 后每天搅拌 2 次，待 6～7d，酒醪开始沉淀，蒸馏检测酒精度在 4.5%～5%vol，pH 为 3 左右，酒化阶段即结束。

（3）固态醋酸发酵　待酒精发酵结束后，发酵液及时放入醋酸发酵池，加入 500kg 麸皮、750kg 稻壳，搅拌均匀，用塑料布盖严，2d 后每天翻醅 1 次，并用竹竿把塑料布支起，支起的高度最初几天宜低，以能控制品温在 40℃ 左右为准。约经过 1 周的时间，当醋酸 pH 在 4 左右时，再把塑料布支高些，使品温维持在 45℃ 左右。到后期发酵进入尾期，品温控制在 34～36℃，经 30d 左右，测其醅子含酒精量几乎为零，酸度在 6～6.5mol/L 时，要及时下盐 50kg，再翻醅 2d，即为成熟醋醅。

（4）淋醋　把成熟醋醅装入淋缸内，加入未变质的二淋水，浸泡一夜，次日放淋并经列管加热器灭菌（80℃）后，反复回淋至清亮时可出醋。经化验兑制合格方可出厂。醋渣可加清水使醋尾充分流出供下次使用，并要及时排出醋糟。

项目三　微生物在环境保护中的应用

有人说，微生物是大自然的“清洁工”，一点不差，自然界许多有毒、有害、无用的物质，都能被微生物分解。这里只讲微生物对生活污水的处理和对非天然有机物分解的作用。

一、生活污水的处理

这里只讨论对生活污水的净化和再利用。工业污水各有本身的特殊性，不在本节内讨论。

生活污水中含有杂质、有机污染物、病原微生物和有毒物质等，如任其排入天然水体中将会造成天然水源的污染和生态环境的恶化。因此，生活污水需要妥善处理，消除污染物，使水质达到一定的排放标准，然后排放入天然水源，保证水资源的循环使用。

1. 曝气池和活性污泥

使污水流过曝气池，池内大量通气，供给充足氧气，经过曝气池的污水在高度氧化条件下其中的有机物分解。曝气处理后污水池中形成活性污泥，它们是绒絮状的小团块，富含以好氧细菌为主的生物群体，具有很强的吸附和分解有机物的能力。

活性污泥中的细菌大多数包埋在菌胶团内，易于绒絮化和沉降。在活性污泥处理中细菌量可达 $10^8 \sim 10^9$ 个/mL，除细菌外，还会有多种霉菌和原生动物。活性污泥中原生动物的旺盛发展是微生物活动优质、高效的指标之一。

污水进入曝气池后，有机成分迅速被吸附到活性污泥中，原生动物的吞食作用、外酶的酶解作用，将颗粒物和大分子物质降解为小分子物质，被细菌和真菌吸收、矿化，达到净化的目的。

曝气池中的混合液流进沉淀池，活性污泥沉淀下来，净化水排出。活性污泥的一部分再回到曝气池内，循环作用。

多余的活性污泥，如不含大量有毒物质，是很好的肥料和繁殖蚯蚓的饲料。有毒活性污泥则需要在脱水后进行无害化处理或焚烧处理。

2. 生物膜

生物膜法实际是不采取曝气法的活性污泥净水法。由于充分供给的污水中有机物形成菌胶团附着在载体上，形成生物膜，生物膜是富含多种微生物的净化体系（旺盛矿化各种有机物质的生物群体）。污水和空气流经生物膜表面，由于生物膜的吸附作用将有机物吸附到生物膜上，进行旺盛的分解、矿化作用。

生物膜法有各种设计形式。塔式生物滤池高达 20m 以上，中设载体隔栅，载体上附着生物膜，污水和空气在隔栅间流过，达到净化目的。

3. 化粪池

独立建筑物的生活污水（包括排泄物）的净化处理常采用简单的化粪池法。挖一地下粪池，通过下水管道收集生活污水，在池水有机物通过自然发酵（厌氧发酵为主），消除病原生物，净化水在较高处的排水管中排到土壤或河渠中去。

较大规模的食品加工厂可以将化粪池净化和沼气发酵产生生物能源结合起来。

4. 污水净化指标

污水净化的目的在于净化后排出的水不致污染天然水源。

对于生活排出的污水，首先是无害化（不含致病因素），其次是排出水不含超量的有机物质。

关于污染和处理后排出水的有机物质含量，通常以 BOD（生化需氧量）计算。BOD 可以容积负荷（污泥负荷和流水负荷）表达。

容积负荷：BOD（kg）/m^3/d

污泥负荷：BOD（kg）/污泥干重（kg）/d

流水负荷：BOD（进水量 1t/d）/处理设备容积（m^3）

BOD 的实际测定常用的方法是将水样在 20℃ 下培养 5d 后，每升水中溶解氧减少的数量来表示。溶解氧减少得越多，表示有机污染物越多。从污水进入处理设备的BOD值减少到处理后排出物的BOD值称为有机污染物除去率。

二、非天然有机物的分解

“非天然有机物”主要是指工业生产的合成化合物，它们通过各种渠道进入水系、土壤、污泥中，从而产生环境污染物质，消除它们或使它们无害化是环境科学的重要任务，在这些过程中微生物起着重要的作用。

“非天然有机物”和“天然有机物”有鲜明的不同特点，即“非天然有机物”基本上是化学结构已知的有机物，而很多“天然有机物”，特别是土壤中最重要的腐殖质，人类的知识却很贫乏。以一种已知化合物为研究的起点，在研究工作中自有它明显的有利因素。

1. 合成农药的微生物降解

首先要判明一种非天然有机物进入水系或土壤，它能否降解？微生物是否起重要的降解作用？第一步的判断是对比它们在灭菌和未灭菌土壤中的降解速度，例如，除莠剂敌草隆［Diuron，3-(3,4-二氯苯基)-1,1-二甲基脲］在未消毒的土壤中降解很快，而在对比的消毒土壤中却降解很慢。大量实验证明，合成农药在未消毒的土壤中降解很快，而在消毒后的土壤中降解很慢。

不同农药种类在土壤中降解的快慢相差很多，表8-5列举几种常用农药在土壤中的半衰期（即丧失一半所需的时间）。

表8-5　几种常用农药在土壤中的半衰期

农药	半衰期/年
狄氏剂	2~4
三吖嗪类除草剂	1~2
苯甲酸类除草剂	0.2~1
脲类除草剂	0.3~0.8
2,4-D除草剂、2,4,5-T除草剂	0.1~0.4
有机磷杀虫剂	0.02~0.2
氨基甲酸酯类杀虫剂	0.02~0.1

2. 偶氮化合物的微生物降解

在天然环境中存在的少量偶氮化合物，在好氧和厌氧条件下都能被多种微生物分解。例如，枯草杆菌分解对氨基偶氮苯。

偶氮化合物是印染工业中极为重要的原料。复杂的人工合成染料和高浓度的含染料废水如果直接排出，就会造成水源的严重污染，在排放前需要进行严格的净化处理。

3. 氰和腈的微生物降解

由于石油化学工业的发展，含有机腈化物（如丙烯腈）和无机氰化物的废水排放量很大。在低浓度下，多种微生物都有分解腈和氰的能力。

在自然水体和土壤中，各种有机物的浓度在临界值以下，大都能被存在的微生物群自然分解，但各种有机物自然分解的临界值是差别很大的。例如，常用的除草剂2,4-D和2,4,5-T的化学结构相近。但它们分解的浓度临界值却相差很大。实验证明，2,4-D浓度在100mg/L以下能自然分解掉，而2,4,5-T的浓度则需在10mg/L以下才能自然分解，500mg/L以上就将长期残留。

【同步练习】

1. 微生物在农业生产中有什么应用?
2. 微生物在食品工业中有什么应用?
3. 微生物在环境保护中有什么应用?

学习单元九

实训指导

实训一　显微镜的使用及细菌形态的观察

练习使用显微镜

一、实训目的

掌握显微镜低倍镜和高倍镜的使用方法，了解油镜的基本原理，掌握油镜的使用方法；掌握细菌形态观察的基本方法，了解细菌的基本形态。

二、实训原理

（一）油镜镜头的辨认

油镜头上常刻有 OI（oil immersion）或 HI（homogeneneous immersion）字样，有的还刻有一圈红线或黑线标记，在低倍物镜、高倍物镜和油镜中，油镜的放大倍数和数值孔径（numerical aperture）最大，而工作距离最短。显微镜物镜参数见图 9-1。

（二）显微镜的分辨率

显微镜性能的优劣不单是看它的总放大倍数，更重要的是看它分辨率的大小。分辨率是指显微镜能分辨出物体两点间最小距离（D）的能力。D 值越小表明分辨率越高。D 值与光线的波长（λ）成正比，与物镜的数值孔径（NA）成反比。

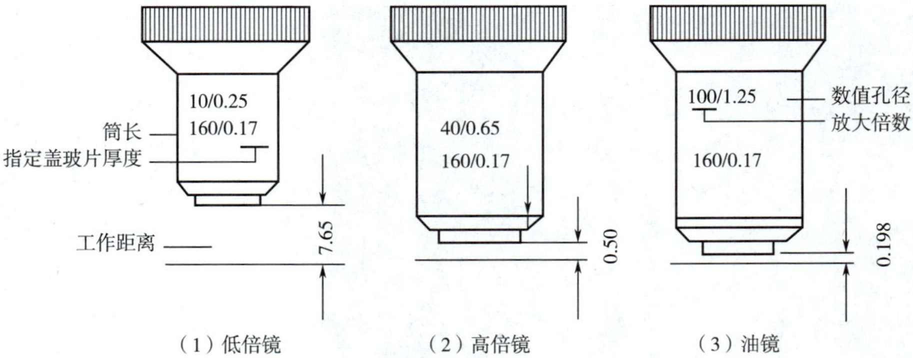

图 9-1　显微镜物镜参数示意图（单位：mm）

$$D = \frac{\lambda}{2\mathrm{NA}}$$

从上式可看出，缩短光波长和增大数值孔径都可提高分辨率。

数值孔径指光线投射到物镜上的最大角度（称镜口角，α）的一半正弦与介质折射率（n）的乘积：

$$\mathrm{NA} = n \times \sin\frac{\alpha}{2}$$

影响数值孔径大小的因素，一是镜口角，二是介质的折射率。

当物镜与装片之间的介质为空气时，由于空气的折射率（$n=1.00$）与玻璃的折射率（$n=1.52$）不同，光线会发生折射，不仅使进入物镜的光线减少，降低了视野的照明度，而且会减少镜口角［图 9-2（1）］。当以香柏油（$n=1.515$）为介质时，由于它的折射率与玻璃相近，光线经过载玻片后可直接通过香柏油进入物镜而不发生折射［图 9-2（2）］，不仅增加了视野的照明度，更重要的是通过增加数值孔径达到提高分辨率的目的。可见光的波长平均为 0.55μm。当使用数值孔径为 0.65 的高倍镜时，它能辨别的两点之间的距离为 0.42μm；而使用数值孔径为 1.25 的油镜时，能辨别的两点之间的距离则为 0.22μm。

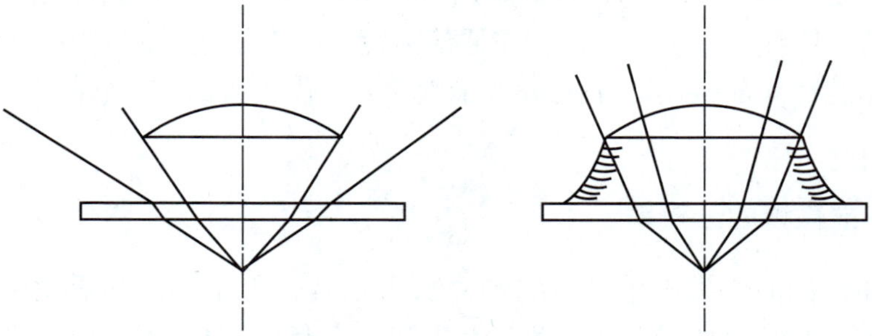

图 9-2　介质为空气与介质为香柏油时光线通过的比较

三、实训材料和器具

金黄色葡萄球菌（*Staphylococcus aureus*）、枯草芽孢杆菌（*Bacillus subtilis*）的染色装片，香柏油、二甲苯、无菌水。

显微镜、擦镜纸。

四、操作步骤

（一）观察前的准备

（1）练习观察　将显微镜置于平稳的实验台上，镜座距实验台边沿约为4cm。坐正，练习用左眼观察。

（2）调节光源　将低倍物镜转到工作位置，把光圈完全打开，聚光器升至与载物台相距1mm左右。转动反光镜采集光源，光线较强的天然光源宜用平面镜，光线较弱的或人工光源宜用凹面镜，对光至视野内均匀明亮为止。观察染色装片时，光线宜强；观察未染色装片时，光线不宜太强。

（二）低倍镜观察染色装片

首先上升镜筒，将金黄色葡萄球菌染色装片置于载物台上，用标本夹夹住，将观察位置移至物镜正下方，物镜降至距装片0.5cm处，适当缩小光圈然后两眼从目镜观察，转动粗调节器使物镜逐渐上升（或使镜台下降）至发现物像时，改用细调节器调节到物像清楚为止。移动装片，把合适的观察部位移至视野中心。

（三）高倍镜观察

眼睛离开目镜从侧面观察，旋转转换器，将高倍镜转至正下方，注意避免镜头与玻片相撞。再由目镜观察，仔细调节光圈，使光线的明亮度适宜。用细调节器校正焦距使物镜清晰为止。不要移动装片位置，准备用油镜观察。

（四）油镜观察

（1）提起镜筒约2cm，将油镜转至正下方。在玻片标本的镜检部位（镜头的正下方）滴一滴香柏油。

（2）从侧面注视，小心慢慢降下镜筒，使油镜浸在油中至油圈不扩大为止，镜头几乎与装片接触，但不可压及装片，以免压碎玻片，损坏镜头。

（3）将光线调亮，左眼从目镜观察，用粗调节器将镜筒徐徐上升（切忌反方向旋转），当视野中有物像出现时，再用细调节器校正焦距。如因镜头下降未到位或镜头上升太快未找到物像，必须再从侧面观察，将油镜降下，重复操作直至物像看清为止。仔细观察并绘图。

（4）提起镜筒，换上其他的染色装片，依次用低倍镜、高倍镜和油镜观察，并绘图。重复观察时可比第一次少加香柏油。

（五）镜检完毕后的工作

（1）移开物镜镜头。

（2）取出装片。

（3）清洁油镜，油镜使用完毕后，须用擦镜纸擦去镜头上的香柏油，再用擦镜纸沾少许二甲苯擦掉残留的香柏油，最后再用干净的擦镜纸擦干残留的二甲苯。

（4）擦净显微镜，将各部分还原。将接物镜呈“八”字形降下，不可使其正对聚光器，同时降下聚光器，转动反光镜使其镜面垂直于镜座。最后套上镜罩，对号放入镜箱中，置阴凉干燥处存放。

思考题

（1）分别绘出在油镜下观察到的枯草芽孢杆菌及金黄色葡萄球菌的形态，并注明物镜与目镜的放大倍数。

（2）用油镜便于观察细菌的依据是什么？

（3）使用油镜应特别注意哪些问题？

（4）当物镜从低倍镜转到高倍镜和油镜时，对照明度有何要求？应如何调节？

实训二　细菌的革兰氏染色

细菌的革兰氏染色

一、实训目的

掌握细菌涂片及革兰氏染色法步骤。

二、实训材料和器具

金黄色葡萄球菌、大肠杆菌菌液，革兰氏染色液（结晶紫染液、卢戈氏碘液、95%乙醇、石炭酸复红液等）、香柏油、二甲苯。

显微镜、擦镜纸、双层纱布、接种环、载玻片、吸水纸、试管、小滴管、酒精灯等。

涂片的制作

三、操作步骤

（一）制片

（1）准备载玻片　载玻片应洁净、无油污，否则应先擦干净。方法是先用左手食指和拇指捏住载玻片两端，滴上 2~3 滴 95%乙醇，用洁净的双层纱布反复捻转擦干净，然后在酒精灯火焰上烘烤几次，烘烤面向上放于实验台上。

（2）涂片　用无菌操作方法从试管中蘸取菌液一环，用接种环在载玻片上做一薄匀、直径约 1cm 的膜。涂菌后将接种环火焰灭菌。

（3）干燥　载玻片于空气中自然干燥，也可将其置于火焰上部略加温加速干燥（温度不宜过高）。

（4）固定　目的是杀死细菌并使细菌黏附在玻片上，便于染料染色，常用加热法，即将细菌涂片膜向上，通过火焰三次，以热而不烫为宜，防止菌体烧焦、变形。此制片可用于染色。

（二）染色

（1）初染：于制片上滴加结晶紫染液，染 1min 后，用水洗去剩余染料。

（2）媒染：滴加卢戈氏碘液，1min 后水洗。

（3）脱色：滴加 95%乙醇脱色，摇动玻片至紫色不再被乙醇脱褪为止（根据涂片的厚度需时 30s 至 1min），水洗。

（4）复染：滴加石炭酸复红液复染 1min，水洗。

（5）用吸水纸吸干，用油镜镜检。

（三）结果

革兰氏阳性菌染成蓝紫色，革兰氏阴性菌染成淡红色。

（四）检测未知菌

用以上方法对未知菌进行革兰氏染色，并绘图，记录染色结果。

思考题

1. 绘图

（1）绘制大肠杆菌革兰氏染色视野图。

（2）绘制金黄色葡萄球菌革兰氏染色视野图。

2. 记录革兰氏染色方法步骤

（1）在实验过程中，标本在初染、媒染、酒精脱色、复染后各呈现何种颜色。

（2）分析关系到染色成败的关键步骤是什么？

实训三　细菌的特殊染色及放线菌的形态观察

一、实训目的

了解细菌芽孢、鞭毛及荚膜染色的原理，掌握芽孢、鞭毛及荚膜染色方法；辨认放线菌的营养菌丝、气生菌丝、孢子丝、孢子的形态；学习放线菌的观察方法。

二、实训材料和器具

枯草芽孢杆菌（*Bacillus subtilis*）、褐球固氮菌（*Azotobacter chroococcu*）的斜面菌种，细黄链霉菌（*Streptomyces micuoflavus*）的培养平皿，棘孢小单孢菌（*Micromonospora echinospora*）的玻璃纸培养平皿，普通变形菌（*Proteus vulgaris*）及牛肉膏蛋白胨培养基斜面；鞭毛染色液、二甲苯、香柏油、蒸馏水、5%孔雀绿水溶液、0.5%沙黄水溶液（或0.05%碱性复红）、绘图墨水（用滤纸过滤后备用）、95%乙醇、石炭酸复红染液、0.1%美蓝染色液。

显微镜、接种环、酒精灯、载玻片、盖玻片、小试管（1cm×6.5cm）、烧杯（300mL）、滴管、试管夹、擦镜纸、吸水纸、镊子、涂布器、玻璃纸、打孔器、细玻棒、凹载玻片。

三、操作步骤

（一）细菌的特殊染色

1. 芽孢染色法

（1）方法一

①取37℃培养18~24h的枯草芽孢杆菌做涂片，并干燥、固定（参见“实训二　细菌的革兰氏染色”）。

②于载玻片上滴入3~5滴5%孔雀绿水溶液。

③用试管夹夹住载玻片在火焰上用微火加热，自载玻片上出现蒸汽时，开始计算时间，需4~5min。加热过程中切勿使染料蒸干，必要时可添加少许染料。

④倾去染液，待载玻片冷却后，用自来水冲洗至孔雀绿不再褪色为止。

⑤用0.5%沙黄水溶液（或0.05%碱性复红）复染1min，水洗。

⑥制片干燥后用油镜观察。芽孢呈绿色，菌体呈红色。

（2）方法二

①加1~2滴自来水于小试管中，用接种环从斜面上挑取2~3环培养18~24h的枯草芽孢杆菌菌苔于试管中，并充分混匀打散，制成浓稠的菌液。

②加 5%孔雀绿水溶液 2~3 滴于小试管中，用接种环搅拌使染料与菌液充分混合。

③将此试管浸于沸水浴（烧杯）中，加热 15~20min。

④用接种环从试管底部挑数环菌于洁净的载玻片上，并涂成薄膜，将涂片通过微火 3 次固定。

⑤水洗，至流出的水中无孔雀绿颜色为止。

⑥加沙黄水溶液，染 2~3min 后，倾去染液，不用水洗，直接用吸水纸吸干。

⑦干燥后用油镜观察。芽孢绿色，菌体红色。

2. 荚膜染色法

（1）石炭酸复红染色

①取培养了 72h 的褐球固氮菌制成涂片，自然干燥（不可用火焰烘干）。

②滴入 1~2 滴 95%乙醇固定（不可加热固定）。

③加石炭酸复红染液染色 1~2min，水洗，自然干燥。

④在载玻片一端加 1 滴墨汁，另取一块边缘光滑的载玻片与墨汁接触，再以匀速推向另一端，涂成均匀的一薄层，自然干燥。

⑤干燥后用油镜观察。菌体红色，荚膜无色，背景黑色。

（2）背景染色

①先加 1 滴墨水于洁净的玻片上，并挑少量褐球固氮菌与之充分混合均匀。

②放一清洁盖玻片于混合液上，然后在盖玻片上放一张吸水纸，向下轻压，吸收多余的菌液。

③干燥后用油镜观察。背景灰色，菌体较暗，在其周围呈现一明亮的透明圈即荚膜。

3. 鞭毛染色法

（1）活化菌种　将保存的变形菌在新制备的普通牛肉膏蛋白胨斜面培养基上连续移种 2~3 次，每次于 30℃培养 10~15h。活化菌种备用。

（2）制片　在干净载玻片的一端滴 1 滴蒸馏水，用无菌操作法，以接种环从活化菌种中取少许菌苔（注意不要带培养基），在载玻片的水滴中轻沾几下。将载玻片稍倾斜，使菌液随水滴缓缓流到另一端，然后平放，于空气中干燥。

（3）染色

①滴加鞭毛染色液 A 液，染 3~5min。

②用蒸馏水充分洗净 A 液，使背景清洁。

③将残水沥干或用 B 液冲去残水。

④滴加 B 液，在微火上加热使微冒蒸汽，并随时补充染料使之不干涸，染色 30~60s。

⑤待冷却后，用蒸馏水轻轻冲洗干净，自然干燥或用滤纸吸干。

（4）镜检　先用低倍镜和高倍镜找到典型区域，然后用油镜观察。菌体为深褐色，鞭毛为褐色。注意观察鞭毛着生位置（镜检时应多找几个视野，有时只在部分涂片上染出鞭毛）。

（二）放线菌的形态观察

1. 观察自然生长状态的放线菌

用镊子小心取出用插片法培养的细黄链霉菌培养皿中的一张盖玻片，将其背面附着的菌丝体擦净。然后将长有菌的一面向上放在洁净的载玻片上，用低倍镜、高倍镜观察。找出3类菌丝及其分生孢子，并绘图。注意放线菌的基内菌丝、气生菌丝的粗细和色泽差异。

2. 水封片观察

取1滴美蓝染色液置于载玻片中央，将用搭片法培养的棘孢小单孢菌培养皿中的盖玻片取出，放在载玻片上，浸在染色液中，制成水封片，用高倍镜观察其单个分生孢子及其基内菌丝，并绘图。

3. 玻璃纸法的镜检观察

（1）直接玻璃纸观察　分别用细黄链霉菌和棘孢小单孢菌的玻璃纸制片观察。制片时，于载玻片上放一小滴蒸馏水，将含菌玻璃纸片小心剪下一小块，移至载玻片上，并使有菌面向上。在玻璃纸与载玻片间不能有气泡，以免影响观察。将制片于显微镜下观察，先用低倍镜观察菌的立体生长状况，再用高倍镜仔细观察。注意区分细黄链霉菌的基内菌丝、气生菌丝和弯曲状或螺旋状的孢子丝。观察棘孢小单孢菌时注意把视野亮度调暗，其基内菌丝纤细发亮，其单个分生孢子发暗，直接生长在基内菌丝长出的小梗上。绘图。

（2）印片染色法观察　用镊子取洁净载玻片并微微加热，然后用这微热载玻片盖在长有细黄链霉菌或棘孢小单孢菌的平皿上，轻轻压一下，注意将载玻片垂直放下和取出，以防载玻片水平移动而破坏放线菌的自然形态。反转有印痕的载玻片微微加热固定。用石炭酸复红染色1min，水洗，晾干。用油镜观察，绘图。注意比较两种菌的形态特征有何不同。

思考题

1. 绘图

（1）绘制枯草芽孢杆菌的菌体及芽孢形态、芽孢的着生位置。

（2）绘制褐球固氮菌菌体及荚膜的形态。

（3）绘制变形菌的形态及鞭毛着生情况。

（4）绘制玻璃纸法、水封片法、印片法及自然生长状态下观察的放线菌形态。

2. 比较异同

试比较细黄链霉菌与棘孢小单孢菌特征的异同。

知识拓展

一、插片法和搭片法培养放线菌

1. 插片法［图 9-3（1）］

（1）制平板、接种　用冷却至约 50℃的高氏 1 号琼脂培养基倒平板（每皿约 20mL），可用两种方法接菌：①先接种后插片：冷凝后用接种环挑取少量斜面上的细黄链霉菌孢子，用平板培养基的一半面积做来回划线接种（接种量可适当加大）。②先插片后接种：用平板培养基的另一半面积进行。

（2）插片及培养　用无菌镊子取无菌盖玻片，在已接种平板上以 45°斜插入培养基内，插入深度约占盖玻片 1/2 长度。同时，在另一半未经接种的部位以同样方式插入数块盖玻片，然后接种少量细黄链霉菌孢子至盖玻片一侧的基部，且仅接种于其中央位置占盖玻片长度的一半左右，以免菌丝蔓延至盖玻片的另一侧。将插片平板倒置于培养箱中，28℃，培养 3~7d。

2. 搭片法［图 9-3（2）］

（1）开槽及接种　用无菌打孔器在凝固后的平板培养基上打洞数个，并将棘孢小单孢菌孢子划线接种至洞内边缘。

（2）插片及培养　在接种后的洞面上放一无菌盖玻片平板倒置于 28℃，培养 3~7d。

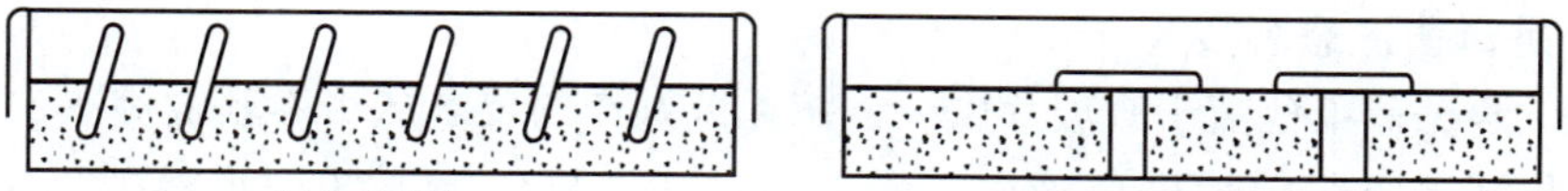

（1）插片法　　（2）搭片法

图 9-3　放线菌的插片与搭片培养示意图

二、玻璃纸法固体培养细黄链霉菌和棘孢小单孢菌

1. 玻璃纸灭菌

将玻璃纸剪成比培养皿直径略小的片状，将滤纸剪成培养皿大小的圆形纸片并稍润湿，然后把湿滤纸和玻璃纸交互重叠地放在培养皿中，借滤纸将玻璃纸隔开。然后进行湿热灭菌，备用。

2. 制平板及铺玻璃纸

取冷凝后的高氏 1 号琼脂培养基，用无菌镊子将预先灭菌的块状玻璃纸平铺至平板培养基表面，铺玻璃纸时可用无菌涂布器将玻璃纸与培养基之间的气泡除去。

3. 涂布菌液及培养

0. 1mL 的孢子悬液涂布在铺有玻璃纸的平板培养基表面。接种平板倒置于 28℃，培养 5~7d。

实训四　霉菌和酵母菌的形态观察

细菌的简单染色

一、实训目的

自然界存在着大量的微生物，它们的菌落、形态各异，通过观察霉菌和酵母菌的形态和菌落，掌握它们的特征，并能够识别它们。

二、实训材料和器具

青霉、黑曲霉、黑根霉、总状毛霉、酿酒酵母等斜面菌种，美蓝染色液。

透明胶带、剪刀、培养皿、载玻片、镊子、显微镜、接种环、擦镜纸、盖玻片等。

三、操作步骤

1. 霉菌形态观察

取 1 滴美蓝染色液置于载玻片中央，打开霉菌平板培养物，取一段透明胶带，蘸取菌体，放在染液上。将载玻片直接置于低倍镜和高倍镜下观察黑曲霉、青霉、总状毛霉、黑根霉等霉菌的形态，重点观察菌丝是否分隔，曲霉和青霉的分生孢子形成特点，曲霉的足细胞，根霉的假根及从根节上分化出的孢子囊梗、孢子囊、孢囊孢子和两个假根间的匍匐菌丝，毛霉的孢子囊和孢囊孢子。

2. 酵母菌形态观察

取 1 滴美蓝染色液于载玻片中央，按无菌操作的要求从培养基上挑取少量的酵母菌，将其置于载玻片染色液中，盖上盖玻片，显微镜下仔细观察酵母菌形态、出芽生殖情况、假菌丝等。

思考题

绘制镜检形态图：

（1）绘制毛霉和根霉形态图，示出各部。

（2）绘制青霉和曲霉形态图，示出各部。

（3）绘制数个酵母菌细胞，示出观察到的结构。

实训五　微生物细胞大小的测量

一、实训目的

了解目镜测微尺和镜台测微尺的构造和使用原理，掌握微生物细胞大小的测定方法。

二、实训原理

微生物细胞的大小是微生物重要的形态特征之一，由于菌体很小，只能在显微镜下测量。用于测量微生物细胞大小的工具有目镜测微尺和镜台测微尺。

目镜测微尺（图 9-4）是一块圆形玻片，在玻片中央把 5mm 长度刻成 50 等分，或把 10mm 长度刻成 100 等分。测量时，将其放在接目镜中的隔板上（此处正好与物镜放大的中间像重叠）来测量经显微镜放大后的细胞物像。由于不同目镜、物镜组合的放大倍数不相同，目镜测微尺每格实际表示的长度也不一样，因此目镜测微尺测量微生物大小时须先用置于镜台上的镜台测微尺校正，以求出在一定放大倍数下，目镜测微尺每小格所代表的相对长度。

镜台测微尺（图 9-5）是中央部分刻有精确等分线的载玻片，一般将 1mm 等分为 100 格，每格长 10μm（即 0.01mm），是专门用来校正目镜测微尺的。校正时，将镜台测微尺放在载物台上。

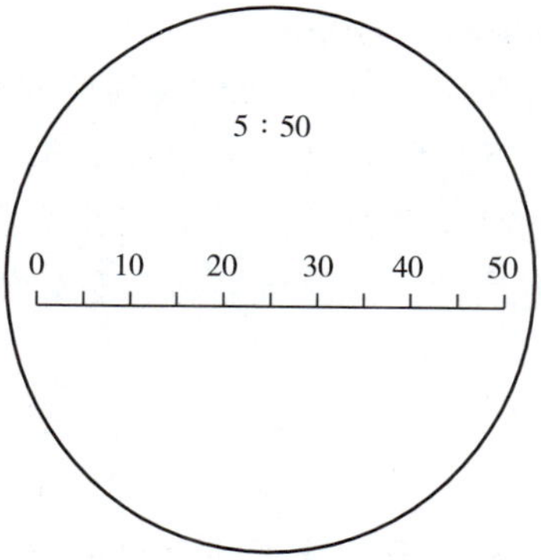

图 9-4　目镜测微尺

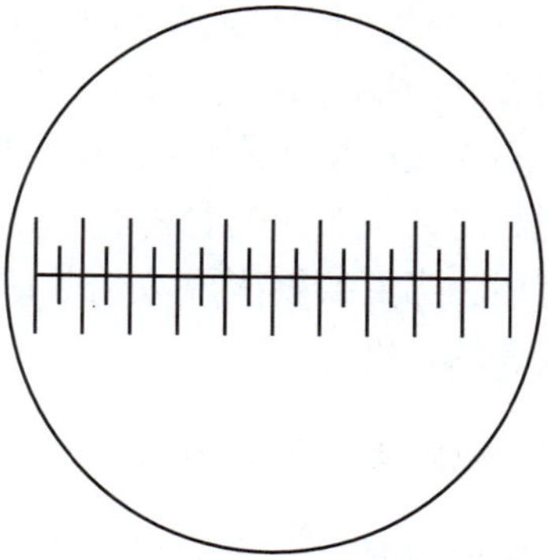
图 9-5　放大的镜台测微尺

由于镜台测微尺与细胞标本是处于同一位置，都要经过物镜和目镜的两次放大成像进入视野，即镜台测微尺随着显微镜总放大倍数的放大而放大，因此从镜台测微尺上得到的读数就是细胞的真实大小，所以用镜台测微尺的已知长度在一定放大倍数下校正目镜测微尺，即可求出目镜测微尺每格所代表的长度，然后移去镜台测微尺，换上待测标本片，用校正好的目镜测微尺在同样放大倍数下测量微生物大小。

三、实训材料和器具

金黄色葡萄球菌（*Staphylococcus aureus*）、枯草芽孢杆菌（*Bacillus subtilis*）的染色装片，香柏油、二甲苯。

显微镜、目镜测微尺、镜台测微尺、擦镜纸。

四、操作步骤

（一）目镜测微尺的校正

把目镜的上透镜旋下，将目镜测微尺的刻度朝下轻轻地装入目镜的隔板上，把镜台测微尺置于载物台上，刻度朝上。先用低倍镜观察，对准焦距，视野中看清镜台测微尺的刻度后，转动目镜，使目镜测微尺与镜台测微尺的刻度平行，移动推动器，使两尺重叠，再使两尺的“0”刻度完全重合，定位后，仔细寻找两尺第二个完全重合的刻度，计数两重合刻度之间目镜测微尺的格数和镜台测微尺的格数。因为镜台测微尺的刻度每格长 10μm，所以由校正公式可以算出目镜测微尺每格所代表的长度。

校正公式：目镜测微尺每格长度（μm）=（两重合线间镜台测微尺的格数×10）/两重合线间目镜测微尺的格数

例如目镜测微尺 5 小格正好与镜台测微尺 5 小格重叠，已知镜台测微尺每小格为 10μm，则目镜测微尺上每小格长度为=5×10μm/5=10μm。

用同法分别校正在高倍镜下和油镜下目镜测微尺每小格所代表的长度。

由于不同显微镜及附件的放大倍数不同，因此校正目镜测微尺必须针对特定的显微镜和附件（特定的物镜、目镜、镜筒长度）进行，而且只能在特定的情况下重复使用，当更换不同放大倍数的目镜或物镜时，必须重新校正目镜测微尺每一格所代表的长度。

（二）细胞大小的测定

移去镜台测微尺，换上细菌的染色玻片，先在低倍镜下找到目的物，然后在高倍镜、油镜下用目镜测微尺测量菌体的长、宽各占几格（不足一格的部分估计到小数点后一位数）。测出的格数乘上目镜测微尺每格的校正值，即等于该菌的长和宽。一般测量菌体的大小要在同一个标本片上测定 10~20 个菌体，求出平均值，才能代表该菌的大小，而且一般是用对数生长期的菌体进行测定。

思考题

（1）将实验结果填入表 9-1~表 9-3。

表 9-1　目镜测微尺校正结果

物镜	目尺格数	台尺格数	目尺校正值/μm
10×			
40×			
100×			

表 9-2　金黄色葡萄球菌大小测定记录（格）

	1	2	3	4	5	6	7	8	9	10	11	12	13	14	15	平均值
菌体大小																
直径																

表 9-3　枯草芽孢杆菌大小测定记录（格）

	1	2	3	4	5	6	7	8	9	10	11	12	13	14	15	平均值
菌体大小																
长																
宽																

结果计算：　　长（μm）= 平均格数×校正值
　　　　　　　宽（μm）= 平均格数×校正值

大小表示：　　长（μm）×宽（μm）

（2）为什么更换不同放大倍数的目镜和物镜时必须重新用镜台测微尺对目镜测微尺进行标定？

（3）若目镜不变，目镜测微尺也不变，只改变物镜，那么目镜测微尺每格所测量的镜台上的菌体细胞的实际长度（或宽度）是否相同？为什么？

实训六　血球计数板计数法

微生物的显微镜直接计数法

一、实训目的

掌握血球计数板计算微生物细胞数目的方法。

二、实训原理

血球计数板是一块特制的厚玻片，上刻有一定深度和宽度的小方格网，测数时在显微镜下直接计数单位容积内分散的单个菌体，则可换算出一定容积中的微生物细胞数。

三、实训材料和器具

菌种、无菌水。

无菌吸管、显微镜、血球计数板等。

四、操作步骤

血球计数板的玻片上有四道槽构成三个平台，中间的平台分成两半，其上下各有一个小方格网（图 9-6）。平台Ⅱ比平台Ⅰ和Ⅰ′低，加上盖玻片Ⅲ后，形成一个高度为 0.1mm 的空隙（图 9-7）。

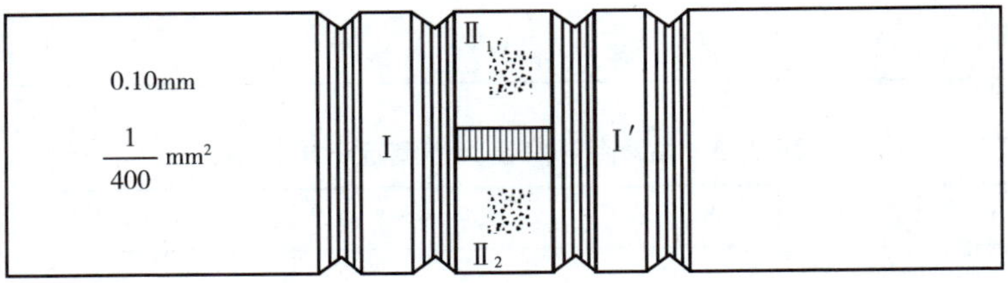

图 9-6　血球计数板平面图

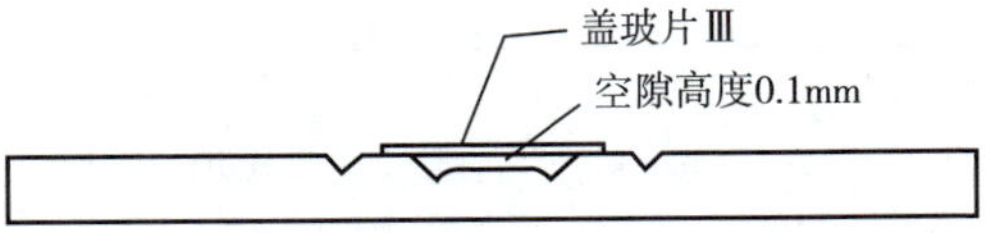

图 9-7　血球计数板侧面图

方格网内有许多小方格，其刻度有两种，一种为 25 大格，每大格分成 16 小格；另一种为 16 大格，每大格分为 25 小格。总数都是 400 小格（图 9-8）。每小格边长为 0.05mm，其面积为 $0.0025mm^2$，深度为 0.1mm，故每小格容积为 $0.00025mm^3$，即 $1/4000mm^3$。

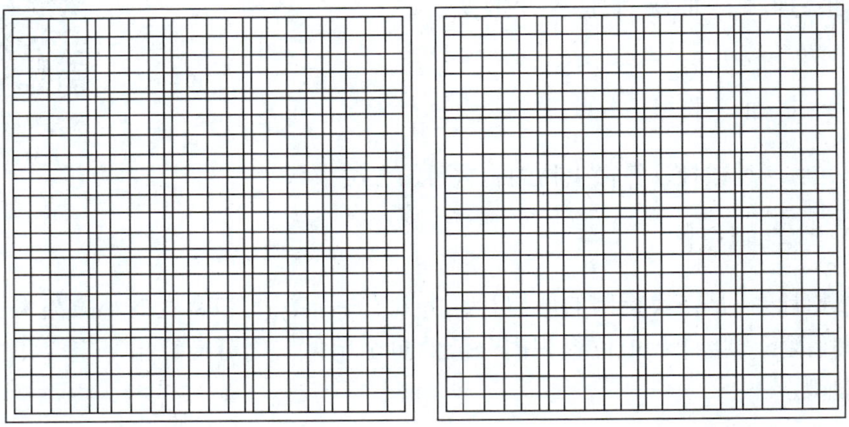

（1）16大格×25小格　　（2）25大格×16小格

图 9-8　血球计数板计数室

计数时，取清洁干燥的血球计数板，加盖玻片盖住网格和两边的槽。然后将稀释 100 倍待测摇匀的菌液，用无菌吸管吸取少许向盖玻片边缘靠一靠，使菌液渗入网格内（如产生气泡，需洗净擦干重做）。静置 5~10min，先在低倍镜下找到小方格网，再换高倍镜观察计数。计数时要上、下调动细螺旋，以便看到小室内不同深度的菌体。位于方格线上的菌体，只数两条边上的（计左不计右，计上不计下）。用刻度为25×16（大格）的计数板，只数四角的4个大格（100小方格）内的菌数；用刻度为16×25（大格）的计数板，则需数5个大格（四角4个及中央1个，80个小方格）的菌数。每个样品需重复计数2~3次，取平均数按下式计算菌数。

刻度为25×16（大格）的计数板：

$$\text{菌数（个/mL）}=\frac{100\text{小方格内菌数}}{100}\times 4000000\times\text{稀释倍数}$$

刻度为16×25（大格）的计数板：

$$\text{菌数（个/mL）}=\frac{80\text{小方格内菌数}}{80}\times 4000000\times\text{稀释倍数}$$

五、实训报告

（1）计算每毫升菌液中所含酵母细胞数。

（2）测定某微生物产品的活菌数。

思考题

1. 用血球计数板计数时，哪些步骤易造成误差？

2. 制平板时，为什么要将已熔化的琼脂培养基冷却到50℃左右才能倾入装有菌液的培养皿内？

实训七　培养基的配制

培养基的配制

一、实训目的

（1）学习并掌握配制培养基的一般方法和步骤。

（2）学习并掌握棉塞的制作方法。

二、实训原理

培养基是人工配制各种营养物质，供微生物生长繁殖的基质，用以培养、分离、鉴定、保存各种微生物或积累代谢产物。在自然界中，微生物种类繁多，营养类型多样，加上实验和研究的目的不同，所以培养基的种类很多，但不论是何种培养基，均应含有水分、碳源、氮源、能源、无机盐等。不同微生物对pH要求不一样，所以配制培养基时，还应根据不同微生物对pH的要求，将培养基调到合适的pH范围。

三、实训材料和器具

牛肉膏、蛋白胨、琼脂、可溶性淀粉、葡萄糖、孟加拉红、链霉素、10%NaOH、

10%HCl、1mol/L NaOH、1mol/L HCl、KNO_3、NaCl、$K_2HPO_4 \cdot 3H_2O$、$MgSO_4 \cdot 7H_2O$、$FeSO_4 \cdot 7H_2O$ · 豆芽浸汁（1%）。

试管、三角瓶、烧杯、量筒、培养皿、玻璃棒、天平、牛角匙、pH 试纸、棉花、牛皮纸、记号笔、滤纸、纱布、培养基漏斗分装装置。

四、操作步骤

（一）培养基的配制

1. 牛肉膏蛋白胨培养基的配制

牛肉膏蛋白胨培养基是一种普通而又应用最广泛的细菌基础培养基。其配方如下：牛肉膏 3g，蛋白胨 10g，NaCl 5g，琼脂 15~20g，水 1000mL，pH 7.4~7.6。

（1）称量和溶解　药品实际用量计算后，按培养基配方逐一称取牛肉膏、蛋白胨等营养成分依次放入烧杯中（液体培养基不加琼脂）。牛肉膏可放在小烧杯或表面皿中称量，用热水溶解后倒入大烧杯；也可放在称量纸上称量，随后一起放入热水中，牛肉膏便与称量纸分离，立即取出纸片。蛋白胨极易吸潮，故称量时要迅速。

（2）加热溶解　在烧杯中加入少于所需要的水量，然后放在石棉网上，小火加热，并用玻璃棒搅拌，待药品完全溶解后再补充水分至所需量。若配制固体培养基，则将称好的琼脂放入已溶解的药品中，再加热溶解，此过程中，需不断搅拌，以防琼脂煳底或溢出，最后补充所失的水分。

（3）调 pH　检测培养基的 pH，若 pH 偏酸，可滴加 1mol/L NaOH，边加边搅拌，并随时用 pH 试纸检测，直至达到所需 pH 范围。若偏碱，则用 1mol/L HCl 进行调节。应注意 pH 不要调过头，以免回调而影响培养基内各离子的浓度。

（4）过滤　液化培养基可用滤纸过滤，固体培养基可用 4 层纱布趁热过滤，去除杂质便于观察。但是供一般使用的培养基，可省略过滤步骤。

（5）分装　按实验要求，将配制的培养基分装入试管或三角瓶内。分装时可用三角漏斗以免使培养基沾在管口或瓶口上造成污染。培养基漏斗分装装置见图 9-9。

分装量：固体培养基约为试管高度的 1/5，灭菌后制成斜面；分装入三角瓶内以不超过其容积的一半为宜。半固体培养基以试管高度的 1/3 为宜，灭菌后垂直待凝。

（6）加棉塞　培养基分装完毕后，在试管口或三角烧瓶口上塞上棉塞［或泡沫塑料塞或试管帽等，图 9-10（1）］，以阻止外界微生物进入培养基内造成污染，并保证有良好的通气性能。

（7）捆扎　加塞后，将全部试管用麻绳或橡皮筋捆好，再在棉塞外包一层牛皮纸（有条件的实验室，可用市售的铝箔代替牛皮纸，省去用绳扎，而且效果好），以防止灭菌时冷凝水润湿棉塞，其外再用一道麻绳或橡皮筋扎好［图 9-10（2）］，用记号笔注明培养基名称、组别、配制日期。

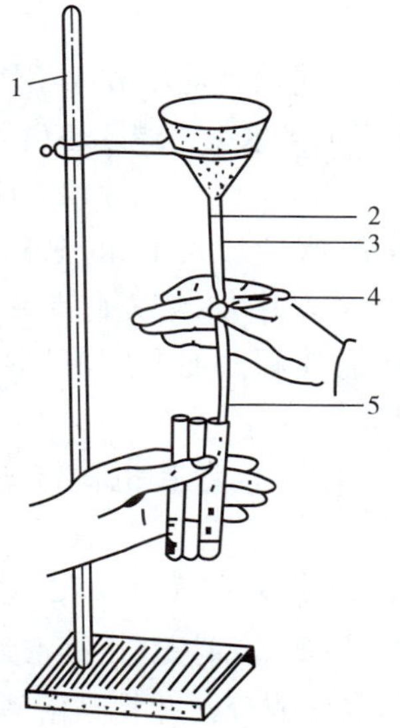

图 9-9　培养基漏斗分装装置

1—铁架　2—漏斗　3—乳胶管　4—弹簧夹　5—玻管

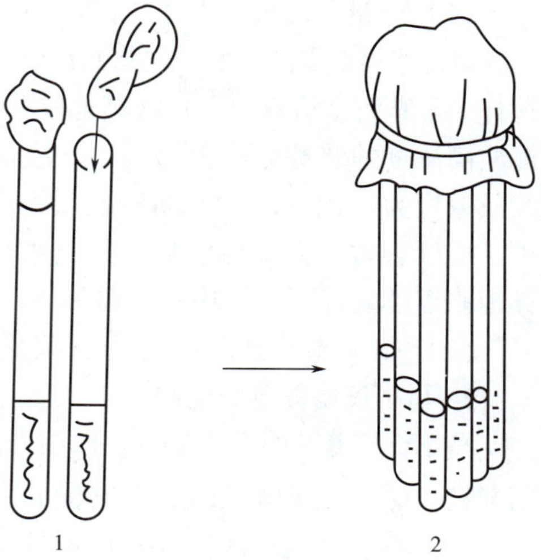

图 9-10　琼脂培养基先加棉塞再捆扎

1—加棉塞　2—捆扎

（8）灭菌　将上述培养基以 0.103MPa，121℃，20min 高压蒸汽灭菌。

（9）摆斜面　将灭菌的试管培养基冷至 50℃左右（以防斜面上冷凝水太多），将试管口端搁在玻璃棒或其他合适高度的器具上，使斜面长度不超过试管总长的一半（图 9-11）。

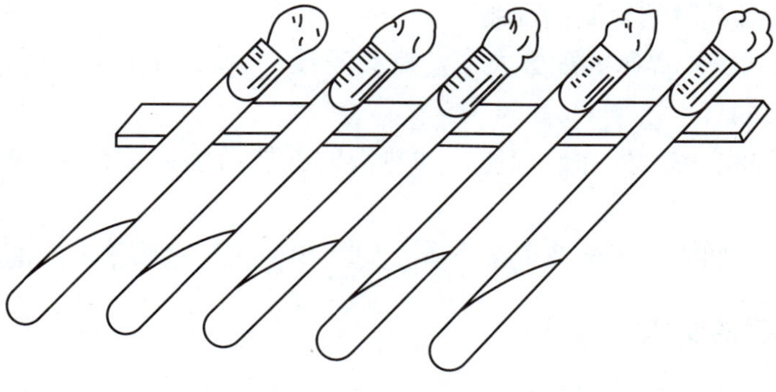

图 9-11　试管斜面的摆法

（10）无菌检查　将灭菌培养后的培养基放入 37℃的恒温箱中培养 24～48h，以检查灭菌是否彻底。

2. 高氏 1 号培养基的配制

高氏 1 号培养基是用于分离和培养放线菌的合成培养基。其配方如下：可溶性淀粉 20g，KNO_3 1g，NaCl 0.5g，$K_2HPO_4 \cdot 3H_2O$ 0.5g，$MgSO_4 \cdot 7H_2O$ 0.5g，$FaSO_4 \cdot 7H_2O$

0.01g，琼脂15~20g，水1000mL，pH 7.4~7.6。

(1) 称量和溶解　先计算后称量，按用量先称取可溶性淀粉放入小烧杯中，并用少量冷水将其调成糊状，再将其加到少于所需水量的沸水中，继续加热，边加热边搅拌，至其完全溶解，再加入其他成分依次溶解。对微量成分 $FeSO_4 \cdot 7H_2O$，可先配成高浓度的储备液后再加入，方法是先在100mL水中加入1g的 $FeSO_4 \cdot 7H_2O$，配成浓度为0.01g/mL的储备液，再在1000mL培养基中加入以上储备液1mL即可。待所有药品完全溶解后，补充水分到所需的总体积。如要配制固体培养基，其琼脂溶解过程同“牛肉膏蛋白胨培养基的配制”。

(2) pH调节、分装、包扎、灭菌及无菌检查　同“牛肉膏蛋白胨培养基的配制”。

3. 马丁氏培养基的配制

马丁氏培养基的配方如下：$K_2HPO_4 \cdot 3H_2O$ 1g，$MgSO_4 \cdot 7H_2O$ 0.5g，蛋白胨5g，葡萄糖10g，琼脂15~20g，水1000mL，自然pH。具有孟加拉红、链霉素等。

(1) 称量和溶解　先计算后称量，按用量称取各成分，并将其溶解在少于所需量的水中。待各成分完全溶解后，补充水分到所需体积。再将孟加拉红配成1%的水溶液，在1000mL培养液中加入1%孟加拉红溶液3.3mL，混匀后，加入琼脂加热溶解，方法同“牛肉膏蛋白胨培养基的配制”。

(2) 分装、捆扎、灭菌及无菌检查　同“牛肉膏蛋白胨培养基的配制”。

(3) 加入链霉素　链霉素可防止细菌生长，但由于链霉素受热易分解，所以临用时，将培养基熔化后待温度降至45℃左右时才能加入。可先将链霉素配成1%的溶液，在100mL培养基中加入1%的链霉素0.3mL，使每毫升培养基中含链霉素30μg。

4. 豆芽汁葡萄糖培养基的配制

豆芽汁葡萄糖培养基的配方如下：豆芽浸汁（1%）100mL，葡萄糖5g，琼脂1.5~2g，自然pH。

(1) 称量和溶解　先称量琼脂，加热溶解，然后加入葡萄糖，待溶解后，与豆芽汁混合。

(2) 分装、捆扎、灭菌及无菌检查　同“牛肉膏蛋白胨培养基的配制”。

(二) 棉塞的制作

棉塞的作用：一是防止杂菌污染；二是可过滤空气，保证通气良好，并可减缓培养基水分的蒸发，所以正确地制备棉塞是培养基制备中重要的一环。正确的棉塞是形状、大小、松紧应与试管口（或三角烧瓶）完全适合。过紧则妨碍空气流通，使操作不便；过松时，空气会毫无障碍地进入试管（或三角烧瓶）中，达不到灭菌的目的。棉塞过小往往易掉进试管内，因此棉塞质量的优劣对实验的结果有很大的影响。正确的棉塞头较大，加塞时，应使棉塞长度的1/3留在试管口外，2/3在试管口内（图9-12）。目前，有条件的实验室已使用坚固的塑料试管帽、金属试管帽、硅胶泡沫塞替代棉塞。制作棉塞要选纤维较长的棉花，一般不选用脱脂棉，因为它容易吸水变湿，造成污染，而且价格也贵。棉塞制作方法见图 9-13。

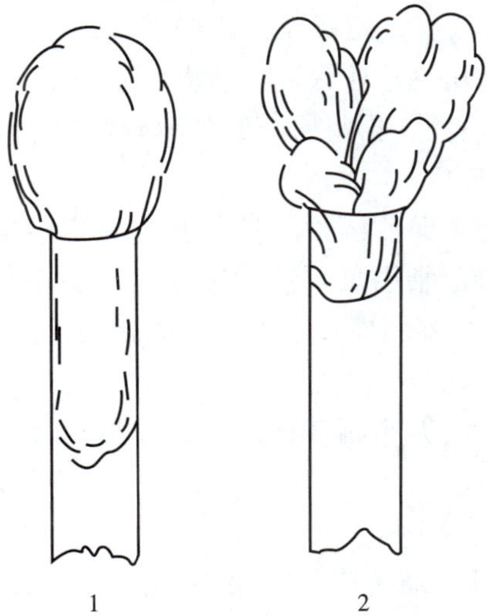

图 9-12　棉塞

1—正确　2，3—不正确

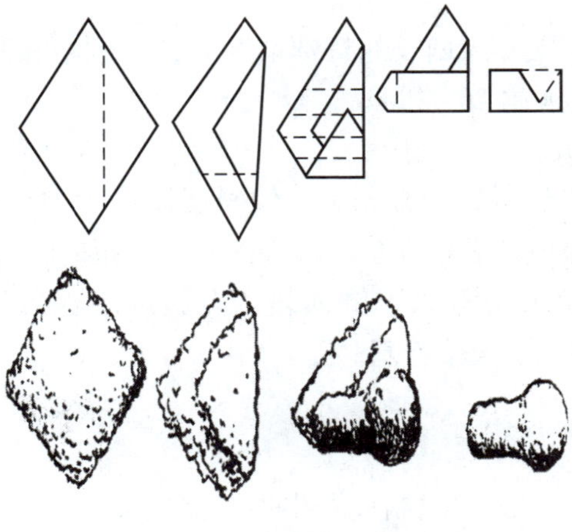

图 9-13　棉塞的制作方法

(三) 斜面与平板培养基的制作

斜面与平面培养基是常用的琼脂固体培养基。将熬制好的琼脂培养基趁热装入试管灭菌后摆斜面，凝固后即成斜面培养基。斜面培养基常用于菌种培养、菌种保藏等工作。将灭菌后的琼脂培养基倾注于无菌培养皿中，凝固后即成平板培养基。平板培养

斜面的无菌
接种技术

基常用于分离菌种、菌落计数、菌落形态观察及菌种鉴定等。斜面与平板培养基的制作过程大致为：溶解原料、溶化琼脂、调 pH、分装、灭菌和制斜面或平板。

1. 溶解原料

为加速原料的溶解，最好用热水。先将原料依次加入到占配制量一半的水中，待全部溶解后再加足水量。如配方中有马铃薯、麸皮、胡萝卜、豆芽等天然原料，需将其熬制约 30min，取出定量滤液，再将所需的其他原料加入滤液中。

2. 溶化琼脂

琼脂的用量可灵活掌握。用作保藏菌种的培养基，琼脂用量可提高至 2.5%，以增加持水性。冬季的气温低，琼脂用量可适当减少。琼脂用前可剪成小段，以利于溶化。待溶液煮沸时再加入，不断搅拌至完全无琼脂块状物时再停止加热。

3. 调整 pH

用洁净干燥的玻璃棒沾一点培养基滴在试纸上，立即与比色板比较。一般用 1mol/L NaOH 或 HCl 调节。

4. 分装

将培养基趁热倒入垫有纱布的漏斗中，使培养基直接滤至试管或三角瓶中，试管装量一般为管高的 1/4 左右，三角瓶的装量约为其容量的一半。勿使培养基玷污容器口部。口部塞有棉塞，试管每 7 或 9 支扎一捆，棉塞外面包牛皮纸，以防在灭菌过程中被水汽打湿。

5. 灭菌

分装后的培养基应随即灭菌。除特殊情况外，一般培养基均用高压蒸汽灭菌，在 0.103MPa 压力下，灭菌 20~30min。

6. 制作斜面或平板

将灭菌后的试管趁热斜置于棍条上，倾斜度以试管中的培养基约占试管长度的 1/2 为宜，凝固后即成斜面培养基。待灭菌后三角瓶内的培养基冷却至 45~50℃时，以无菌操作法向无菌培养皿中倒入培养基，以刚覆盖整个培养皿底部为宜(约 15mL)，凝固后即成平板培养基。

思考题

（1）培养基根据什么原理配制成？牛肉膏蛋白胨培养基中不同成分各起什么作用？

（2）配制培养基有哪几个步骤？在制备培养基的过程中应注意些什么问题？为什么？

（3）记录本实验配制培养基的名称、数量，并图解说明其配制过程，指明要点。

（4）培养基配制完成后，为什么必须立即灭菌？已灭菌的培养基如何进行灭菌检查？

实训八　培养基的消毒与灭菌

公共用品微生物的采样方法

一、实训目的

（1）学习并掌握各种灭菌方法的操作步骤。
（2）熟悉玻璃器皿的包扎方法。
（3）掌握高压蒸汽灭菌技术。

二、实训材料和器具

培养基的灵敏度检查

培养皿、试管、移液管、三角瓶、烧杯、量筒、高压蒸汽灭菌锅、纱布、棉花、牛皮纸（或报纸）、玻璃棒、记号笔、电烘箱。

三、操作步骤

1. 玻璃器皿的洗涤和包装

（1）洗涤　玻璃器皿在使用前必须洗涤干净。培养皿、试管、三角瓶等可用洗衣粉加去污粉洗刷并用自来水冲净。移液管先用洗液浸泡，再用水冲洗干净。洗刷干净的玻璃器皿自然晾干或放入烘箱中烘干、备用。

（2）包装

①移液管包装：将干燥的移液管的吸端用细铁丝塞入少许棉花构成1~1.5cm长的棉塞，以防细菌吸入口中，并避免将口中细菌吹入管内。棉塞要塞得松紧适宜，吸时既能通气，又不致使棉花滑入管内。将塞好棉花的移液管的尖端，放在4~5cm宽的长纸条的一端，移液管与纸条约成30°夹角，折叠包装纸包住移液管的尖端，用左手将移液管压紧，在桌面上向前搓转，纸条螺旋式地包在移液管外面，余下纸头折叠打结。包好的多个移液管可再用一张大的报纸包好。

②试管和三角瓶等的包装：用棉塞或泡沫塑料塞将试管管口和三角瓶瓶口部塞住，然后在棉塞与管口和瓶口的外面用两层报纸与细线（或用铝箔）包扎好，放在铁丝或铜丝篓内待灭菌。

③培养皿的包装：培养皿由一底一盖组成一套，用牛皮纸或报纸将每套培养皿（皿底朝里，皿盖朝外）包好。如果将培养皿放金属筒内进行干热灭菌，则不必用纸包。

空的玻璃器皿一般用干热灭菌，若用湿热灭菌，则要多用几层报纸包扎，外面最好加一层牛皮纸或铝箔。

2. 干热灭菌法

干热灭菌法适用于玻璃器皿，如试管、培养皿、三角瓶、移液管等的灭菌。

（1）装入待灭菌物品　预先将各种器皿用纸包好或装入金属制的培养皿筒、移液管筒内，然后放入电热烘箱中。

（2）升温　关好电烘箱门，打开电源开关，旋动恒温调节器至所需温度刻度（本实验所需为160~170℃），此时烘箱红灯亮，表明烘箱已开始加热。当温度上升至所设定温度后，则烘箱绿灯亮，表示已停止加温。

（3）恒温　当温度升到所需温度后，维持此温度2h。

（4）降温　切断电源，自然降温。

（5）取出灭菌物品　待电烘箱内温度降到50℃左右，才能打开箱门，取出灭菌物品。

注意：灭菌时温度不得超过170℃，以免包装纸烧焦；灭菌好的器皿应保存好，切勿弄破包装纸，否则会染菌。

3. 高压蒸汽灭菌法

该法使用高压灭菌锅，在121℃，0.103MPa压力下灭菌15~30min。微生物实验所需的一切器皿、器具、培养基（不耐高温者除外）、无菌水等都可用此法灭菌。

高压蒸汽灭菌锅是能耐一定压力的密闭金属锅，有立式（图9-14）或卧式（图9-15）两种。

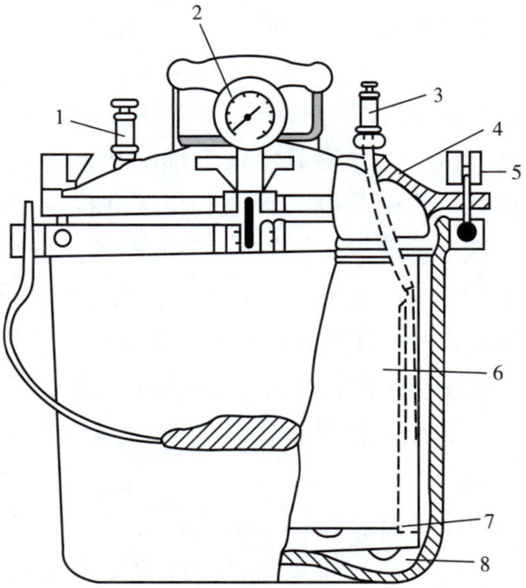

图9-14　立式灭菌锅

1—安全阀　2—压力表　3—放气阀　4—软管　5—紧固螺栓　6—灭菌桶　7—筛架　8—水

灭菌锅上附有压力表、排气阀、安全阀、加水口、排水口等，卧式灭菌锅还附有温度计，有的还有蒸汽入口。灭菌锅的加热源有电、煤气和蒸汽三种。

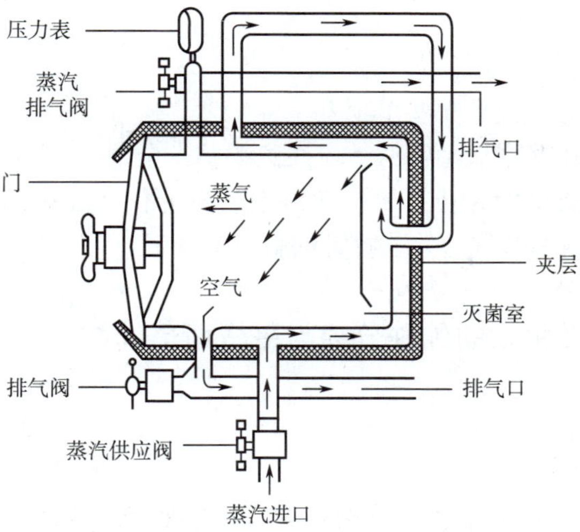

图 9-15　卧式灭菌锅

高压蒸汽灭菌的操作过程：

（1）加水　将灭菌锅内层灭菌桶取出，再向外层锅内加入适量的水，以水面与三脚架相平为宜。立式锅是直接加水至锅内底部隔板以下 1/3 处。有加水口者由加水口加入至止水线处。

（2）装料　将装料桶放回锅内，装入待灭菌的物品。放置装有培养基的容器时要防止液体溢出，瓶塞不要紧贴桶壁，以防冷凝水沾湿棉塞。

（3）加盖　摆正锅盖，对齐螺口，然后以同时旋紧相对的两个螺栓的方式拧紧所有螺栓，打开排气阀。

（4）排气　用电炉或煤气加热，待水煮沸后，水蒸气和空气一起从排气孔排出。一般认为，当排气流很强并有嘘声时，表明锅内空气已排净（沸后约 5min）。

（5）升压　当锅内空气排净时，即可关闭排气阀，压力开始上升。

（6）保压　当压力表指针达到所需压力刻度时，控制热源，开始计时并维持压力至所需时间。本实验用 121℃、20min 灭菌。

（7）降压　达到所需灭菌时间后，关闭热源，让压力自然下降到零后，打开排气阀。放净余下的蒸汽后，再打开锅盖，取出灭菌物品，排掉锅内剩余水。

（8）无菌检查　将已灭菌培养基冷却后置于 37℃ 恒温箱内培养 24h，若无菌生长，则放入冰箱或阴凉处保存备用。

4. 注意事项

（1）使用高压灭菌锅应严格按照操作程序进行，避免发生事故；灭菌时，操作者切勿擅自离开；务必待压力降到零后，才可打开锅盖。

（2）干热灭菌时电烘箱中物品不要摆得太拥挤，以免阻碍空气流通而影响灭菌效果；灭菌物品不要与电烘箱内壁的铁板接触，以防包装纸烤焦。

思考题

（1）干热灭菌时应注意哪些事项？

（2）在使用高压蒸汽灭菌锅时，应注意哪些安全事项？

（3）高压蒸汽灭菌中为什么要排净冷空气？为什么在灭菌后不能骤然快速降压，而应在放尽锅内的蒸汽后才能打开锅盖？

实训九　微生物的纯种分离与平板菌落计数

一、实训目的

了解纯种分离和平板菌落计数法的原理，熟悉无菌操作，掌握稀释分离法、划线分离法及混合平板的制作。

二、实训材料和器具

待分离样品、无菌培养基（用选择培养基）。

无菌培养皿（直径9cm）、无菌吸管（1mL）、无菌水三角瓶（内装90mL无菌生理盐水和几十粒玻璃珠）、无菌水试管（内装9mL无菌生理盐水）、接种室、接种箱或超净工作台、酒精灯、接种环、火柴等。

三、操作步骤

菌种分离或菌种移接需严格的无菌操作，否则会因杂菌的传入而导致操作失败。

菌种分离或移接工作应在无菌环境中进行，接种室、接种箱或超净工作台是常用的接种环境。用前先清洁好卫生，再进行消毒处理。可用紫外线灯和甲醛熏蒸的双重作用，或用2%来苏尔及其他表面消毒剂进行喷雾。

操作者的手应先用肥皂洗净，再用酒精棉球消毒；整个操作过程都要靠近酒精灯火焰；接种工具在用前和用后必须在灯焰上灭菌；棉塞不得乱放，操作中只能夹在手上；不能有跑、跳等力度大的动作，以免引起空气大震动而增加染菌机会。

纯种分离常用的是稀释分离法和划线分离法。

1. 稀释分离法

梯度稀释法

（1）样品稀释　一般固体样品取10g，液体样品取10mL，以无菌操作法将其加入到装有90mL无菌生理盐水的三角瓶中，充分振荡5~10min，制成10^{-1}菌悬液。

取一支无菌吸管，将口端、吸液端迅速通过酒精灯火焰2~3次，以杀灭在拆包装纸时可能污染的杂菌。左手持三角瓶，右手持吸管，并用右手的小指和无名指挟取棉塞，将吸管伸进三角瓶底部吸取菌液 1mL，随即注入到第一支无菌水试管中，混匀后即成 10^{-2} 菌液。再取另一支吸管吸取 1mL 10^{-2} 菌液，注入到第二支试管中，摇匀即成 10^{-3} 菌液。如此按 10 倍序列稀释至适宜稀释度。每换一个稀释度就需另取 1 支吸管。

（2）制混合平板　一般取用最后 2~3 个稀释度的菌液，用该稀释度的吸管吸取 1mL 菌液于无菌培养皿内，每个稀释度需做 2~3 个培养皿。随即倒入约 45℃的琼脂培养基（可放 45℃水浴锅中保温）约 15mL（图 9-16），以培养基刚覆盖皿底（约 3mm 厚）为宜，将培养皿在桌面上轻轻左右旋转，使菌液与培养基混合均匀，凝固后即成混合平板。每个培养皿底部外面要注明稀释度的标号。将凝固的混合平板倒置于瓷盘中，置于适宜温度条件下培养至长出菌落。根据菌落特征，将所需菌落移至斜面培养基上，再在适温下培养至长满斜面，即为初步纯化的菌种。再经 2~3 次纯化就能达到很纯的效果。

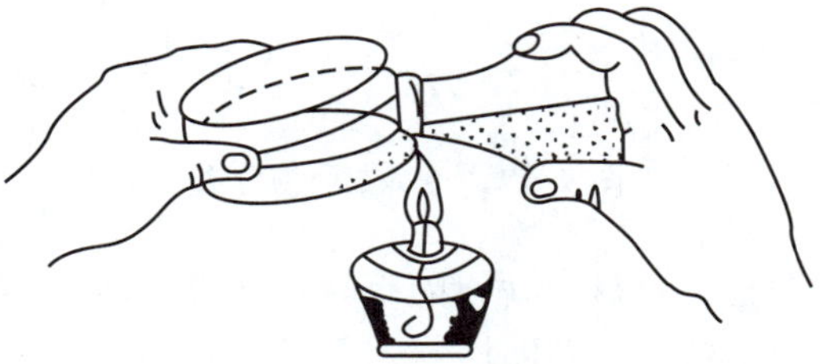

图 9-16　制混合平板

土壤微生物的分离过程见图 9-17。

2. 划线分离法

（1）制平板培养基　以无菌操作法，将冷却至约 50℃的选择培养基倾入无菌培养皿中，每个培养皿的装量约为 15mL，凝固后即成平板培养基。

平板划线分离技术

（2）划线分离　划线分离的样品，可用较小的稀释度将其制成菌悬液。一般挑取少许样品于装有 5mL 无菌水的 1 号试管中，摇匀后用接种环从 1 号试管中取一环菌液，移入 2 号无菌水试管中，再从 2 号试管中取一环菌液移入 3 号无菌水试管中，充分摇匀后即可做划线分离。分别从 3 支无菌水试管中取一环菌液，分别在 3 个平板培养基上划线，每个稀释度最好做 2 个重复。

划线时，左手持平板培养基，右手持接种环，左手的食指将皿盖掀起一小缝，伸进带有菌液的接种环，在平板培养基上以交叉划线法或连续划线法轻轻划线。

若用交叉划线法，可先在平板培养基上平行划线 4~5 条（约占平板总面积的 1/4），取出接种环，将培养皿盖严后转动 70°，把接种环上的余菌烧掉，用冷却了的接种环通过第一次划线区做第二次平行划线，这样连续做第三次、第四次划线（每次划线后，培养皿约转动 70°，并灼烧接种环）。

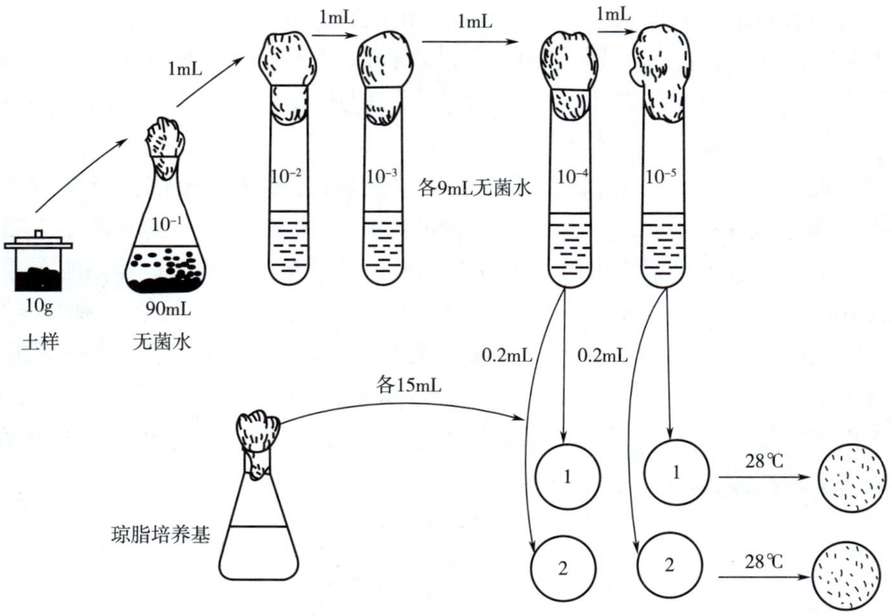

图 9-17 土壤微生物分离

将划线的培养皿倒置于瓷盘中（以防冷凝水冲散菌体），置于适宜温度下培养出菌落，再把所需的单菌落移入斜面培养。重复分离 2~3 次，就可获得纯种。

3. 平板菌落计数

（1）制混合平板 以稀释法将样品进行 10 倍序列的稀释，用吸管从 2~3 个适宜稀释度的菌液中各取 1mL 于培养皿中（空白对照的培养皿中需加 1mL 生理盐水），随即倒入约 15mL 冷却至 45℃左右的培养基，使之冷凝成平板。

（2）菌落计数 将平板倒置于适温下培养至长出菌落，用肉眼或放大镜数出菌落数，算出同一稀释度 2~3 个培养皿中的菌落平均数，再根据公式求出样品的含菌量。

公式：

$$\text{样品含菌数（个/mL）}=\frac{\text{同一稀释度的平均数}\times\text{稀释倍数}}{\text{平板菌液注入量}}$$

不同稀释度间的计算结果应相近，若相差太大，数据是不可靠的。

思考题

（1）怎样才能做到无菌操作？

（2）怎样制备混合平板？为何培养基必须冷却至 45~50℃时才能倒入有菌液的培养皿中？

（3）平板划线时，为何每次都要烧掉接种环上的余菌？

（4）接种后的培养皿为什么在培养时要倒置？

菌种复苏和保藏

实训十　菌种移接与保藏

一、实训目的

（1）熟悉各种接种工具，掌握菌种移接的基本方法，熟练掌握无菌操作技术。

（2）了解菌种保藏的原理，学会几种保藏菌种的方法。

二、实训材料和器具

随机菌种，准备保藏的细菌（有芽孢）、放线菌、真菌等菌种；斜面培养基、氯化钙、10%盐酸、石蜡油、固体石蜡等。

接种室、接种箱或超净工作台、接种工具、酒精灯、火柴、酒精棉球、干燥器、真空泵、10mm×70mm 试管、吸管、60 目和 100 目的筛子、磁铁。

三、操作步骤

（一）常用的接种工具

实验室常用的接种工具有接种针（多用于穿刺接种）、接种环（多用于蘸取菌苔）、接种钩（多用于挑取菌丝）、接种耙（多用于挖取菌块）、接种圈（多用于勺取菌种）和玻璃涂棒等（多用于涂抹平板）。不同菌种的移接和不同的培养目的，需选用不同的接种工具。接种工具的前端应选用易烧热、离火易冷却的材料制作。各种接种工具见图 9-18。

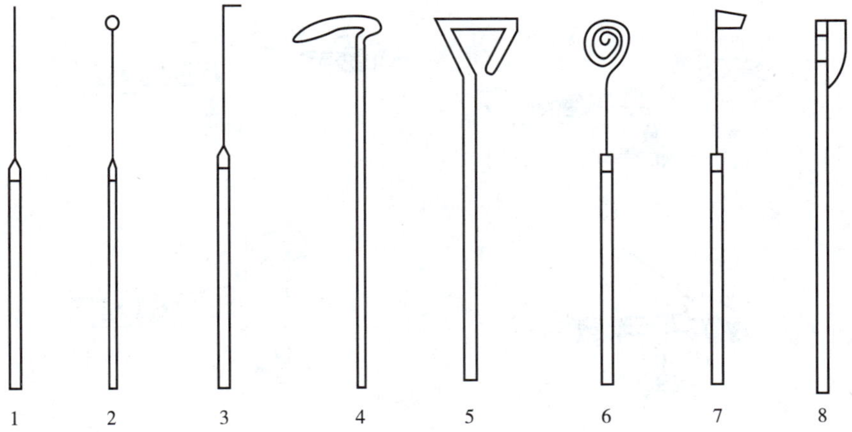

图 9-18　接种工具

1—接种针　2—接种环　3—接种钩　4，5—玻璃涂棒　6—接种圈　7—接种锄　8—小解剖刀

（二）接种

1. 准备工作

写好标签，注明菌种名称、传代次数和接种日期。标签应贴在接种管斜面的背面。点燃酒精灯后用肥皂洗手，用酒精棉球将手、菌种管、接种管和接种工具擦拭消毒。

2. 接种方法

（1）斜面接种　这是一种从菌种管取少量菌种，移入新斜面的方法。菌种管和接种管的斜面朝上放于左手中（图 9-19），底部位于手心，拇指压住两支试管，中指位于两管之间，两试管的口部应齐平。右手持接种环，将环部烧至红热，其余部分再在火焰上慢慢来回通过 2~3 次。

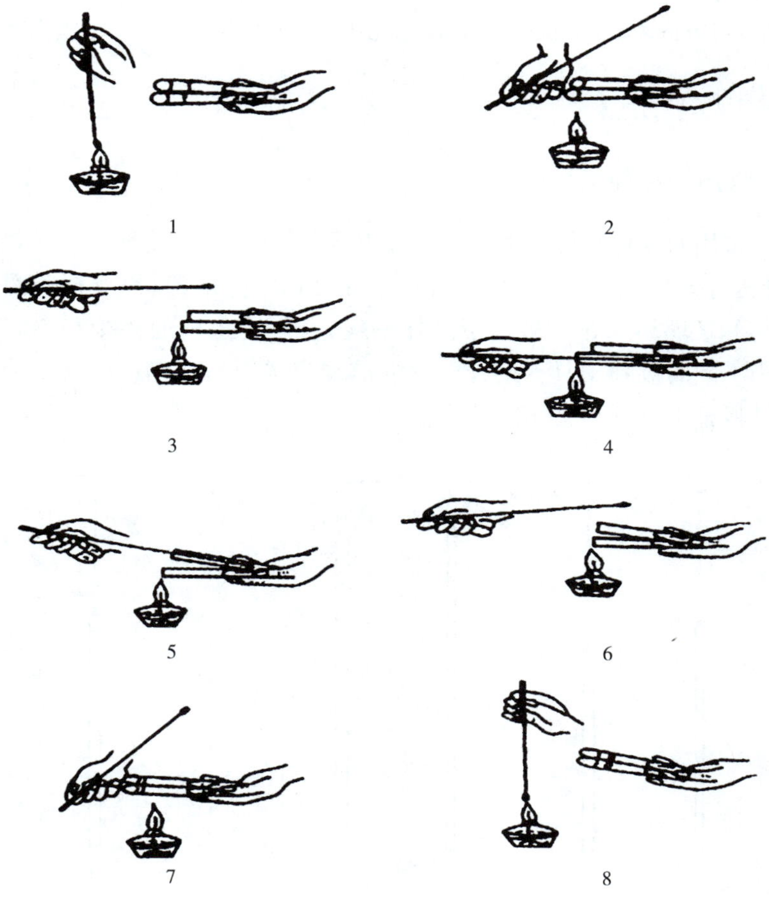

图 9-19　斜面划线法

1—灼烧接种环　2—拔去试管棉塞　3—管口通过火焰　4—蘸取菌体　5—斜面划线

6，7—塞入棉塞　8—再次灼烧接种

将两管口的棉塞略烧，用右手的小指及无名指挟下棉塞（棉塞始终挟在右手中），再灼烧两个管口，以杀灭可能附着的杂菌。将接种环伸进菌种管，刮取少许菌种，迅速伸到接种管的新斜面上轻轻划曲线，以使菌种均匀涂布于斜面培养基上。若是食用菌的菌种，可取一薄片长有菌丝的培养基，将其点接在新斜面上。

接种后略烧管口与棉塞，将棉塞堵入管口后迅速灼烧接种工具。接好的接种管斜面朝下置于适温下培养。

（2）液体接种　液体接种是一种用移液管、滴管或接种环等工具将菌液移接到培养基中的方法。吸管不同于其他接种工具，不能灼烧，可预先将其用高压蒸汽灭菌。

（3）穿刺接种　穿刺接种一般适于细菌、酵母菌的接种培养，还可用于细菌运动性的检查等。用接种针蘸取少许菌种，移入装有固体或半固体培养基的试管中，自培养基中心垂直刺到底，然后按原来的穿刺线将针慢慢拔出。

（三）菌种保藏

1. 斜面冰箱保藏

将生长良好的斜面菌种，存放于4℃左右的冰箱中。温度不宜太低，否则斜面培养基结冰脱水，加速菌种死亡或退化。冰箱内保藏的菌种，细菌（营养体）、酵母菌每隔3个月，细菌芽孢、霉菌、放线菌每隔6个月需要重新转管培养一次。

2. 石蜡油保藏

取石蜡油装入三角瓶中加棉塞，包纸，另将10mL吸管若干支也包装好，在250kPa压力下灭菌1h，然后将灭菌石蜡油在105~110℃烘箱内干燥1h，使其中的水分蒸发掉。将处理好的石蜡油移接在空白斜面上，28~30℃下培养2~3d，证明无杂菌生长方可使用。而后用无菌吸管吸取注入待保藏的斜面菌种内，油面应高出斜面顶端1~1.5cm，塞上橡皮塞，用固体石蜡封口，直立于低温干燥处保藏。使用时，直接从石蜡油中挑取菌体，移接到斜面培养基上进行活化培养。

此法可保藏各类微生物，保藏时间在一年以上。在低温下，保藏时间还可延长。

3. 砂土管保藏

此法适用于保藏细菌的芽孢、放线菌和霉菌的孢子，保藏时间一至数年，不宜保藏营养体，具体做法：

（1）取细沙，过60目筛。另取生土过100目筛。分别用10%盐酸浸泡2~4h，再用水冲洗至流水的pH达到中性，然后烘干或晒干。

（2）将沙与土以4∶1或2∶1混匀，用磁铁吸出其中的铁质，然后分装试管，每管约2g，塞棉塞，包纸灭菌（在250kPa灭菌1h），再干热灭菌1~2次。抽样检验，确定无杂菌后使用。

（3）将已形成芽孢的斜面菌种，在无菌条件下注入无菌水3～5mL，刮菌苔，制成菌悬液，再用无菌吸管吸取滴入砂土管中，以浸透沙、土为止。

（4）将砂土管放入盛有干燥剂氯化钙或五氧化二磷的干燥器中，用真空泵抽气数小时，以使砂土管迅速干燥。

（5）制备好的砂土管用石蜡封口。

上述三种保藏方法，以斜面冰箱保藏法最为简单，但保藏时间短，且由于移接次数多而易变异和退化。石蜡油保藏法，既可防止培养基水分蒸发，又能隔绝空气而使代谢性能降低，但存放时要求直立。砂土管保藏法不需要加入培养基，保存期长，不易退化，是当前应用最广的方法。

思考题

（1）接种成败的关键因素是什么？

（2）接种前应做哪些消毒工作？

（3）简述菌种保藏的原理和方法。

（4）列表比较斜面低温保藏、石蜡油保藏和砂土保藏各适合于保藏何种类型微生物？保藏时间可维持多久？

参考文献

[1] 周德庆．微生物学教程［M］.3版．北京：高等教育出版社，2011.

[2] 沈平，陈向东．微生物学教程［M］.8版．北京：高等教育出版社，2016.

[3] 刘兰泉，刘晓蓉．食品微生物［M］.3版．北京：中国计量出版社，2010.

[4] 刘晓蓉．微生物学基础［M］.2版．北京：中国轻工业出版社，2020.

[5] 杨玉红，吕玉珍．食品微生物学［M］．大连：大连理工大学出版社，2019.

[6] 周奇迹．农业微生物学［M］．北京：中国农业出版社，2001.

[7] 黄秀梨．微生物学［M］．北京：高等教育出版社，2003.

[8] 张曙光．微生物学［M］．北京：中国农业出版社，2006.

[9] 祖诺夫，胡宝龙，周德庆．微生物学实验教程［M］．上海：复旦大学出版社，1993.

[10] 牛天贵．食品微生物学实验技术［M］．北京：中国农业大学出版社，2002.

[11] 李志香，张家国．微生物学及其技能训练［M］．北京：中国轻工业出版社，2020.

[12] 刘国生．微生物学实验技术［M］．北京：科学出版社，2007.

[13] 陈红霞，李翠华．食品微生物学及实验技术［M］．北京：化学工业出版社，2010.

[14] 徐孝华．普通微生物学［M］．北京：中国农业大学出版社，2002.

[15] 王小纯．病毒学［M］．北京：中国农业出版社，2007.